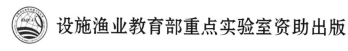 设施渔业教育部重点实验室资助出版

海域使用论证导论

任效忠　主　编

郑　瀚　田　野　副主编

中国农业出版社

农村读物出版社

北　京

图书在版编目（CIP）数据

海域使用论证导论 / 任效忠主编；郑瀚，田野副主编 . —北京：中国农业出版社，2022.9
　　ISBN 978-7-109-30212-9

　　Ⅰ．①海…　Ⅱ．①任…②郑…③田…　Ⅲ．①海洋资源—资源管理　Ⅳ．①P74

中国版本图书馆 CIP 数据核字（2022）第 216895 号

中国农业出版社出版
地址：北京市朝阳区麦子店街 18 号楼
邮编：100125
责任编辑：王玉英
版式设计：杨　婧　责任校对：吴丽婷
印刷：北京中兴印刷有限公司
版次：2022 年 9 月第 1 版
印次：2022 年 9 月北京第 1 次印刷
发行：新华书店北京发行所
开本：720mm×960mm　1/16
印张：16.5
字数：295 千字
定价：66.00 元

前　　言

我国海域使用论证工作起始于20世纪90年代初，2001年颁布的《海域使用管理法》正式确立了海域使用论证的法律地位。海域使用论证作为海域管理的重要技术支撑，其主要任务是对项目用海的必要性、可行性和合理性进行综合分析评估，为海域使用审批提供科学决策依据。多年的实践证明，海域使用论证已成为贯彻落实科学发展观，合理配置海域资源，实现科学用海、科学管海的重要抓手。

近年来，国家制定了一系列沿海地区战略发展规划，东部地区率先深入实施，用海需求不断增长，用海类型和方式不断增多，用海矛盾日益突出。同时，随着我国海洋经济总量持续增加，海洋产业结构加快转型，迫切需要加强海域开发利用的综合协调，海域管理形势正面临深刻变化，海域使用论证工作也进入了一个新的发展阶段。为全面提高海域使用论证从业人员的理论修养和实践能力，准确理解掌握海域使用论证的相关政策规定、技术规范和基本方法，我们组织了大连海洋大学海域使用论证方面的专家学者，对多年海域使用论证研究成果和实践经验进行了归纳总结，以理论结合案例的形式编写完成了《海域使用论证导论》，作为大连海洋大学海洋科学与海洋技术专业的本科教材，也可作为其他涉海普通高等院校研究生、本科生的教材及海域使用论证从业人员的参考书。

在本书编写的过程中，既注重体系的科学性和完整性，又注重分析方法的先进性和实用性，着重对海域使用论证过程中分析方法、工作步骤和具体要求进行分析解释，并以恰当的示例进行说明。编写人员参阅了大量的有关文献，吸取了以往海域使用论证教材的一些观点和案例，在此一并表示感谢。

本书的编写分工：任效忠（第二章、第三章、案例1）、郑瀚

（第一章、第四章、第五章、第六章、第七章、案例 2）、田野（第八章、第九章）。感谢国家海洋环境监测中心姜恒志对本教材案例编写的参与。限于编者的水平，本书难免存在不足之处，恳请广大专家和读者批评指正。

编　者

2022 年 5 月

目　　录

第一章　绪　　论

我国海域使用论证制度始于 20 世纪的 90 年代初，经过十多年来的发展和完善，于 2001 年颁布实施《中华人民共和国海域使用管理法》（以下简称《海域使用管理法》）予以确立。海域使用论证制度的建立和完善为海域管理科学化奠定了坚实的基础。海域使用论证既是海域使用审批的重要依据，也是用海项目顺利实施的基本保障，对于规范海域资源开发秩序，提高用海科学性、合理性，保护海洋生态环境，促进海域资源可持续利用，实现海洋开发的社会、经济和环境效益的高度统一，具有重要的意义和作用。为了科学、客观、公正地开展海域使用论证工作，有必要了解海域使用论证制度的发展历程，准确掌握海域使用论证原则和技术要求。

一、海域使用论证制度的建立与发展

海域使用论证制度是在海域使用管理实践中逐步发展起来的。通过各级海洋主管部门积极探索，各论证单位创新实践，海域使用论证工作不断规范，海域使用管理制度得以不断完善。海域使用论证制度的发展进程大致可分为三个阶段。

（1）探索实践阶段（1993—1997 年）　1993 年财政部、国家海洋局联合颁布的《国家海域使用管理暂行规定》的第四条规定："对于改变海域属性或影响生态环境的开发利用活动，应该严格控制并经科学论证"，首先提出了海域使用论证的概念。沿海地方政府在《国家海域使用管理暂行规定》具体落实过程中，结合当地实际，对海域使用论证相继做出了具体的规定。同时，涉海科研和技术单位也在理论、技术方法等运用上开展了探索和实践。

（2）初步建立阶段（1998—2001 年）　1998 年国家海洋局颁布的《海域使用可行性论证管理办法》明确提出，"海域使用可行性论证是审批海域使用的科学依据"。"凡持续使用某一固定海域三个月以上的排他性用海项目，应按照本办法进行海域使用可行性论证"。1999 年 2 月实施的《海域使用可行性论证资格管理暂行办法》明确了海域使用可行性论证资格管理等基本制度。以上两个管理办法的出台，标志着我国海域使用论证制度的基本确立。

（3）全面规范阶段（2002 年至今）　2002 年《中华人民共和国海域使用管理法》（以下简称《海域使用管理法》）正式实施，其第十六条规定申请使用海域的，申请人应当提交海域使用论证材料，为海域使用论证制度奠定了坚实的法律基础。2004 年，《中华人民共和国行政许可法》颁布后，国务院发布的《国务院对确需保留的行政审批项目设定行政许可的决定》，明确海域使用论证单位资质认定作为行政许可项目，由国家海洋行政主管部门负责审批。随后，《海域使用申请审批暂行办法》《海域使用论证管理规定》《海域使用论证资质管理规定》《海域使用论证评审专家库管理办法》等一系列配套管理规定的出台，进一步完善了我国海域使用论证制度。此外，国家海洋局还发布了一系列关于加强海域使用论证报告评审管理、提高论证质量的文件和通知，要求不断完善海域使用论证评审机制，提高海域使用论证评审工作质量和效率，并要求各论证单位建立健全内审制度，有效提高了海域使用论证报告质量。

二、海域使用论证的作用和特点

（一）海域使用论证的作用

海域使用论证是海域管理的重要基础工作，其根本作用在于对项目用海的科学性和合理性进行评估，为行政审批提供决策依据。全面加强海域使用论证工作，对于合理开发海域资源、保护海洋生态环境、维护国家海洋权益和用海者的合法权益以及促进海洋经济的可持续发展，具有十分重要的现实意义。

（1）科学用海的重要保障　海域使用论证通过对申请使用海域的区位条件、资源状况、开发现状、功能定位、开发布局、整体效益、风险防范、国防安全等因素进行调查、分析、比较，提出项目用海是否可行的结论，为海域使用行政审批和监督管理提供科学依据和技术支撑。海域使用论证工作的开展，可以严格控制那些选址不合理、用海规模不恰当、滥用岸线资源、严重破坏海域环境等用海项目，对项目用海方案进行科学优化调整，实现海域资源的最佳利用。海域使用论证报告中项目用海的选址合理性分析是落实海洋功能区划、优化海洋产业布局、实现建设项目科学用海的前提条件；项目用海面积合理性分析、项目用海方式合理性分析和用海平面布置合理性分析论证，是贯彻集约节约原则的具体体现。

近年来，随着国家产业布局调整，大型港口、能源、重化工项目在沿海布局，提出了大量的用海，特别是填海需求。海域使用论证工作在保障重大项目用海需要的同时，依据相关技术标准，优化了大量的项目用海平面设计方案。对沿海港口、码头建设项目，论证工作抓住单位岸线的接卸能力指标，着力优化码头岸线的布置，切实控制用海面积和岸线占用长度；对大型钢铁基地建设项目，论证工作抓住单位面积的钢铁产能指标和大区域填海的生态问题，着力优化平面布局设计，控制用海面积，改进围填海方式；对于核电项目，论证工作高度关注核电项目的敏感性，积极优化项目的填海和取排水方案，协调与周边海域海洋功能区划的关系。海域使用论证工作通过有针对性地优化用海方案，有效地提高了海域资源的利用效率，是合理配置海域资源、实现科学用海的重要保障。

（2）科学管海的技术支撑 《海域使用管理法》第十六条明确规定，"单位和个人申请使用海域应当提交海域使用论证材料。科学合理的海域使用论证是保障用海项目顺利实施的先决条件，是海域使用审批的重要依据。"海域使用论证制度主要包括论证报告编写与论证报告评审两个环节。论证报告的编写是论证工作的主体任务，只有严格执行有关技术规范，遵循规定的工作程序，才能科学客观地进行项目用海必要性分析、项目用海资源环境影响分析、海域开发活动协调性分析、项目用海与海洋功能区划符合性分析、项目用海合理性分析，提出项目用海的海域使用对策措施，并做出切实可行的论证结论，为各级政府审批项目用海起到技术把关的作用，其中海域使用论证报告中海域使用的对策措施，是项目用海者落实国家法律法规在用海过程中必须采取的对策措施，也是海域管理对项目用海监管的技术依据。另外，论证报告专家评审是海域使用论证工作的关键。论证报告专家评审是对论证报告质量把关的重要程序，经评审通过的论证报告将作为政府部门审批项目用海的主要技术依据。同时，通过对海域使用论证报告的抽查等措施，对海域使用论证工作进行全面监管，保证海域使用论证工作质量，从而为国家科学管海提供强有力的技术支撑。

（3）权益维护的重要途径 《海域使用管理法》规定，国家享有海域所有权，而自然人和法人可以依法取得海域使用权。海域使用权的取得可以采用申请审批、招标、拍卖等方式，无论采用哪种方式取得海域使用权，海域使用论证都是必须开展的工作，即海域使用论证是用海申请者取得海域使用权的前提。但是，国家对于海域所有权的行使目标，决不单纯是财产的保值增值，而是最大程度上实现经济效益、社会效益、生态效益的有机统一。海域使用论证通过项目用海的选址、用海方式、用海面积的合理性分析以及围填海平面设计方案比选和优化，排除那些随意占用海域和自然岸线、可能对生态环境造成严重破坏的用海方案，提出减少海域使用面积、优化项目布局的措施，保障海域资源的合理配置，切实维护用海申请人以及相关各方的利益。海域使用论证中的一个重要内容就是通过对利益相关者的调查分析，提前发现项目用海可能涉及利益冲突的问题，提出切实可行的利益协调方案和建议，为化解用海矛盾发挥"消波减震"的作用，维护利益相关者的合法权益，保证沿海地区社会的和谐稳定。

（二）海域使用论证的特点

海域使用论证制度是《海域使用管理法》规定的重要制度之一。海域使用论证是一项综合的专业技术性工作，是有序开发海域资源、保护海洋生态环境、保障国家海洋权益的重要手段。

（1）科学性　海域使用论证工作依据国家的法律法规和标准规范而进行，需要由具备海洋科学知识的持证上岗人员承担。论证工作的开展，需要运用相关仪器设备，获得海洋水文、海洋地质、海洋化学、海洋生物等环境资料和海域资源开发利用现状信息，在充分了解区域范围内海洋信息和资料的基础上，采用科学适用的技术方法，分析、论证和预测用海方案对资源环境及其他用海活动的影响，弄清区域范围内海洋自然环境的基本特点，保证项目用海影响分析的科学性。海域使用论证工作以现状调查和现场勘查为基础，辅以相关历史资料的收集和整理，进行全面系统的科学分析和评判，确保了论证资料来源、论证工作程序和论证结论的有效性和科学性。

另外，国家制定了一系列规范性文件和技术标准，明确规范了论证工作的程序和要求，从政策、法规和技术等方面保障了海域使用论证工作的科学性。

（2）针对性　海域使用论证是针对具体的用海项目和特定的海域开展的。不同用海方式、用海规模和所在海域特征，项目用海的论证等级也不同，进而呈现出的论证成果形式也不尽相同。论证重点因项目用海类型、用海规模、用海方式、环境资源与开发现状特征的不同而有所侧重，所以在论证重点判定过程中，应当有针对性地选择切合用海项目特点的内容作为论证重点。论证过程中应针对项目用海情况和所在海域环境特征，开展资料收集、现状调查和现场勘查等工作。项目用海所在海域和用海活动的变化，都有可能使论证工作发生根本性的调整。

海域使用论证工作应紧抓项目用海主要问题，明确目标、突出重点地开展分析论证，使其有的放矢，确保论证工作真正地为项目用海审批提供决策依据，为海域使用监督提供管理依据。

（3）综合性　海域使用论证具有很强的综合性，包含的学科涉及海洋地质学、海洋化学、海洋生物学、物理海洋学、经济学、管理学等。在论证报告编制时以采用现行技术标准和规范为主，对尚无技术标准和规范的，则采用各专业领域内较为成熟的研究成果。论证工作集中使用了相关的专业法，以宏观与微观相结合、室外调查与室内分析相结合、现状评价与模拟预测相结合、定量与定性分析相结合等手段，运用列表法、数学模式法、专业判断法、对比法、图示法、描述法等方法，综合地分析和论证。在论证报告评审阶段，评审专家组需根据评审项目用海的具体情况，由海洋水文气象、海洋地质地貌、海洋化学生物、海洋渔业科学与技术、资源环境区划与管理、测量工程、船舶与海洋工程、水利工程、港口航道与海岸工程及经济学等相关专业的专家组成。可见，无论从海域使用论证报告编制，还是从海域使用论证报告评审来看，海域使用论证都具有很强的综合性。

三、海域使用论证原则

海域使用论证原则是开展论证工作指导思想的具体体现，也是对论证工作的基本要求。在论证过程中，准确贯彻各项原则，不仅有利于端正论证人员的态度，克服其主观性、片面性和随意性，提高论证的可信度和有效度，而且有利于强化论证工作的规范化、科学化，保障论证结论的客观性、准确性。根据《海域使用论证技术导则》，海域使用论证工作应遵循科学、客观、公正的原则。坚持开发与保护并重，实现经济效益、社会效益、环境效益的统一；坚持集约节约用海，促进海域合理开发和可持续利用；坚持陆海统筹，促进区域协调发展；坚持以人为本，保障沿海地区经济社会和谐发展；坚持国家利益优先，维护国防安全和海洋权益。在实际工作中应严格遵循以下原则。

（1）科学、客观、公正原则　海域使用论证是一项复杂的系统工程，是在自然科学和社会科学的多学科研究成果的基础上，运用科学的方法，分析、判断论证对象是否与海洋功能区划相符合、对周边海域开发活动是否相协调及项目用海对资源环境可能产生的正面与负面影响，综合衡量利弊得失，从而提出科学的结论和有效的海域使用对策措施，为管理决策提供科学依据。因此，海域使用论证工作应严格遵循自然规律，从事实出发，实事求是，客观、准确地把握项目用海与海域资源环境的关系，提出各项保护措施，降低项目用海对周边资源环境造成的不良影响，以实现海域资源的可持续利用。论证单位及其技术人员应严格依照法律、法规及规章规定的程序和方法，采用相关的技术标准和规范，科学、客观、公正地开展论证工作。

（2）开发与保护并重原则　用海项目的开发、建设和运营，或多或少会对海域资源环境造成一定程度的不利影响。海域使用论证工作要坚持在海洋经济发展中注重保护海域资源生态环境，保障开发和保护同步发展。在实际工作中，须严格贯彻落实海洋资源环境保护的相关法律法规，科学严谨地开展海域使用论证工作，及时发现和识别项目用海活动可能造成的资源环境问题，提出合理开发利用海洋资源的对策和建议，实现开发与保护并重的目标。

（3）集约节约用海原则　随着海洋经济的快速发展和用海项目的不断增加，海洋资源开发利用强度日益提高，新的用海方式不断出现，海洋产业布局也变得复杂，用海项目之间互相影响、互相制约的情况屡见不鲜。海域使用论证工作的重要任务之一就是坚持集约节约用海理念，提高海洋资源利用效率，推动海洋经济的可持续发展。通过统筹考虑海洋产业的规模和总体布局，合理开发利用海域资源和有效保护资源环境，优化项目用海选址、用海平面布置和用海方式，严格控制选址不合理、滥用海域资源，限制严重或永久性改变海域自然属性的项目用海，鼓励支持集约节约型的用海方式，提高海洋资源利用率，以推动海洋经济的可持续发展。

（4）坚持国家利益优先　海洋是国家的国防前哨，是国家安全的重要屏障。没有坚固的海防，就不可能有整个国家的安全与发展。凡是用海项目可能对国家海洋权益和国防安全造成不良影响的，海域使用论证过程中必须提出调整或取消项目用海的建议措施。对于涉及领海基点保护的用海项目，应当针对领海基点保护问题进行重点论证，确保领海基点及周边环境的安全；对于涉及军事用海的项目，在同等条件下，应优先满足军事用海的需要。

四、海域使用论证技术体系

随着海域使用论证工作的不断深入，海域使用论证技术体系不断得到充实和发展。随着科学技术水平的不断提高，将会有更多的新技术和新方法为海域使用论证工作所采用，促进海域使用论证技术体系的不断完善和提升。在总结海域使用论证工作经验的基础上，国家海洋局于 2003 年 10 月对原有的《海域使用可行性论证报告书编写大纲》《海域使用论证工作大纲》进行了修订和完善，发布了新的《海域使用论证报告书编写大纲》和《海域使用论证报告书》。为了加强海域使用论证资质管理，保证海域使用论证质量，国家海洋局于 2004 年 6 月组织修订了《海域使用论证资质管理规定》，同时发布了《海域使用论证资质分级标准》。为指导和规范海域使用论证工作，提高海域使用审批的科学性，国家海洋局于 2008 年 2 月组织编制了《海域使用论证技术导则（试行）》，同时修订了《海域使用论证报告书编写大纲》《海域使用论证资质分级标准》。《海域使用论证技术导则（试行）》的实施，对海域使用论证的基础资料、工作重点、工作流程、技术方法、成果形式和质量管理等进行了规范和要求，为海域使用论证材料的编制提供技术指导。2010 年 8 月国家海洋局组织对《海域使用论证技术导则（试行）》进行了修订，并以规范性文件发布。《海域使用论证技术导则》（2010 年版）对总体结构、论证原则、论证等级、论证内容、论证范围、论证重点、论证成果等进行了修改和完善。经过多年的实践，海域使用论证工作广泛吸收和运用自然科学、管理科学中所采用的观测和研究的新技术、新手段、新方法，如潮流场、泥沙场的三维数值模拟分析技术、遥感和 GIS 技术、生态系统价值评估技术、海洋观测手段和技术，以获得实时的、连续的观测数据和资料，为海域使用论证工作服务。一系列新技术、新方法的运用，为海域使用论证的开展提供了完备的基础数据和先进的分析手段，使海域使用论证在某些方面逐步从定性向定量化转变，提高海域使用论证结论的准确性和权威性。结合自然资源部和生态环境部的"十四五"管理规定和政策要求，对《海域使用论证技术导则》进行了修订完善，现已形成国家标准送审稿——《海域使用论证技术导则（2021 修订版）》（以下简称《论证导则》），《论证导则》充分考虑了我国海域使用管理现状、社会经济发展状况和海洋开发利用趋势，密切结合论证工作的实际需求，并注重了与国内现有相关标准的衔接。《论证导则》的颁布实施，将为海域使用论证技术方法体系的不断健全和完善提供重要基础。本书后续内容均是以《论证导则》为基础编写的，目的是帮助论证技术人员更深刻地理解海域使用论证的技术内容和要求，更好地指导海域使用论证报告的编制。

第二章　海域管理的法律制度

一、海域管理法律体系

（一）《物权法》

《中华人民共和国物权法》是为了维护国家基本经济制度，维护社会主义市场经济秩序，明确物的归属，发挥物的效用，保护权利人的物权，根据《宪法》制定的法规。规范有形财产归属关系的民事基本法律。

1. 《物权法》的重要创新：海域物权制度

第 46 条规定"矿藏、水流、海域属于国家所有"；

第 122 条规定"依法取得的海域使用权受法律保护"。

2. 《物权法》规定海域物权的重大意义

海域物权法律制度上升到《物权法》进行规定，也就上升到国家基本民事法律层次。

海域第一次与矿藏、水流并列规定，在国家基本法律中明确作为重要的国有财产。

把海域这种自然资源转变为民法上的不动产，有利于明晰海域权属，定分止争，运用市场手段配置海域资源。

3. 海域使用权与土地使用权的区别

（1）所有权来源不同　土地有国家所有和集体所有之分，而海域专属于国家所有，海域使用权单一地来源于国家海域所有权。

（2）使用权类型不同　土地使用权分散为建设用地使用权、宅基地使用权、土地承包经营权、林地权、草原使用权等。而海域使用权名称统一。

（3）管理体制不同　土地使用权分散在不同部门管理。而海域使用权只由一个部门进行管理（原国家海洋局、现分组成自然资源部和生态环境部）。

（二）《中华人民共和国海域使用管理法》

1. 发展历史

2001 年 10 月 27 日，第九届全国人大常委会第 24 次会议审议通过了《中华人民共和国海域使用管理法》，并于 2002 年 1 月 1 日起施行。

2. 海域使用管理法的意义

（1）海域权属管理，海域使用的申请与审批；监督检查；法律责任。

（2）海洋功能区划。

（3）海域有偿使用，海域使用权；海域使用金。

二、海域管理主要概念

（一）海岸线

1. 海岸线的自然划分　海岸线是指平均大潮高潮时水陆分界线的痕迹线。国家标准依据：

《1∶500、1∶1 000、1∶2 000 地形图图式》（GB/T 20257.1—2017）；

《1∶5 000、1∶10 000 地形图图式》（GB/T 20257.2—2006）；

《中国海图图式》（GB 12319—1998）；

《海洋学术语　海洋地质学》（GB/T 18190—2017）；

《海洋功能区划技术导则》（GB/T 17108—2006）；

《地籍图图示》（CH 5003—94）。

2. 海岸线的法理依据

《国务院关于开展勘定省、县两级行政区域界线工作有关问题的通知》（国发〔1996〕32 号）规定："陆海分界线以最新版的 1∶5 万国家基本比例尺地形图上所绘的海岸线为标准"。

《国务院办公厅关于开展勘定省县两级海域行政区域界线工作有关问题的通知》（国办发〔2002〕12 号）规定："海域勘界的范围为我国管辖内海和领海，界线的起点从陆域勘界向内海一侧的终点开始，界线的终点止于领海的外部界限"。

（二）海域

1. 定义

（1）从自然层面上讲，海域是指海洋中区域性的立体空间（图 2-1）。

（2）从法理层面上讲，《海域使用管理法》规定，海域是指中华人民共和国内水、领海的水面、水体、海床和底土。本法所称内水，是指中华人民共和国领海基线向陆地一侧至海岸线的海域。水平方向——包括我国的内水和领海，从海岸线开始到领海外部界限，面积约 38 万 km^2。

垂直方向——分为水面、水体、海床和底土四个部分；《物权法》规定，海域是民法意义上的物品，是不动产。具有客观物质性、可支配性，以及地理位置固定的特点。

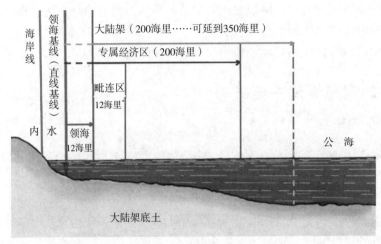

图 2-1　海域示意图

2. 领海、领海基线和毗邻区

（1）领海　是指沿海国主权管辖下与其海岸或内水相邻的一定宽度的海域，是国家领土的组成部分。领海的上空、海床和底土，均属沿海国主权管辖。一般以《联合国海洋公约》确定的领海基线起不超过 12 海里的界限为止。

（2）领海基线　是测量沿海国领海的起点。通常是沿海国的大潮低潮线。但是，在一些海岸线曲折的地方，或者海岸附近有一系列岛屿时，允许使用直线基线的划分方式。

（3）毗连区　又称"邻接区""海上特别区"，是指沿海国根据其国内法，在领海之外邻接领海的一定范围内，为了对某些事项行使必要的管制权，而设立的特殊海域。毗连区的种类繁多，主要有缉私区、移民区、卫生区、要塞区、渔区等，毗连区从领海基线量起不超过 24 海里。

3. 专属经济区和大陆架

（1）专属经济区　专属经济区是指从测算领海基线量起 200 海里、在领海之外并邻接领海的一个区域。这一区域内沿海国对其自然资源享有主权和其他管辖权，而其他国家享有航行、飞越自由等，但这种自由应需要顾及沿海国的权利和义务，并应遵守《联合国海洋法公约》的规定。

＊1 海里（n mile）＝1 852m。

（2）大陆架　大陆架是大陆向海洋的自然延伸，通常被认为是陆地的一部分，又叫"陆棚"或"大陆浅滩"。从自然定义上，它的范围自海岸线起，向海洋方面延伸，直到海底坡度显著增加的大陆坡折处为止。陆架坡折处的水深在 20～550m，平均为 130m，也有把 200m 等深线作为陆架下限的。大陆架含义在国际法上，则包括陆地领土的全部自然延伸，其范围扩展到大陆边缘的海底区域，如果从领海基线算起，自然的大陆架宽度不足 200 海里，通常可扩展到 200 海里，或扩展至 2 500m 水深处（二者取小）；如果自然的大陆架宽度超过 200 海里而不足 350 海里，则自然的大陆架与法律上的大陆架重合；自然的大陆架超过 350 海里，则法律的大陆架最多扩展到 350 海里。沿岸国有权以勘探和开发自然资源的目的对其大陆架行使主权权利。

4. 专属经济区的管辖权

（1）沿海国对专属经济区的人工岛屿、设施和结构的建造和使用享有管辖权　沿海国在专属经济区内有授权建造上述设施的专属权利，并且对这些设施享受专属管辖权。另外，具有岛屿、设施和结构周围设立特别宽度安全区的权利（半径 500m）。

（2）对海洋科学研究的专属管辖权　沿海国对经济区内的科研的管辖权是专属性质的，沿海国可以管理、授权和进行这样的研究，其他国家未得到沿海国的同意原则上是不得进行海洋科学研究的。沿海国既可同意，也可以拒绝，甚至暂停其他国家进行研究。如果沿海国家同意在其专属经济区内进行海洋科研，那么沿海国拥有参与的权利，并且可以向开展研究活动的单位要求提供情报、成果和结论。

（3）对海洋环境的保护和保全　出于这一目的，沿海国在自己的专属经济区内拥有采取措施的专属权利。沿海国可以制订法律和规章，以防止、控制和减少各种污染，并且可以把这些规章在专属经济区内进行执行，在必要情况下采取各种措施。

（三）海域使用

1. 海域使用的特点

（1）使用的是一个固定海域范围，而非偶尔进入。如船只在公用航道航行就不是海域使用。

（2）使用包括部分或整个海域：水面、水体、海床和底土。如电缆管道虽只占用底土，但也属于海域使用的一种类型。

（3）使用海域的时间具有连续性，且在 3 个月以上。

（4）特定的开发利用活动具有排他性。亦即只要此项利用发生后，在此海域中不能有其他的固定开发利用活动。

2. 海域使用管理

（1）海域使用管理的意义　是国家根据国民经济和社会发展的需要，结合海域的资源与环境条件，对海域的分配、使用、整治和保护等过程进行监督管理。《海域使用管理法》侧重于海域空间资源的行政管理，强调用海者的义务责任，以维护公共利益。《物权法》侧重于海域使用行为的民事规范，强调用海者的权利保护，以维护个体利益。

（2）海域使用管理的宗旨　维护国家海域所有权，保护海域使用权人的合法权益；规范海域使用行为，维护海域使用秩序；合理配置海域资源，实现海域的可持续利用。

三、海域管理基本制度

（一）海洋功能区划制度

1. 国民经济和社会发展规划种类

（1）总体规划　国民经济和社会发展的战略性、纲领性、综合性规划，由政府负责编制。

（2）专项规划　工业、农业、林业、能源、水利、交通等，以国民经济和社会发展特定领域为对象编制的规划，是总体规划在特定领域的细化，也是政府指导该领域发展以及审批、核准重大项目，安排政府投资和财政支出预算，制定特定领域相关政策的依据。

（3）区域规划　区域规划是以跨行政区的特定区域国民经济和社会发展为对象编制的规划，是总体规划在特定区域的细化和落实。

2. 我国的规划体系

（1）国土空间规划　陆地、海洋、城镇、流域，其中的海洋规划主要是海洋功能区划，依据是《海域使用管理法》，由相关自然资源部负责。

（2）环境保护规划　陆地、海洋、海岛、流域，其中的海洋规划、海洋功能区划、海洋环境保护规划，依据是《中华人民共和国海洋环境保护法》，由生态环境部负责；而海岛规划主要是海岛保护规划，依据是《中华人民共和国海岛保护法》，由生态环境部负责。

3. 涉及海洋功能区划的法律法规

《海域使用管理法》，2002年1月1日实施；

《海洋环境保护法》（2016修订），2017年5月实施；

《海岛保护法》，2010年3月1日实施；

《中华人民共和国港口法》，2004 年 1 月 1 日实施（当前版本 2018 年 12 月 29 日第十三届全国人民代表大会常务委员会第七次会议修正）；

《防治海洋工程建设项目污染损害海洋环境管理条例》，2006 年 11 月 1 日实施；

省级海洋功能区划审批办法；

沿海省、自治区、直辖市海域使用管理条例；

沿海省、自治区、直辖市海洋环境保护条例。

（二）海域权属管理制度

核心是海域属于国家所有，单位和个人使用海域必须依法取得海域使用权。

（1）海域使用权人的权利 占有权、使用权、收益权、转让权、设定抵押的权利、续期权、补偿权。

（2）海域使用权人的义务 保护和合理利用海域的义务；缴纳海域使用金的义务；接受海洋主管机关的监督检查的义务；合作义务。对不妨碍其依法使用海域的非排他性用海活动，不得阻挠。及时报告资源环境条件变化的义务。其他义务：未经批准不得从事海洋基础测绘；海域使用权终止后，应拆除可能造成海洋环境污染的设施和构筑物；不得擅自改变海域的用途。

（3）海域使用权的取得方式

①海域使用权可以通过申请审批方式获得，由国务院、省、市、县级政府审批。

②海域使用权可以通过招标拍卖方式获得，各地在同一海域具有两个以上意向用海单位或个人的情形，但是并不包括国家重点建设项目用海、国防建设项目用海、传统赶海区、海洋保护区、有争议的海域、涉及公共利益的海域以及法律法规规定的其他用海情形。

③国务院审批权限，填海 50hm² 以上的项目用海；围海 100hm² 以上的项目用海；不改变海域自然属性的用海 700hm² 以上的项目用海；国家重大建设项目用海；国务院规定的其他项目用海；国防建设项目用海。

（三）海域有偿使用制度

核心是单位和个人使用海域应当按照规定交纳海域使用金。

1. 海域使用金的意义 海域使用金既不属于行政性收费，也不属于一般的税收，而是国家以所有者的身份，出让海域使用权时取得的对价，属于权利金范畴，纳入一般财政预算。海域使用金征收标准按照用海类型、海域等别确定。

海域使用金既不是税，也不是费，不列入国家公布的行政事业性收费项目目录中。

2. 海域使用金使用管理暂行办法   规定中央当年收取的海域使用金由财政部在下一年度支出预算中安排使用；海域使用金主要用于海域整治、保护和管理，范围主要包括：

（1）海域管理政策、法规、制度、标准的研究和制定。

（2）海域使用区划、规划、计划的编制。

（3）海域使用调查、监视、监测与海籍管理。

（4）海域管理执法能力装备及信息系统建设。

（5）海域分类定级与海域资源价值评估。

（6）海域、海岛、海岸带的整治修复及保护。

（7）海域使用管理技术支撑体系建设。

（8）海域使用金征管及海域使用权管理。

第三章　海域使用论证总体要求

开展海域使用论证应正确理解和掌握海域使用论证总体要求，在此基础上形成清晰的论证技术思路和合理的工作方案。重点把握以下三点：一是根据《论证导则》要求，履行规定的海域使用论证程序和质量控制要求，保证论证工作的完整性和可靠性；二是按照项目的用海方式、规模以及海域特征、开发利用现状和周边敏感区分布等状况，准确判定论证工作等级和论证重点，合理确定论证范围，保证论证工作的广度、深度和论证内容的针对性；三是按规定的格式和内容要求，编制论证报告，保证论证成果的规范性和论证结论的严肃性。

一、论证工作程序

海域使用论证工作需要经过准备工作、实地调查、分析论证和报告编制四个阶段，一般的工作程序见图 3-1 所示。

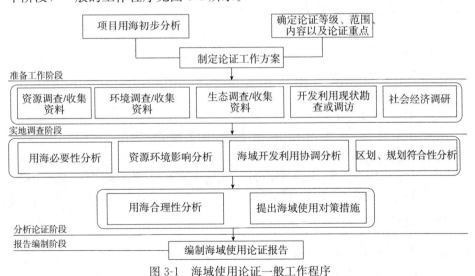

图 3-1　海域使用论证一般工作程序

（1）准备工作阶段　研究有关技术文件和项目基础资料，收集历史和现状资料，开展项目用海初步分析，确定论证等级、论证范围和论证内容，筛选、判定论证重点等，制定海域使用论证工作方案。

论证工作方案中应对用海类型、用海性质、用海规模及环境条件进行初步研究，确定论证等级和论证范围，初步判定论证重点；明确收集资料内容，如需现状调查的还应给出现状调查方案；给出资源环境影响的预测分析方法和海域开发利用协调分析时的注意事项等内容；明确项目工作组，落实人员及分工。

（2）实地调查阶段　充分获取海域使用论证所需的资料，主要途径包括：勘查海域现场，了解项目所在海域的地形地貌特征、海岸线位置与类型和海域开发利用现状；走访相关部门和用海单位、个人，了解海域确权发证与实际使用情况。同时对照《论证导则》的资料要求，对所收集资料的种类、数量和时效等进行分析，发现资料不能满足项目论证需要的，应补充开展必要的现状调查。

（3）分析论证阶段　海域使用论证工作的核心阶段，即根据获取的资料开展项目用海可行性分析论证。主要任务包括：分析项目用海基本情况和用海必要性；分析海域基础条件和项目用海资源环境影响；分析海域开发利用现状和利益相关者协调情况；分析项目用海与海洋功能区划及相关规划的符合性；分析项目用海选址、用海平面布置、用海方式、用海面积和期限的合理性等；提出海域使用对策措施；归纳项目用海的可行性论证结论。

（4）报告编制阶段　论证成果的编制阶段，即根据前面的分析论证内容和结论编制海域使用论证报告书或报告表。

二、论证等级判别

海域使用论证工作实行分级制。按照项目的用海方式、规模和所在海域特征，论证工作等级分为一级、二级和三级。

海域使用论证工作等级的判别步骤如下：

（1）根据项目用海基本情况，准确判定用海方式和用海规模。

（2）根据已确定的用海方式、用海规模，结合项目所在海域特征，根据表3-1判定对应的论证等级。

（3）根据各用海方式、用海规模所判定的论证等级，按照"就高不就低"原则。

（4）根据《论证导则》，项目用海占用岸线时，占用岸线长度也作为海域使用论证等级的一项判定依据。

案例 3-1：某一新建码头项目，主体工程包括 10 万 t 级专业化矿石泊位 2 个，5 万 t 级通用散杂货泊位 2 个。码头采用顺岸式重力沉箱式结构，码头总长度为 855m，并新建防波挡砂堤 9 300m，设计年通过能力为 1 800×10^4t/年。航道长 1.7km 左右。工程申请的用海由 4 宗组成：码头、防波堤、港池和内航道。申请用海面积分别为：码头填海用海 9.405 0hm²、防波堤非透水构筑物用海 57.168 1hm²、港池用海 75.465 4hm² 和内航道用海 170.428 0hm²，申请用海总面积为 312.466hm²。本项目用海方式包括：填海造地用海、构筑物用海、围海用海、开放式用海，结合用海规模和所在海域特征，分别判定不同用海方式的论证等级（表3-1）。根据同一项目用海按不同用海方式、用海规模所判定的等级不一致时，采用"就高不就低"的原则，确定本项目的海域使用论证等级为一级。

表3-1　不同用海方式的论证等级

一级用海方式	二级用海方式	用海规模	所在海域特征	论证等级
填海造地	其他建设填海造地用海	码头填海造地 9.405 0hm²	其他海域	二
构筑物用海	非透水构筑物用海	防波堤长 930m 用海面积 57.168 1hm²	所有海域	一
围海用海	港池用海	用海面积 75.465 4hm²	所用海域	三
开放式用海	航道	长度 1.7km	所有海域	二
本项目海域使用论证等级				一

对于不同等级的海域使用论证工作，在论证广度、深度、方法和成果要求上有不同要求，级别越高，工作要求就越高。主要体现在以下几个方面：

①在论证范围确定上，论证工作级别高的比级别低的范围大。

②在资料的调查站位设置上，论证工作级别高的比级别低的站位数多。

③在分析论证方法上，论证工作级别高的比级别低的更应深入和精细。如要求一级论证应尽可能采用定量方法分析海洋生态影响的范围和程度，应开展用海选址方案、平面布置方案等的比选分析；一级、二级论证应分析论证减少项目用海面积的可能性等。

④在论证成果编制上，论证工作级别高的比级别低的内容丰富。如要求一级、二级论证应编制海域使用论证报告书，并附有资源环境现状评价与影响分析附册；三级论证应编制海域使用论证报告表，根据项目用海情况和所在海域特征，必要时可对相关内容开展专题论证，形成专题报告。

三、论证范围确定

论证范围用于确定论证工作的区域大小、调查站位布设、海域开发利用现状分析、利益相关者分析等范围内。论证范围应以平面图方式标示，说明其地理位置、范围和面积等内容。《论证导则》规定了确定论证范围的原则方法，即应依据项目用海情况、用海需求、所在海域特征、周边敏感区分布及海域开发利用现状等确定，应覆盖项目用海可能影响到的全部区域。同时，还提出了一般情况下论证范围的确定方法，即以项目用海外缘线为起点进行划定，一级论证向外扩展 15km，二级论证向外扩展 8km；跨海桥梁、海底管道等线型工程项目用海的论证范围划定，一级论证每侧向外扩展 5km，二级论证向外扩展 3km。这里所指的一般情况，是指项目位于水流通畅的较开阔海域。对于海湾、岬湾内的项目用海，因周围水体流动受限或受陆域的阻挡，论证范围的界定不能机械套用上述一般性的要求，而应以"覆盖项目用海可能影响到的全部范围"的原则方法界定。对于三级论证的论证范围，《论证导则》中没有给出具体范围，可根据项目用海情况和所在海域特征，按"覆盖项目用海可能影响到的全部范围"的原则方法确定。

四、论证主要内容

海域使用论证的核心是根据相关政策和技术要求，深层次剖析项目的用海必要性、用海与海洋功能区划符合性、用海方案合理性和相关利益协调性等，为海域使用审批与监管提供科学依据。为使论证结论的有理有据，海域使用论证着重开展以下几方面工作：

（1）项目用海必要性分析　通过详细了解用海项目的基本情况，分析在现行政策和区域社会经济条件下，利用海域资源实施项目建设的必要性。在此基础上，针对项目申请用海情况，根据项目生产运营需要和现有空间资源条件，分析项目用海的必要性。

（2）项目用海资源环境影响分析　根据海域海洋资源和生态环境现状，结合用海项目前期专题研究成果，分析项目用海对海洋资源、海洋生态环境的影响内容、程度和范围以及项目用海的主要风险等，为分析项目用海的自然条件适宜性、海域开发利用协调分析、用海平面布置与用海方式合理性等提供专业依据。

（3）海域开发利用协调分析　通过项目用海对海域开发活动的影响分析，界定项目用海的利益相关者，分析项目用海对利益相关者的影响内容、影响范围和影响程度等，并据此提出相关利益协调建议。

同时，要调查项目用海是否涉及国防安全和国家海洋权益。若涉及，还需分析其影响内容、影响范围和影响程度等，并提出协调建议。

（4）项目用海与海洋功能区划及相关规划符合性分析 了解论证范围内海洋功能区划基本情况，分析项目用海与海洋功能区划的位置关系，对照所在区域的海洋开发与保护战略、海域功能定位及功能区管理要求，分析项目用海与海洋功能区划的符合性。

同时，还要对照与项目用海有关的区域发展规划、城乡总体规划和相关行业规划等，分析论证项目用海与相关规划的协调性。

（5）项目用海合理性分析 根据项目用海基本情况，结合项目用海资源环境影响分析、海域开发协调分析、海洋功能区划及相关规划的符合性分析等分析结果，分析项目用海选址和海平面布置合理性、用海方式合理性、用海占用岸线的合理性（不占线的除外）、用海面积合理性和用海期限合理性，提出用海优化建议。确定宗海范围和宗海面积，根据各部分论证结果，提出有针对性的、可操作的海域使用对策措施，包括海洋功能区划实施对策措施、开发协调对策措施、风险防范对策措施和监督管理对策措施。

五、论证重点判定

论证重点是根据具体用海项目的特点、所在海域特征及有关特殊情况而确定的论证侧重点。准确把握论证重点可使论证工作更具有针对性。论证重点一旦确认，相应部分的论证工作深度和详细程度都应该适当提高，必要时还应做专题论证。《论证导则》提出了确定论证重点的原则要求，即论证重点应依据项目用海类型、用海方式和用海规模，结合海域资源环境现状、利益相关者等确定。同时，针对个别用海类型和情形，提出应关注的问题。

①填海造地用海，应将水动力和冲淤变化影响分析、平面布置合理性分析、用海面积合理性分析列为论证重点。

②项目用海采用大面积开挖海床或水下爆破等施工方式的，应将资源环境影响分析列为论证重点。

③项目用海属近岸海域海砂开采用海的，应将海岸侵蚀和地形地貌影响分析列为论证重点。

④项目用海选址不具有唯一性的，应将用海选址合理性分析列为论证重点。

⑤项目用海位于敏感海域或者项目用海对海洋资源、环境产生重大影响时，项目用海资源环境影响分析宜列为论证重点，并应依据项目用海特点和所在海域环境特征，选择水动力环境、地形地貌与冲淤环境、水质环境、沉积物环境、生态环境中的一个或数个内容为具体的论证重点。

第四章 海域使用分类和海籍调查

一、海域使用分类

(一)海域使用分类原则

1. 依据海域用途 以海域用途为主要分类依据,遵循对海域使用类型的一般认识,并与海洋功能区划、海洋及相关产业等分类相协调。

2. 考虑海域使用分类管理需要 体现海域使用管理法律法规在海域使用审批、海域使用期限、海域使用金征缴和减免等方面,对海域使用的分类管理要求,明确界定法律法规提及的海域使用类型和用海方式。

3. 体现海域使用管理工作特点,区分用海方式 区分海域使用的具体用海方式,反映用海活动特征及其对海域自然属性的影响程度,体现海域使用管理工作特点(分级管理、有偿使用标准均区分用海方式)。

4. 保持项目用海完整性 在海域使用类型划分上保持项目用海的完整性,反映其总体特征,方便海域使用行政管理及相关工作(油气开采用连岛路、输油管道、电缆,纳入油气开采用海类型)。

(二)体系结构

1. 按海域使用类型分类(附录附表一)

(1)渔业用海 指为开发利用渔业资源,开展海洋渔业生产所使用的海域。

①渔业基础设施用海:指用于渔船停靠、进行装卸作业和避风,以及用以繁殖重要苗种的海域,包括渔业码头、引桥、堤坝、渔港港池(含开散式码头前沿船舶靠泊和回旋水域)、渔港航道、附属的仓储地、重要苗种繁殖场所及陆上海水养殖场延伸入海的取排水口等所使用的海域,其中:

a. 填成土地后用于建设顺岸渔业码头、渔港仓储设施和重要苗种繁殖场所等海域,用海方式为建设填海造地。

b. 采用非透水方式构筑的不形成围填海事实或有效岸线的渔业码头、堤坝等所使用的海域,用海方式为非透水构筑物。

c. 采用透水方式构筑的渔业码头、引桥等所使用的海域,用海方式为透水构筑物。

d. 陆上海水养殖场延伸入海的取排水口等所使用的海域,用海方式为取、排水口。

e. 有防浪设施圈围的渔港港池、开散式渔业码头的港池(船舶拿泊和回旋水域)等所使用的海域,用海方式为港池、蓄水等。

f. 渔港航道等所使用的海域,用海方式为专用航道、锚地及其他开放式。

②围海养殖用海:指筑堤围割海域进行封闭或半封闭式养殖生产的海域,用海方式为围海养殖。

③开放式养殖用海:指无须筑堤围制海域,在开放条件下进行养殖生产所使用的海域,包括筏式养殖、网箱养殖及无人工设施的人工投苗或自然增殖生产等所使用的海域,用海方式为开放式养殖。

④人工鱼礁用海:指通过构筑人工鱼礁进行增养殖生产的海域,用海方式为透水构筑物。

(2) 工业用海 指开展工业生产所使用的海域。

①盐业用海:指用于盐业生产的海域,包括盐田、盐田取排水口、蓄水池、盐业码头、引桥及港池(船舶靠泊和回旋水域)等所使用的海域。其中:

a. 采用非透水方式构筑的不形成围填海事实或有效岸线的盐业、码头等所使用的海域,用海方式为非透水构筑物。

b. 采用透水方式构筑的盐业码头、引桥等所使用的海域,用海方式为透水构筑物。

c. 盐业生产用取排水口所使用的海域,用海方式为取、排水口。

d. 盐田、盐业生产用蓄水池等所使用的海域,用海方式为盐业。

e. 盐业码头的港池(船舶靠泊和回旋水域)所使用的海域,用海方式为港池、蓄水等。

②固体矿产开采用海:指开采海砂及其他固体矿产资源所使用的海域,包括海上以及通过陆地挖至海底进行固体矿产开采所使用的海域,用海方式为海砂等矿产开采。

③油气开采用海:指开采油气资源所使用的海域,包括石油平台、油气开采用栈桥、浮式储油装置、输油管道、油气开采用人工岛及其连陆或连岛道路等所使用的海域。其中:

a. 石油平合及浮式生产储油装置(含立管和系泊系统)等所使用的海域,用海方式为平台式油气开采。

b. 油气开采用栈桥所使用的海域,用海方式为透水构筑物。

c. 输油管道所使用的海域，用海方式为海底电缆管道。

d. 油气开采用人工岛所使用的海域，用海方式为人工岛式油气开采。

e. 油气开采用人工岛的连陆或连岛道路（含涵洞式）等所使用的海域，用海方式为非透水构筑物。

④船舶工业用海：指船舶（含渔船）制造、修理、拆解等所使用的海域，包括船厂的厂区、码头、引桥、平台、船坞、滑道、堤坝、港池（含开散式码头前沿船舶靠泊和回旋水域，船坞、滑道等前沿水域）及其他设施等所使用的海域。其中：

a. 填成土地后用于建设船舶工业厂区等的海域，用海方式为建设填海造地。

b. 采用非透水方式构筑的不形成围填海事实或有效岸线的船厂码头、堤坝等所使用的海域，用海方式为非透水构筑物。

c. 采用透水方式构筑的船厂码头、引桥、平台、船坞及清流等所使用的海域，用海方式为透水构筑物。

d. 有防浪设施圈围的船厂港池、开散式船厂码头的港池（船舶靠泊和回旋水域）、船坞、滑道等前沿水域所使用的海域，用海方式为港池、蓄水等。

⑤电力工业用海：指电力生产所使用的海域，包括电厂、核电站、风电场、潮汐及波浪发电站等的厂区、码头、引桥、平台、港池（含开散式码头前沿船舶靠泊和回旋水域）、堤坝、风机座墩和塔架、水下发电设施，取排水口、蓄水池、沉淀池及温排水区等所使用的海域。其中：

a. 填成土地后用于建设电力工业厂区等海域，用海方式为建设填海造地。

b. 采用非透水方式构筑的不形成围填海事实或有效岸线的电厂（站）专用码头、堤坝等所使用的海域，用海方式为非透水构筑物。

c. 采用透水方式构筑的电厂（站）专用码头、引桥、平台、风机座墩和塔架、水下发电设施及潜堤等所使用的海域，用海方式为透水构筑物。

d. 电厂（站）取排水口所使用的海域，用海方式为取、排水口。

e. 蓄水池、沉淀池、有防浪设施圈围的电厂（站）港池、开敞式电厂（站）专用码头的港池（船舶靠泊和回旋水域）等所使用的海域，用海方式为港池、蓄水等。

f. 温排水区用海，用海方式为专用航道、锚地及其他开放式。

⑥海水综合利用用海：指开展海水淡化和海水化学资源综合利用等所使用的海域，包括海水淡化厂、制碱厂及其他海水综合利用工厂的厂区，取排水口、蓄水池及沉淀池等所使用的海域。其中：

a. 填成土地后用于建设海水综合利用工业厂区等的海域，用海方式为建设填海造地。

b. 海水综合利用取排水口等所使用的海域，用海方式为取、排水。

c. 蓄水池、沉淀池等所使用的海域，用海方式为港池、蓄水等。

⑦其他工业用海：指上述工业用海以外的工业用海，包括水产品加工厂、化工厂、钢铁厂等的厂区、企业专用码头、引桥、平台、港池（含开敞式码头前沿船舶靠泊和回旋水域）、堤坝、取排水口、蓄水池及沉淀池等所使用的海域。其中：

a. 填成土地后用于建设上述工业厂区等的海域，用海方式为建设填海造地。

b. 采用非透水方式构筑的不形成围填海事实或有效岸线的企业专用码头、堤坝等所使用的海域，用海方式为非透水构筑物。

c. 采用透水方式构筑的企业专用码头、引桥、平台及潜堤等所使用的海域，用海方式为透水构筑物。

d. 取排水口所使用的海域，用海方式为取、排水口。

e. 蓄水池、沉淀池、有防浪设施圈围的企业专用港池、开敞式企业专用码头的港池（船舶靠泊和回旋水域）等所使用的海域，用海方式为港池、蓄水等。

（3）交通运输用海　指为满足港口、航运、路桥等交通需要所使用的海域。

①港口用海：指供船舶停泊、进行装卸作业、避风和调动等所使用的海域，包括港口码头（含开敞式的货运和客运码头）、引桥、平台、港池（含开敞式码头前沿船舶靠泊和回旋水域）、堤坝及堆场等所使用的海域。其中：

a. 填成土地后用于建设堆场、顺岸码头、大型突堤码头及其他港口设施等海域，用海方式为建设填海造地。

b. 采用非透水方式构筑的不形成围填海事实或有效岸线的码头、堤坝等所使用的海域，用海方式为非透水构筑物。

c. 采用透水方式构筑的码头、引桥、平台及潜堤等所使用的海域，用海方式为透水构筑物。

d. 有防浪设施圈围的港池，开放式码头的港池（船舶靠泊和回旋水域）等所使用的海域，用海方式为港池、蓄水等。

②航道用海：指交通部门划定的供船只航行使用的海域（含灯桩、立标及浮式航标灯等海上航行标志所使用的海域），不包括渔港航道所使用的海域，用海方式为专用航道、锚地及其他开放式。

③锚地用海：指船舶候潮、待泊、联检、避风及进行水上过驳作业等所使用的海域，用海方式为专用航道、锚地及其他开放式。

④路桥用海：指连陆、连岛等路桥工程所使用的海域，包括跨海桥梁、跨海和顺序道路及其附属设施等所使用的海域，不包括油气开采用连陆、连岛道路和栈桥等所使用的海域。其中：

a. 填成土地后用于建设顺序道路及其附属设施等海域，用海方式为建设填海造地。

b. 采用非透水方式构筑的不形成围填海事实或有效岸线的跨海道路（含涵洞式）及其附属设施等所使用的海域，用海方式为非透水构筑物。

c. 跨海桥梁及其附属设施等所使用的海域，用海方式为跨海桥梁、海底隧道等。

（4）旅游娱乐用海　开发利用滨海和海上旅游资源，开展海上娱乐活动所使用的海域。

①旅游基础设施用海：指旅游区内为满足游人旅行、游览和开展娱乐活动需要而建设的配套工程设施所使用的海域，包括旅游码头、游艇码头、引桥、港池（含开散式码头前沿船舶靠泊和回旋水域）、堤坝、游乐设施、景观建筑、旅游平台、高脚屋、旅游用人工岛及宾馆饭店等所使用的海域。其中：

a. 填成土地后用于旅游开发和建设宾馆、饭店等的海域，用海方式为建设填海造地。

b. 采用非透水方式构筑的不形成围填海事实或有效岸线的旅游码头、游艇码头、堤坝、游乐设施、景观建筑及旅游用人工岛等所使用的海域，用海方式为非透水构筑物。

c. 采用透水方式构筑的旅游码头、游艇码头、引桥、游乐设施、景观建筑、旅游平台、潜堤，以及游艇停泊水域等所使用的海域，用海方式为透水构筑物。

d. 有防浪设施圈围的旅游专用港池、开散式旅游码头的潜池（船舶靠泊和回旋水域）等所使用的海域，用海方式为港池、蓄水等。

②浴场用海：指专供游人游泳、嬉水的海域，用海方式为浴场。

③游乐场用海：指开展游艇、帆板、冲浪、潜水、水下观光及垂钓等海上娱乐活动所使用的海域，用海方式为游乐场。

（5）海底工程用海　指建设海底工程设施所使用的海域。

①电线管道用海：指埋（架）设海底通讯光（电）线、电力电缆、深海排污管道、输水管道及输送其他物质的管状设施等所使用的海域，不包括油气开采输油管道所使用的海域，用海方式为海底电缆管道。

②海底隧道用海：指建设海底隧道及其附属设施等所使用的海域，包括隧道主体及其海底附属设施，以及通风竖井等非透水设施所使用的海域，其中：

a. 隧道主体及其海底附属设施所使用的海域，用海方式为跨海桥梁、海底隧道等。

b. 通风竖井等非透水设施所使用的海域，用海方式为非透水构筑物。

③海底场馆用海，包括海底水族馆、海底仓库及储罐及其附属设施等所使用的海域，用海方式为跨海桥梁、海底隧道等。

（6）排污倾倒用海　指用来排放污水和倾倒废弃物的海域。

①污水达标排放用海：指受纳指定达标污水的海域，用海方式为污水达标排放。

②倾倒区用海：指倾倒区所占用的海域，用海方式为倾倒。

（7）造地工程用海　指为满足城镇建设、农业生产和废弃物处置需要，通过筑堤围制海域，并最终填成土地，形成有效岸线的海域。

①城镇建设填海造地用海：指通过筑堤围割海域，填成土地后用于城镇（含工业园区）建设的海域，用海方式为建设填海造地。

②农业填海造地用海：指通过筑堤围割海域，填成土地后用于农、林、牧业生产的海域，用海方式为农业填海造地。

③废弃物处置填海造地用海：指通过筑堤围割海域，用于处置工业废渣、城市建筑垃圾、生活垃圾及疏浚物等废弃物，并最终形成土地的海域，用海方式为废弃物处置填海造地。

（8）特殊用海　指用于科研教学、军事、海洋自然保护区及海岸防护工程等用途的海域。

①科研教学用海：指专门用于科学研究、试验及教学活动的海域，用海方式参照（1）～（7）确定。

②军事用海：指建设军事设施和开展军事活动所使用的海域，用海方式参照（1）～（7）确定。

③海洋保护区用海：指各类涉海保护区所使用的海域，用海方式为专用航道、锚地及其他开放式。

④海岸防护工程用海：指为防范海浪、沿岸流的侵蚀，以及台风、气旋和寒潮大风等自然灾害的侵袭，建造海岸防护工程所使用的海域，用海方式为非透水构筑物。

（9）其他用海　指上述用海类型以外的用海，用海方式参照（1）～（7）确定。

2. 按照用海方式分类

（1）填海造地用海　筑堤围割海域填成土地，并形成有效岸线的用海方式。

（2）非透水构筑物用海　采用非透水方式构筑不形成围海事实或有效岸线的码头、突堤、引堤、防波堤、路基等构筑物的用海方式。

（3）透水构筑物用海　采用透水方式构筑码头、海面栈桥、高脚屋、人工鱼礁等构筑物的用海方式。

（4）围海　通过筑堤或其他手段，以完全或不完全闭合形式围割海域进行海洋开发活动的用海方式。

（5）开放式用海　不进行填海造地、围海或设置构筑物，直接利用海域进行开发活动的用海方式（并非什么设施也没有）。

（6）其他方式　人工岛式油气开采，平台式油气开采，海底电缆管道，海砂等矿产开采，取、排水口，污水达标排放，倾倒（特定的几种用海）。

二、海籍调查

（一）有关定义

（1）宗海　指被权属界址线所封闭的用海单元（同一权属项目用海中的填海造地用海应独立分宗）。

（2）宗海内部单元　指宗海内部按用海方式划分的海域。

（3）界址点　指用于界定宗海及其内部单元范围和界线的拐点。

（4）界址线　指由界址点连接而成的线。

（5）标志点　指具有明显标志，并可通过对其坐标的测量推算界址点坐标的点。

（6）标志线　指由标志点连接而成的线。

（二）宗海界址界定一般原则

（1）尊重用海事实原则　根据用海事实，针对海域使用的排他性及安全用海需要，参照本规范所列宗海界址界定的一般流程和基本方法，界定宗海界址。

（2）用海范围适度原则　宗海界址界定应有利于维护国家的海域所有权，有利于海洋经济可持续发展，应确保国家海域的合理利用，防止海域空间资源的浪费。

（3）节约岸线原则　宗海界址界定应有利于岸线和近岸水域的节约利用。

在界定宗海范围时应将实际无需占用的岸线和近岸水域排除在外，如图 4-1
所示。

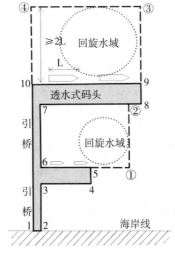

图 4-1　宗海界址界定节约岸线原则

（4）避免权属争议原则　宗海界址界定应保障海域使用权人的正常生产活动，避免毗连宗海之间的相互穿插和干扰，避免将宗海范围界定至公共使用的海域内，避免海域使用权属争议。

（5）方便行政管理原则　宗海界址界定应有利于海域使用行政管理，在保证满足实际用海需要和无权属争议的前提下，对过于复杂和琐碎的界址线应进行适当的归整处理。

（三）宗海界址界定一般流程

（1）宗海分析（寻找界定依据）　根据本宗海的使用现状资料或最终设计方案、相邻宗海的权属与界址资料以及所在海域的基础地理资料，按照有关规定，确定宗海界址界定的事实依据。

（2）用海类型与方式确定（分析用海性质）　按照海域使用分类相关规定，判定宗海内部存在的用海方式，确定宗海的海域使用一级和二级类型。

（3）宗海内部单元划分（梳理用海细节）　在宗海内部，按不同用海方式的用海范围划分内部单元。用海方式相同但范围不相接的海域应划分为不同的内部单元，内部单元界线按照主管部门批准的要求界定。

（4）宗海平面界址界定　综合宗海内部各单元所占的范围，以全部用海的最外围界线确定宗海的平面界址。

（5）宗海垂向范围界定　遇特殊需要时，应根据项目用海占用水面、水体、海床和底土的实际情况，界定宗海的垂向使用范围。

（四）各用海方式范围界定方法

（1）填海造地用海　岸边以填海造地前的海岸线为界，水中以围堰、堤坝基床或回填物倾埋水下的外缘线为界。

（2）构筑物用海

①非透水构筑物用海。岸边以海岸线为界，水中以非透水构筑物及其防护设施的水下外缘线为界。

②透水构筑物用海。安全防护要求较低的透水构筑物用海以构筑物及其防护设施垂直投影的外缘线为界。其他透水构筑物用海在透水构筑物及其防护设施垂直投影的外缘线基础上，根据安全防护要求的程度，外扩不小于 10m 保护距离为界。

（3）围海用海　岸边以围海前的海岸线为界，水中以围堰、堤坝基床外侧的水下边缘线及口门连线为界。

（4）开放式用海　以实际设计、使用或主管部门批准的范围为界。

（5）其他方式用海　根据用海特征，参照主管部门批准的方法界定。

（五）海籍测量要求

1. 基准

（1）坐标系　采用 WGS-84 世界大地坐标系。

（2）高程基准　采用 1985 国家高程基准。

（3）地图投影　一般采用高斯—克吕格投影，以与宗海中心相近的 $0.5°$ 整数倍经线为中央经线。东西向跨度较大（经度差大于 $3°$）的海底管线等用海可采用墨卡托投影。

2. 坐标问题-坐标系统

（1）大地经度　参考椭球面上，某点大地子午面与本初子午面的两面角。

（2）大地纬度　参考椭球面上，某一点的法线与赤道平面间的夹角。

3. 界址点测量

（1）测量方法　一般采用 GPS 定位法、解析交汇法和极坐标定位法进行实测。根据实测数据，采用解析法解算出实测标志点或界址点的点位坐标。

对于无法直接测量界址点的宗海，或已有明确的界址点相对位置关系的宗海，可根据相关资料，如工程设计图、主管部门审批的范围等，推算获得界址点坐标。

（2）测量工作方案　在现场施测前，应实地勘查待测海域，综合考虑用海规模、布局、方式、特点、宗海界定原则和周边海域实际情况等，为每一宗海制定界址点和标志点测量工作方案。

对于能够直接测量界址点的宗海，应采用界址点作为实际测量点；对于无法直接测量界址点的宗海，应采用与界址点有明确位置关系的标志点作为实际测量点。

实际测量点的布设应能有效反映宗海形状和范围。

（3）现场测量　根据工作方案进行现场测量，在现场填写《海籍调查表》中的"海籍现场测量记录表"，绘制现场测量示意图，保存测量数据。

（六）海籍测量质量控制要点

（1）整体把握用海范围。

（2）正确判断用海类型。

（3）合理分解用海内部单元和用海方式。

（4）确保测量基准无误。

（5）准确界定和测量各用海单元的界址点坐标。

（6）完整填写海籍调查表。

（7）规范编制宗海图。

第五章 项目用海所在海域概况分析

　　项目用海所在海域概况为准确判定项目用海合理性和可行性提供基础性资料，是海域使用论证报告结构体系中不可缺少的内容。海域使用基础资料包括社会经济条件、自然环境条件、海洋资源条件、海洋开发利用现状和海洋自然灾害等。不同用海项目对社会环境、海洋环境和自然资源条件都有相应的要求。开展海域使用论证基础资料调查，获取海域使用论证所需的信息资料，是海域使用论证的基础工作，是论证项目用海自然环境条件的适宜性和项目用海社会环境协调性的重要依据。海域使用论证基础资料的获取主要有两种途径：收集已有资料和现场调查。社会经济状况和自然灾害等方面的资料，一般采用收集已有资料的途径获取；海洋资源和海洋环境资料可通过资料收集获取，当收集的海洋资源环境资料不能满足论证工作要求时，应进行现状调查；海域开发利用现状应进行现场调研和实地勘查。

　　海域使用论证报告中的资料介绍应言简意赅、详略得当、有针对性。根据不同类型的用海项目及项目用海所在海域资源环境条件的特征，与项目用海论证工作密切且直接关联的资料应相对详细，其他的应简化。切忌不分重点地照搬项目环境影响报告书、资源环境现状评价与影响分析等研究专题的全部内容。

一、海域概况资料总体要求

（一）资料内容

　　海域使用论证工作应充分收集和调查社会经济状况、自然资源、海洋环境和生态现状、海域开发利用现状、基础地理信息等数据和资料。社会经济状况主要包括：项目用海所在行政区域的社会经济基本状况、海洋产业发展现状以及项目所属行业的发展状况等。基础地理信息主要包括：项目所在海域的水深地形、清晰反映项目所在区地形地貌的遥感影像、海岸线等数据资料。海域开发利用现状包括：论证范围内的海域使用现状、海洋保护区及其他敏感海域，用海项目周边海域权属情况等数据资料。自然资源主要包括：海岸线资源、海涂资源、海岛资源、港口资源、生物资源、矿产资源、旅游资源等。海洋环境和生态现状主要包括：海洋水文气象、地形地貌与冲淤、海水水质、海洋沉积物质量、海洋生物质量、海洋生态和海洋自然灾害等。

（二）资料

海域使用论证工作应充分利用已有海洋调查资料，凡是现有海洋调查资料不能满足论证需要的，需开展必要的现场调查。为了保证论证工作的质量，保证论证结论的客观、真实、有效，在进行资料收集调查时，要遵循以下要求。

1. 资料有效性要求

①海洋环境、生态现状分析测试数据应由具有国家级、省级计量认证或实验室认可资质的单位提供。

②社会经济发展状况资料以所在地人民政府职能部门统计和发布的数据资料为准。

③海洋功能区划和相关规划应是现行有效的。

④海域开发利用现状资料应经实地调访、现场勘查获取。

2. 资料时效性要求

①除长期历史统计数据外，海洋地形地貌与冲淤状况、数值模拟计算所使用的海洋水文等实测资料，应采用 5 年以内（以年为计算单位）的资料。

②海洋资源、生态和环境现状等资料，应采用 3 年以内（以年为计算单位）的资料。

③当地社会经济发展状况应采用 2 年以内（以年为计算单位）的资料。

④遥感影像数据应采用能清晰反映论证范围内海域开发利用现状的最新资料。

（三）资料获取步骤与方式

1. 资料获取步骤 在开展调查工作之前，应根据《论证导则》的要求，针对用海项目的海域使用情况设计调查方案，明确调查目的、调查内容、调查范围及测站布设、调查与分析方法、调查频率及时间、主要仪器设备的要求以及质量控制和工作进度安排等。

一个完整的调查过程主要包括五个阶段：调查方案设计与准备阶段、资料搜集阶段、现场勘测和样品采集阶段、实验分析阶段、数据处理和分析阶段。

2. 调查站位布设关注要点 调查站位的布局是否合理，直接决定了获得的相关数据是否能够满足项目论证数据全面性与可靠性。调查站位的布设应关注以下要点：调查站位的数量应符合导则的相关要求；调查范围与论证范围应保持一致；按照数据信息评价只能内插不能外延的基本要求，调查站位布设应确保论证范围的有效控制；应注意控制性站位的布设，如水质、沉积物和海洋生物等的基础资料调查站位，在调查范围的四至周边，均应布设水质、沉积物和海洋生物的调查站位。

3. 资料来源说明 海域使用论证报告中引用和使用的数据和资料，都应在资料来源说明中给予说明。资料来源说明包括引用资料和现场勘查两部分。

二、自然环境简要分析

自然环境是项目用海的重要条件，是分析项目用海环境适宜性的重要依据。应针对项目用海特点及其所在海域特征，给出用海项目论证范围内的自然环境概况。

（一）海洋水文气象

1. 海洋水文气象调查 海洋水文气象资料主要包括：波浪、潮位、气压、气温、降水、湿度、风速、风向、灾害性天气等长期的历史资料，以及水温、盐度、潮流（流速、流向）、悬浮物等。海洋水文气象调查的数据资料获取原则是：以收集历史资料为主，现场调查为辅，确保客观反映项目用海区域海洋水文气象的基本情况。

（1）历史资料的收集 应尽量收集与用海项目有关的海洋水文气象历史资料和相应图件，注明其来源和时间。资料来源主要有海洋台站和沿海气象台站以及用海项目周边其他建设项目的海洋水文气象观测资料。海洋水文气象的长期历史统计数据，尽量统计分析近 30 年的观测资料。河口区应收集所在河口的流域径流等资料，海冰区还应包括海冰要素资料。具体可根据论证项目对环境要素的特殊要求作为重点关注内容，适当选择需收集的资料。使用海洋水文气象历史资料时应经过筛选，并符合《海洋调查规范》（HY/T 124—2009）和《海洋监测规范》（HY/T 147—2013）中海洋调查和资料处理的方法和要求。

（2）现场调查 如果收集的资料不能反映用海项目的海洋水文状况，或近 5 年内用海项目所在海区有大型用海项目建设的，应开展现场调查。调查站位的布设应符合全面覆盖（范围）、重点代表的站位布设原则，还应满足数值模拟的边界控制和验证的要求。根据《论证导则》的要求，一级论证调查站位一般不少于 6 个，二级论证调查站位一般不少于 4 个。

（3）调查时间 根据当地的水文动力特征和海域环境特征，确定海域水文气象的调查时间。季节变化较大的海域应有不同季节的观测资料；用于数值模拟的边界控制和验证的潮流观测一般选在大潮期进行。

（4）调查方法 海洋水文气象调查观测按照《海洋调查规范》（HY/T 124—2009）的相关要求执行。

2. 海洋水文气象状况分析 阐述海洋水文、气象要素的基本状况与变化特征，并附以必要的图表。各要素主要分析内容应包括以下几个方面：

（1）风况 给出最大风速、最小风速、平均风速及其变化规律、典型日平均风速、主导风向、风玫瑰图、风速及频率等。

（2）海水温度和盐度 给出各季节海水温度和盐度的平面分布、断面分布及周日变化。

（3）潮汐 给出潮汐类型，统计分析潮汐特征值（最高高潮位、平均高潮位、平均水位、平均低潮位、最低低潮位、最大潮差、平均潮差、最小潮差、平均涨潮历时、平均落潮历时、平均高潮间隙、平均低潮间隙）及基面关系。与相关台站的同步潮汐资料进行相关分析，计算相当于多年的逐月平均水位和逐年平均水位。水位观测资料具体整理方法和要求可参照《海洋调查规范 第七部分 海洋调查资料交换》（GB/T 12763.7—2007）执行。

（4）海流

①通过对实测海流资料分析，提供实测流速、流向成果表、矢量图。统计实测海流的涨、落潮流历时，涨、落潮最大值及对应的流向，涨、落潮平均值及对应的平均流向，余流大小与方向。

②通过对实测海流进行调和分析，计算各主要分潮流的调和常数和椭圆要素，计算潮流性质系数和判别潮流类型，分析潮流运动形式、潮流场和余流场的基本特征；计算各层最大可能潮流和余流流速、流向、潮流水质点最大可能运移距离；根据潮流调和常数计算结果，绘制各层潮流椭圆图。资料的具体整理方法和要求可参照《海洋调查规范 第七部分 海洋调查资料交换》（GB/T 12763.7—2007）执行。

（5）波浪

①按有关规范规定的方法对实测和收集到的波浪观测资料进行统计分析，给出分方向统计的平均波高（m）、最大波高、平均周期（s）、最大周期和出现频率（%）等，明确海区的强浪向和最大波高、次强浪向、常浪向和出现频率，最大周期、次大周期及其出现频率等。

②推算不同方向、不同重现期的波高和周期。

③分向进行波级和出现频率统计，分析海区的波浪状况，绘制各向波级玫瑰图。

④统计分析各月最大波高及方向，各月的最多波向及频率，分析海区全年各月的波浪状况。波浪观测资料具体整理方法和要求可参照《海洋调查规范

第七部分 海洋调查资料交换》（GB/T 12763.7—2007）执行。

（6）悬浮泥沙 给出悬浮泥沙含量时空分布等。

（二）海底地形地貌与冲淤环境

1. 海底地形地貌与冲淤环境调查 海底地形地貌与冲淤环境调查的内容为用海区及其周边海域的地形地貌与冲淤环境的分布特征，包括海岸线、潮间带和潮下带的海底地形地貌特征以及冲淤状况（冲淤速率、冲淤变化特征）等。

（1）资料收集 应尽可能地收集项目所在海域及其周边海域的水深、地形地貌与冲淤变化的历史资料，特别注重各时期遥感影像、历史图件和现状图件的收集。地形地貌、海岸线、潮间带、潮下带和海岸带地形地貌特征及其变化等资料；各类型海岸（包括河口海岸、沙砾质海岸、淤泥质海岸、珊瑚礁海岸、红树林海岸等）地形地貌的特征及分布范围等资料；地面沉降、海岸线、海床和海岸冲淤演变等资料。用海项目对地貌有特殊要求，应进行有针对性的地貌调查，如海水浴场用海应进行用海区岩礁分布调查，并给出岩礁分布图。海洋底质类型与分布、沉积环境等资料。例如，历史海图、水深地形图、地貌图、底质类型分布图、冲淤动态分布图和遥感影像图（卫星遥感图片、航空遥感图片）等。

（2）现场调查 若收集的历史资料不足以反映工程用海区水下地形现状特征或测图精度不够，应进行水下地形测量和底质取样调查，调查范围应覆盖用海工程及邻近范围，测量比例尺不小于 1∶5 000，应能较准确地反映用海工程区水下地形地貌特征。地形地貌与冲淤环境调查方法应按照《海洋调查规范》（HY/T 124—2009）中海洋地质地球物理调查的相关要求执行，测量结果与历史资料的对比，分析地形地貌与冲淤环境的演变。

2. 海底地形地貌与冲淤环境评价分析 海底地形地貌与冲淤环境重点分析与评价应包括以下内容：

①分析与评价用海项目所在海域及其周边海域的海岸、岸滩、水下岸坡、浅海平原等地貌单元，分析各地貌单元的冲淤现状、冲淤速率、冲淤变化特征等。

②海岸线位置及岸滩变化通过不同时期地图（地形图和海图）、遥感影像或标志性地物对比、岸滩剖面监测，以及分析量算岸线、岸滩的淤进或蚀退距离、高度变化等，绘出各时期岸线位置的平面或剖面叠置图，从而得出项目用海附近海底冲刷区和淤积区、冲刷或淤积显著部位，判断地貌和冲淤演化趋势以及冲淤敏感部位。

③利用工程区水深地形剖面测量、项目水深地形测量资料等（水深测量资料须经过潮位改正），给出工程区水深地形、水深分布特征、浅滩和深槽分布等；结合历史水深地形图或水深地形断面测量资料，叠置绘制地形变化平面图或断面图，识别项目用海区域及附近海域的水深地形变化、冲淤变化、地貌变化等。根据岸线位置的平面或剖面叠置图、地形变化平面图或断面图、地貌图等，分析评价项目用海区域及附近海域的地形地貌与冲淤特征。

（三）区域地质与工程地质

区域地质资料、数据以收集有效的、满足论证范围和论证要求的历史资料为主。工程地质资料可依据工程可行性研究报告中的资料，若没有满足要求的，应建议用海申请人开展专题调查。

1. 地质资料获取

（1）区域地质 区域地质资料应尽可能地收集用海项目附近的地质资料，主要包括：地层、构造、新构造运动及地震安全性评估等相关专题调查资料，尤其应注重各类地质图件、地震区划图、地震烈度分布图等资料的收集。

（2）工程地质现状 工程地质资料一般通过工程地质勘察获取，主要内容包括：地质钻孔平面布置图、工程地质剖面图、地层岩性柱状图、地层的物理力学性质指标、不良地质现状现象、工程地质条件综合评价等资料。

2. 地质条件评价

（1）区域地质构造条件 根据区域地质和地震安全性评价资料进行地质构造条件分析评价，主要内容包括：区域地层、地质发展史、地质构造特征与新构造运动特点，明确项目用海区域及附近是否有断层分布或经过、断层性质及活动性、地震基本烈度及区划，以及项目用海区域及附近存在的不利地质因素等。

（2）工程地质条件 工程地质条件分析的主要内容包括：项目用海区域工程场地地基土结构及物理力学性质指标；项目用海场地的地震效应评价；地基持力层特征及工程区的不良地质因素分布；适宜的基础形式；岩土疏浚类别、范围、深度等；工程地质勘探点平面布置图、钻探图及典型工程地质剖面图。海洋自然灾害是由风、潮、浪、冰、雾等自然过程引发的，主要有热带气旋、风暴潮、海啸、海冰等。本节应给出项目所在海域的热带气旋、台风风暴潮、海冰等海洋自然灾害的历史记录和统计数据。另外，对于赤潮、绿潮等海洋生态灾害经常发生的海域，还应给出赤潮、绿潮等的历史记录和统计数据。

①台风 主要调查内容包括：台风发生频率、平均风力、最大风力、台风路径、台风多发月份、典型台风案例等。

②风暴潮　主要调查内容包括：历史上风暴潮发生的频率、发生时间、增水高度，风暴潮对海岸的破坏情况，风暴潮造成的经济损失与人员伤亡情况等。

③海冰　主要调查内容包括：固定冰初冰日与终冰日、冰厚，流冰初冰日与终冰日、冰厚，平均冰期、最长冰期与最短冰期，海冰致灾情况等。

④地震　主要调查工程所在区域历史上发生地震的情况，包括：震级、震中分布、震源深度、断层分布情况等，并收集震中分布图、断裂分布图等图件资料。

⑤赤潮和绿潮　主要调查赤潮和绿潮的发生频率、赤潮种类、影响范围、持续时间、养殖与生态损失和对人类的危害等。

⑥其他海洋自然灾害　主要调查包括：海啸、龙卷风、海岸侵蚀等海洋灾害的情况。海洋自然灾害的分析内容包括：灾害发生时间与地点、灾害类型、灾害等级、影响范围（包括持续时间、受灾面积）、危害程度（伤亡人数、经济损失）、成灾因子特征等，可制成表格的形式进行论述。

（四）海水环境质量现状评价

1. 海水环境现状调查

（1）调查断面与站位布设　海水环境现状调查断面与站位应按照全面覆盖论证范围、均匀布设、重点代表的原则布设。调查断面：一级论证项目水质调查一般布设 5～8 个调查断面，二级论证项目水质调查应布设 3～5 个调查断面，三级论证项目水质调查布设 2～3 个调查断面；调查断面方向：大体上应与主潮流方向或海岸垂直，在主要污染源或排污口附近应设调查断面。调查站位：每个调查断面应设置 4～8 个测站；一级论证水质调查站位一般不少于 20 个，二级论证水质调查站位一般不少于 12 个。当工程性质敏感、特殊，或者调查海域处于自然保护区附近、珍稀濒危海洋生物的天然集中分布区、重要的海洋生态系统和特殊生境（红树林、珊瑚礁等）时，水质调查站位应适当增加调查站位数量。

（2）调查时间和频次　根据当地的水文动力特征和海域环境特征，确定水质环境现状的调查时间和频次。一级论证至少应取得春、秋两季的调查资料；二级论证至少应取得春季或秋季的调查资料；三级论证若现有资料满足要求，可不进行现状调查。

（3）调查要素选择　水质调查要素应根据建设项目所处海域的环境特征和项目特征污染物等确定水质调查参数。调查要素（因子）按照《海洋工程环境影响评价技术导则》（GB/T 19485—2014）的要求选择，依据用海项目的特点可适当调整。当用海项目对海水水质的常规要素有特殊要求的，应增加相应要素的调查。

2. 海水水质质量现状评价

（1）评价内容 海水水质质量现状评价主要是综合阐述海水环境的现状与特征，应给出调查要素的实测值和标准指数值等。评价内容主要包括：

①简要评价调查海域海水环境质量的基本特征，阐明水环境现状的特征污染物和首要污染物等；针对实测特殊异常值和现象给出致因分析。

②阐明论证范围内和周边海域的海水水质环境现状的综合评价结果。

③若工程所在海域能收集到其他有关资料，可简要阐明用海项目论证范围内和周边海域水质环境的季节特征、年际变化和总体变化趋势的分析评价结果。

（2）评价方法 一般采用单项水质参数评价方法，即单因子标准指数法。单因子标准指数评价能客观地反映水体的污染程度。单因子标准指数法是将某种污染物实测浓度与该种污染物的评价标准进行比较，以确定水质类别的方法。

（五）海洋沉积物质量分析评价

1. 海洋沉积物质量调查

（1）调查断面与站位布设 海洋沉积物环境现状调查断面与站位应按照全面覆盖论证范围、均匀布设、重点代表的原则布设。调查断面设置可与海洋水质调查相同，方向大体上应与海岸垂直，在影响主方向应设主断面。一级论证调查站位一般不少于 10 个，二级论证调查站位一般不少于 6 个。

（2）调查时间和频次 海洋沉积物环境现状调查时间应与海洋水质、海洋生态和生物资源调查同步进行，至少有一次现状调查资料。

（3）调查参数要素 海洋沉积物环境现状调查参数包括常规沉积物参数和特征沉积物参数。调查要素应按照《海洋工程环境影响评价技术导则》（GB/T 19485—2014)要求选择，依据用海项目的特点可适当调整。当用海项目对海洋沉积环境的常规要素外有特殊要求的，应增加相应要素的调查。针对铺设海底管线、海底电缆、海洋石油开发等用海项目应增加海洋腐蚀环境的调查内容。调查方法、监测方法和数据处理方法应按照《海洋调查规范》（HY/T 124—2009）和《海洋监测规范》（HY/T 147—2013）的相关要求执行。

2. 海洋沉积物质量评价 海洋沉积物质量现状评价采用单因子标准指数法。单因子标准指数法计算公式如下：

$$P_i = \frac{G_i}{G_{si}} \qquad\qquad (5\text{-}1)$$

式中：G_i 为污染因子实测值；G_{si} 为评价标准值。

给出沉积物环境质量评价结果，分析各污染物的超标原因；综合分析评价沉积物环境质量，阐述该区域现存的主要沉积物环境质量问题。

（六）海洋生物质量分析评价

海洋生物质量通过海洋生物体内污染物质残留量进行评价。测试生物可以采集具有海区代表性的潮间带生物和底栖生物中双壳贝类和其他主要海洋经济生物，尽可能选取海洋双壳贝类生物。

1. 海洋生物质量调查

（1）调查站位布设　一级论证应在论证范围内现场采集至少三处有代表性的生物样品，二级论证应采集至少两处有代表性的生物样品。

（2）调查时间与频次　调查时间宜与海洋生态调查时间同步。底栖生物调查应进行阿氏拖网，以满足测试生物样品要求。

（3）调查要素　分析内容应包括：贝类生物体内的石油烃、重金属含量等，可根据区域自然条件和开发用海项目的特点选择以下适合的对象进行调查，如石油烃、总汞（Hg）、镉（Cd）、铅（Pb）、砷（As）等。调查按照《海洋调查规范》（HY/T 124—2009）和《海洋监测规范》（HY/T 147—2013）中的相关要求执行。

2. 海洋生物质量评价

（1）评价标准　海洋生物质量评价标准采用《海洋生物质量》（GB/T 18421—2001）和参考相关标准。

（2）评价方法　海洋生物质量现状评价采用单因子标准指数法。单因子标准指数法计算公式如下：

$$P_i = \frac{G_i}{G_{ti}} \qquad\qquad (5\text{-}2)$$

式中：G_i 为污染因子实测值；G_{ti} 为评价标准值。海洋生物质量评价因子的标准指数≤1时，表明该海洋生物质量评价因子在评价海域海洋生物体中的浓度符合海洋生物质量的要求。

三、海洋生态概况

针对项目用海特征及其所在海域特征，给出论证范围内的海洋生态概况，并介绍项目所在海域的自然保护区。

（一）海洋生态调查

1. 调查站位、时间与频次

（1）调查断面与站位布设　调查断面覆差论证范围、均匀布设、重点代表的原则布设。一级论证调查站位一般不少于 12 个，二级论证调查站位一般不少于 8 个。项目用海涉及潮间带的，应开展潮间带生物调查，一级论证的调查断面应不少于 3 条，二级论证的调查断面应不少于 2 条。

（2）调查时间与频次　一级论证项目应获取春、秋两季的调查数据，二级论证至少应获得春季或秋季的调查数据。有特殊物种及特殊要求时可适当调整调查频次和时间。调查时间可与水质调查同步；同时应尽量收集调查海域的主要调查对象的历史资料给予补充。三级论证项目应尽量收集用海项目所在海域近 3 年内的海洋生态和生物资源历史资料，历史资料不足时应进行补充调查。

2. 调查内容与方法　一级和二级论证项目的生态现状调查内容应根据用海项目所在区域的环境特征和海域使用论证的要求，选择下列全部或部分项目：叶绿素 a、初级生产力、浮游植物、浮游动物（包含鱼卵仔稚鱼）、底栖生物、潮间带生物、游泳生物等种类与数量。有放射性核素论证要求的项目应对调查海域重要海洋生物进行遗传变异背景的调查。

叶绿素 a 和初级生产力：调查水体中叶绿素 a 和初级生产力含量的分布及季节变化。

浮游植物：调查内容为浮游植物的种类组成、个体数量、主要优势种及浮游植物种类多样性指数等的分布和季节性变化。

浮游动物：调查内容为浮游动物的种类组成、个体数量、生物量和优势种等的分布和季节性变化。项目用海对浮游动物有特殊要求的应增加特种生物调查，如海水浴场用海应分析有毒水母的分布情况。

潮间带生物：调查内容为潮间带生物种类、栖息密度、生物量和优势种等的分布以及季节变化。项目用海区潮间带有多种底质类型的，每种底质类型均应布设潮间带生物调查断面，调查时间应在大潮期进行。

底栖生物：调查内容主要为底栖生物种类、栖息密度和生物量等的分布和季节变化。项目用海对底栖生物有特殊要求的，应增加特种底栖生物调查，如养殖用海应进行养殖生物天敌调查（如鲍鱼养殖中对海星的调查），包括天敌种类及分布；滨海浴场用海应进行有毒有害生物，如有毒海胆等调查，分析有毒有害生物种类和分布。

游泳生物：调查内容为渔获物种类、个体数量及其渔获量组成、优势种、主要经济品种的生物学特征，分析资源密度和资源量等相关内容。项目用海对游泳动物有特殊要求的，应增加特种游泳动物的情况分析。如海水浴场用海应分析有害生物（如鲨鱼）的出现情况。

鱼卵仔鱼：调查内容为鱼卵、仔稚鱼的种类组成、个体数量和优势种的分布和季节变化。海洋生态调查方法，应符合《海洋调查规范（HY/T 124—2009）》和《海洋监测规范（HY/T 147—2013）》中的相关要求。海洋生物资源的调查方法应符合相关的国家和行业技术标准的要求。需要特别说明的是底栖生物调查应包括定性调查和定量调查，定性（阿氏拖网）调查是分析底栖生物种类组成和海洋生物质量调查的必须调查方法。鱼卵仔鱼调查应包括垂直拖网和水平拖网。

（二）海洋生态状况分析

（1）评价内容　根据用海项目性质，以海域海洋生态和生物资源的环境现状调查为基础，通过特征要素的重要性分析，确定主要海洋生态内容，用列表法等对主要海洋生态和生物资源的生态要素进行筛选、确定，也可按照《海洋调查规范》（HY/T 124—2009）的相关内容和要求选择。

海洋生态环境现状分析内容应包括：分析和评价叶绿素 a、初级生产力、浮游动植物、底栖生物和潮间带生物的种类组成和时空分布；分析各类海洋生物的生物量、栖息密度（个体数量）、物种多样性、均匀度、丰富度等；分析和评价海域的生物生境现状、珍稀濒危动植物现状、生态敏感区现状和海洋经济生物现状等。

（2）评价方法　生物多样性指数计算，Margalef 种类丰富度指数为：

$$D = \frac{S-1}{\ln N} \tag{5-3}$$

式中：S 为种类数，N 为观察到的个体总数。

四、海洋资源概况

根据《海洋学术语　海洋资源学》（GB/T 19834—2005）中对海洋资源分类的定义，即根据海洋资源的不同特点而划分的各种类型，按其属性分为海洋生物资源（包括渔业资源）、海底矿产资源、海水资源、海洋旅游资源、海洋能资源和海洋空间资源；按其有无生命分为海洋生物资源和海洋非生物资源；按其能否再生分为海洋可再生资源和海洋不可再生资源。项目用海是对海洋资源的利用，海域使用论证应依据不同用海类型的资源利用和影响情况，确定海洋资源分析内容。一般项目的海域使用论证内容应包括：论证海域的海洋空间资源、海洋渔业资源、海洋旅游资源、海底矿产资源等现状，给出海洋资源的分布特征，分析项目用海使用海洋资源的科学性和合理性。海洋资源概况主要以资料收集、结合遥感资料进行分析，必要时进行实地补充调查。

（一）海洋渔业资源

海洋渔业资源是指海域中具有开发利用价值的动植物，如海洋鱼类、甲壳类、贝类和大型藻类资源等。渔业资源概况以收集已有资料为主进行分析，主要内容包括：海洋经济动植物区系和分布特征，特别是经济种类种群动态情况；特定海域范围内海洋经济动植物种类、数量，种群在水域中分布的时间和位置，海洋捕捞的季节、品种、捕捞区域分布；海水养殖的种类、产量、面积、产值和养殖的方式；渔场和产卵场的状况。如果收集的资料不能满足论证工作的需要，应开展渔业资源调查。

（1）渔业资源调查　渔业资源调查往往与海洋生态调查同步，调查内容主要包括：游泳生物和鱼卵仔稚鱼等。其中游泳生物调查内容为渔获物种类、个体数量及其渔获量组成、优势种、主要经济品种的生物学特征，分析资源密度和资源量等相关内容。项目用海对游泳动物有特殊要求的，应增加特殊游泳动物的情况分析。例如，海水浴场用海应分析有害生物、鲨鱼的出现情况。鱼卵仔稚鱼调查内容包括：鱼卵仔稚鱼的种类组成、个体数量和优势种的分布和季节变化。渔业资源的调查方法应符合相关的国家和行业技术标准的要求。鱼卵仔稚鱼调查应包括垂直拖网和水平拖网。

（2）渔业资源的评价方法

①游泳生物优势种渔获物分析。优势种渔获物分析通过 Pinkas 等应用的相对重要性指标（IRI）来确定。

$$IRI = (N + W) \times F \times 10^4 \qquad (5\text{-}4)$$

式中：N 为某种类的尾数占总渔获尾数的百分比；W 为某种类的质量占总渔获尾数的百分比；F 为某种类在调查中被捕获的站位数与总调查站位数之比。

②游泳生物相对资源密度估算

$$D = \frac{G}{q \times A} \qquad (5\text{-}5)$$

式中：D 为相对资源密度（重量：kg/km^2，尾数：ind/km^2）；G 为每小时取样面积内的渔获量；q 为网具捕获率；A 为网具每小时扫海面积。

③鱼卵、仔稚鱼分布密度计算

$$V = \frac{N}{S \times L} \tag{5-6}$$

式中，V 为鱼卵、仔稚鱼分布密度；N 为每网鱼卵、仔稚鱼数量；S 为网口面积；L 为拖网距离。

根据调查结果，分析和评价游泳生物和鱼卵仔稚鱼的种类组成和时空分布等。

（二）岸线资源

海岸线是陆地与海洋的交界线，包括大陆海岸线和海岛岸线。海岸线按成因可分为自然岸线和人工岸线。在自然岸线中，根据沉积物类型可分为基岩岸线、砂砾质岸线、淤泥质岸线和生物岸线等类型。海岸线资源概况是在收集和整理现有资料的基础上，结合现场勘查，获得能反映现阶段海岸线自然条件、利用状况与岸线利用需求等数据资料。

岸线资源收集的资料主要包括：省级人民政府批复的海岸线成果、地形图、海图、遥感影像资料，以及海岸线变迁调查资料和有关图集等。海岸线调查的主要内容包括：海岸线位置、类型、长度及分布、岸线变迁、利用状况（使用岸线长度、用途、使用方式和主要设施）等。海岸线调查以实地勘测和遥感调查为主，结合调访和地形图及历史资料进行综合分析。实地勘测时，应进行岸线位置测量，测量点应有代表性，能真实反映海岸线现状。

（三）岛礁资源

岛礁资源一般包括：海岛、礁（干礁、暗礁）、沙洲和暗沙。由于岛礁的独特周边环境形成其具有明显的特有海岛生态系统。岛礁资源收集的资料主要包括：海岛（礁）名录、海岛保护利用规划（国家和地方）、地形图、海图、遥感影像资料、海岛海岸带调查资料和有关图集等。岛礁资源调查的内容主要包括：基础地理信息（岛礁名称、岛礁类型、位置、面积、岸线长度、距离大陆或主岛的最近距离等）、自然资源与环境和生态状况、开发利用现状（包括海岛旅游、港口、养殖、种植、仓库、开采等开发活动的用途、位置范围、设施和责任情况）。岛礁资源调查以实地勘测和遥感调查为主，结合调访和地形图及历史资料进行综合分析。实地勘测时，应进行岸线测量，测量点、线应有代表性，能真实反映海岛现状。涉及无居民海岛的用海项目，按照无居民海岛开发有关规定执行。

（四）港口资源

港口资源是指符合一定规格船舶航行与停泊条件，并具有可供某类标准港口修建和使用的筑港与陆域条件，以及具备一定的港口腹地条件的海岸、海湾、河岸和岛屿等，是港口赖以建设与发展的天然资源。港口资源资料以收集为主，并辅以必要的实地勘查。

港口资源的调查内容主要包括：港口所处的地理位置与自然环境、陆域配备两方面。

实地港口所处的地理位置与自然环境调查包括：港口的地理位置、港口岸线的成因、码头岸线的长度、港口的范围、航道的情况（如一般水深、最小水深，航道的宽度）、港口的底质条件、水下地形和港口内风浪的特点等。

（1）陆域配备的调查　包括筑港与陆域条件，如港口陆域库、场、装卸设备、后方陆域面积；港口的集疏运条件，如供货物运输的公路、铁路系统等。

（2）港口的建设现状调查　包括航行条件，如进出港口的船舶数量和时间分布；停泊条件，如可供船舶抛锚与系泊等的作业水面面积；腹地经济状况，如直接腹地工业产值、直接腹地城镇人口规模、直接腹地进出口总值、港口距中心距离等。

（五）旅游资源

海洋旅游资源是指在海滨、海岛和海洋中，具有开展观光、游览、休闲、娱乐、度假和体育运动等活动的海洋自然景观和人文景观。海洋旅游资源主要有海滨沙滩、海水浴场、海洋公园等，海洋旅游资源概况以收集已有资料为主进行分析，主要内容包括：

①旅游资源。旅游资源的种类、数量、质量、地区分布和差异等。

②区位条件。交通、住宿等旅游的配套设施。

③客源分析。包括游客的来源、游客的旅游时间段分布等。

（六）矿产资源

矿产资源按其特点和用途，通常分为金属矿产、非金属矿产和能源矿产三大类。矿产资源以收集已有资料为主，主要内容包括：矿产资源的种类、数量（储量）和质量（品位），以及矿产资源的地理分布特点及其相互结合状况、季节分配变率等。

五、社会经济概况和海域开发利用现状

社会经济概况和海域开发利用现状是用海项目建设必要性、社会环境适宜性和项目用海协调性分析的重要基础资料和依据。

（一）社会经济概况

1. 社会经济概况　社会经济概况资料主要以当地政府发布或政府统计部门为主。社会经济概况主要包括项目用海所在行政区的社会经济基本状况和海洋产业发展现状以及项目所属行业的发展状况。应详细调查和收集项目用海所在行政区的社会经济状况、海洋产业发展现状，包括海洋产业及相关陆域产业发展状况，海洋资源的社会、经济发展需求等资料，以满足项目用海的论证要求。

2. 项目建设社会依托条件　收集项目所在地的社会基础设施和保障条件等资料，包括道路交通运输、电力供应和通信保障等社会公共设施情况，以分析项目所在地社会基础条件能否满足项目建设的要求。

（二）海域开发利用现状

海域使用现状调查是海域开发利用协调分析的基础和前提，全面、详细地了解论证范围内的海域开发利用现状，才能准确地界定利益相关者，并据此给出有针对性的协调方案或建议。

1. 调查内容　海域开发利用现状调查应包括项目用海论证范围内的已确权项目和无权属用海，其中无权属用海又分为当地居民日常生活生产的习惯性用海和未办理海域使用权属的项目用海两种。调查内容应包括论证范围内的海域使用现状及海岸线利用情况。海域使用现状的调查应包括各用海活动的名称、位置、用海类型、用海方式和用海规模以及海域开发利用主体的基本情况（包括现有海洋工程和设施的分布状况和用海尺度），对于已确权用海项目应调查用海项目的权属来源、权属内容（包括海域使用权人、用海类型、方式、宗海图、界址点坐标、面积、期限）、目前实际使用情况。特别是对当地居民习惯用海活动及无权属的用海项目，应调查用海性质、涉及人群活动、用海范围和位置、对当地居民的意义或作用等。海岸线利用情况的调查应以政府公布的现行有效的岸线为主，通过调研了解论证范围内人工岸线长度、自然岸线长度、各用海活动占用岸线情况等，有必要时应开展现状海岸线、标志点等测量，具体调查方法和用海项目界址线确定方法参照《海籍调查规范》（HY/T 124—2009）。

2. 调查方法　海域开发利用现状资料获取方法主要有收集资料和现场勘查等。收集资料主要是调访各级海洋主管部门收集已确权项目的用海位置、用海类型、用海方式、用海面积、用海期限等资料；了解项目用海论证范围的习惯性用海和正在申请用海项目的用海位置、用海类型、用海方式等资料。对于习惯性用海应调访和现场勘查各用海活动的具体用海资料，如传统养殖用海，虽未确权，但现状还在养殖，应走访和调研各养殖户，了解养殖种类、养殖规模、养殖范围和养殖收益等资料。

现场勘查应填写详细的现场勘查记录，并对项目所在海域及周边海域的开发利用活动进行拍摄记录。现场勘查记录应包括勘查时间、内容、使用设备、勘查成果等。现场勘查照片应反映在海域开发利用现状图中，即在海域开发利用现状图中给予标示各开发活动的位置及照片拍摄方向等。

3. 调查数据统计处理　调查所得的数据资料可能并不具备统一的数据格式，为了更准确地反映海域使用现状信息，必须对采集到的数据进行数字化、坐标校正、投影变换等进行处理工作，将用海单位、用海类型、用海期限等信息要素存储于图层中，形成可叠加、缩放、查询、分析的电子地图系统，绘制全面、准确、清晰的海域开发使用现状平面分布图。

（三）海域使用权属调查

为了准确分析判定拟申请项目用海与相邻确权项目有无重叠用海，需要特别强调的是相邻确权项目的调查内容，即应了解已确权用海项目的权属来源（确权发证类型、确权发证时间、发证机关）、确权情况（包括海域使用权人、用海类型、方式、宗海图、界址点坐标、面积、期限）、目前实际使用情况。另外，对相邻海域中已申请待批的用海项目，应调查用海项目的权属来源、权属内容（包括海域使用权人、用海类型、方式、宗海图、界址点坐标、面积、期限）、项目的申请进度及审批情况。海域使用权属调查的方法主要是通过走访各级海洋主管部门和用海单位或个人，了解海域确权发证与实际使用情况，结合现场踏勘进行验证，必要时对用海项目进行权属核查、实际界址测量和面积核算。

第六章　海域开发利用协调分析

海域开发利用协调分析是海域使用论证报告的核心内容之一，是海域使用论证的重要内容，是项目用海是否合理及具备可行性的主要判别指标，是体现科学用海、和谐用海的关键，也是海域使用权属确定的重要依据。根据海域开发利用现状和用海权属调查资料，结合项目用海资源环境影响分析结果，绘制资源环境影响范围与开发利用现状的叠置图，分析项目用海对海域开发活动的影响；依据项目用海对海域开发活动影响分析结论，界定项目用海直接影响的利益相关者，分析对利益相关者的影响方式、影响时间、影响程度和范围等；根据界定的利益相关者及其受影响特征，提出具体的协调方案或建议，明确协调内容和协调要求等。本章主要介绍了项目用海对海域开发活动影响分析的内容、步骤和方法，明确项目用海利益相关者界定和相关利益协调分析的原则、内容和方法等基本要求。

一、项目用海对海域开发活动的影响

（一）对海域开发活动的影响分析

1. 依据项目类型和所在海域开发利用现状及资源环境影响预测结果，分析项目用海对所在海域开发活动的影响，主要内容包括：

①分析项目用海对所在海域开发活动的影响因素、影响方式、影响时间、影响程度和范围等。

②依据上述分析，筛分出受影响的开发活动。

③对于分阶段实施的项目用海，需按照项目用海的主要实施阶段，分别分析论证对海域开发活动的影响，并给出具体影响的分析结论。

2. 项目用海对周边海洋开发活动的影响，主要体现为三个方面：

①拟建项目对原海域开发活动空间的直接占用。如在原滩涂或围海养殖用海区开发建设港口码头或滨海电厂，将原围海或开放式用海方式，建设成港口堆场、码头或电厂厂区、储灰场等，使其变为填海造地或构筑物用海方式。

②拟建项目在施工期或运营期，因项目实施导致某些海域环境条件发生改

变，影响了周边的海域开发活动。如填海造地施工期的悬浮物、演湖电厂运期的温排水扩散对周边养殖用海产生的影响等。

③因项目的建设改变了某些项目活动和发展的空间，对项目的运营产生影响。如跨海大桥建设对船舶通航的影响，海底电缆管道建设对可预期（规划）的航道、锚地改扩建的影响等。拟建项目对海域开发活动空间的直接占用，可通过相关遥感影像和权属现状等资料收集、现场调查测量及相关图件的编绘予以判定；因拟建项目实施引起周边海域环境条件改变对海域开发活动的影响，可采用编绘影响预测范围与海域开发利用现状叠置图，表示出影响的范围与程度；对开发活动运营产生的影响，则需通过海域开发、权属现状及其用海需求，以及拟建用海项目施工期、运营期海域空间资源和自然环境条件开发利用特征与改变的综合分析予以判定和给出。

项目用海对海域开发活动影响的全面、科学、准确的分析，依赖于本教材前述章节中海域使用现状、海域使用权属现状等全面、准确的调查和分析，以及拟建项目用海海域环境影响的科学预测与分析。

（二）典型用海类型项目对海域开发活动的影响

海洋开发利用活动用海类型与用海方式多样，某些用海项目与周边开发活动间存在着权属及用海方式转换等错综复杂的关系；一些项目的实施，因引起局部海域水动力、冲淤，以及水质、沉积物和生态等环境条件的改变，对周边海域开发活动产生影响。因此，在进行项目用海论证时，应依据项目用海类型、用海方式及不同海域自然环境特征等，有针对性地进行分析，辨识出不同用海项目类型，在不同海域环境条件下，对不同开发活动的影响因子，分析其影响范围、方式和程度等。下述综合分析了典型用海类型项目对海域开发活动可能产生的主要影响，有利于帮助合理判断和界定不同类型的项目用海可能的利益相关情况。

（1）填海造地用海 规模较大的围填海用海，将改变海岸走势和形态，会导致周边海域潮流和泥沙运移及岸滩冲淤等环境变化，会对周边港口、码头水深条件、优质沙滩海岸旅游资源等产生影响；护岸形成、吹填溢流、海底疏浚等将造成海水悬浮泥沙的浓度增高，影响周边海域水质、沉积和海洋生物等海洋环境质量，会对周边旅游资源开发、渔业生产等产生影响；海湾内围填海将会降低海湾的水体交换能力并减少其纳潮量，从而降低海湾污染物的稀释能力，海湾环境质量趋劣，并加速海湾淤积，从而对海湾内其他开发活动产生影响；河口区的围填海会对防洪排涝产生影响；一些就近取材的围填海，会造成海滩资源消失或沙滩泥化，对海岸景观和岸滩稳定产生影响。

（2）港口码头建设 港口码头建设一般包括：堆场、码头、港池、航道和防波堤等的填海造地、港池航道疏浚、基槽开挖和炸等工程内容。填海造地将改变局部海域水动力环境与冲淤环境，港池航道疏浚等造成悬浮泥沙浓度增高，影响周边海域水质、沉积物和海洋生物等海洋环境质量。

港口码头建设，应重点关注填海造地与非透水构筑物建设引起的冲淤环境改变，是否会影响周边泊位及航道的水深条件；港池航道疏浚和炸礁等引起的悬浮泥沙浓度增高，是否会影响渔业生产；项目建设是否占用了其他项目的开发利用空间；项目的建成和运营，增加了船舶进出港口和航道的密集度，部分需占用公用水域进行调头作业，需与海事部门沟通协调。

（3）海沙开采 海沙既是一种矿产和建材资源，又是一类重要的海洋生态环境要素。一些海域的海沙开采可能引发百公里甚至千公里外海岸或海域沙体的平衡失调，导致沿岸海沙资源流失和海岸侵蚀，同时采砂过程产生的悬浮物，降低了海水水质和生态环境质量，从而影响周边其他海洋开发活动。不合理的海沙开采项目对海洋生态环境危害极大，可能产生巨大的经济损失，并引发一系列的社会问题。对海沙开采项目用海，特别是近岸海沙开采项目，应重点关注其对局部海域潮流场及沿岸输沙的影响和改变，造成海岸侵蚀，影响滨海沙滩资源质量和旅游价值；采沙、洗沙过程造成悬浮泥沙浓度大幅度增加，影响周边渔业生产；采沙产生的采沙坑在波浪和采砂作业的扰动下，造成采沙区周边海底地形地貌的不稳定，甚至发生塌陷，应通过冲淤环境影响预测、量化分析边坡塌陷对周边海洋开发活动，如是否会对海底电缆、管道等的安全构成影响。

案例 6-1： 某海沙开采用海项目。采沙区周边分布某天然气海底管线（西向约 3.0km）和某海底电缆（西向约 7.1km）。预测海沙开采后（图 6-1）边坡塌陷影响范围，考虑到采沙区的表层沉积物以粉沙为主，短期（采沙结束时）边坡系数取值 1：30、长期（大体上十年后）取值 1：50。据此计算出采沙区边坡塌陷的短期影响范围，东面为 315m（采沙区边界向外）、南面为 330m、西面 350m、北面 340m；长期影响范围，东面为 525m、南面为 550m、西面 585m、北面 565m，见图 6-2 所示。依据预测结果，可通过采取在申请的采沙区范围内按年控制采沙量的方式，避免对西侧约 3.0km 的天然气海底管线和海底电缆产生影响。

（4）滨海电厂 滨海电厂项目用海方式多样，用海内容包括厂区、施工场地、贮灰场等填海造地，大件及煤炭运输码头、取排水用海设施和温排水等。

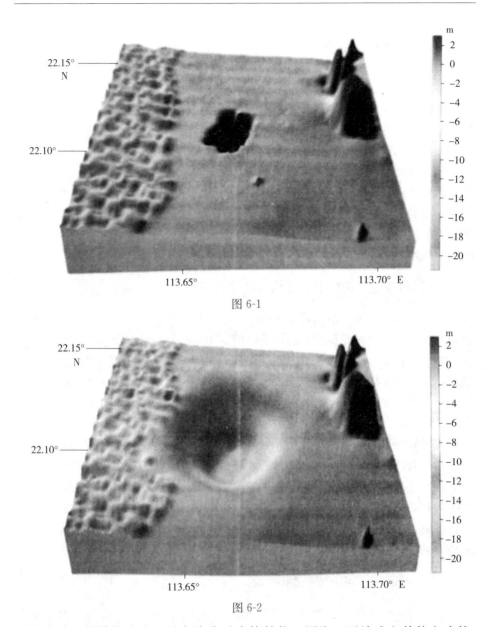

图 6-1

图 6-2

用海方式包括填海造地、透水或非透水构筑物、围海、开放式和其他方式等。滨海电厂通常需进行浅海滩涂的填海造地，用于建设厂区与储灰场，因此会引发周边海域水动力、泥沙运移和冲淤环境的改变；同时，还应重点关注电厂运营期温排水、余氯等的排放对周边开发活动的影响；对于核电站的建设，还应关注低放废水排放对周边渔业、旅游等开发活动的影响。

二、利益相关者界定

从一般概念来说，利益相关者是指"受一件事的原因或者结果影响的任何人、集团或者组织"。随着海域使用论证制度的建立，利益相关者概念被海域管理工作使用并赋予了特定的内涵。2008 年颁布的《海域使用论证技术导则（试行）》将利益相关者定义为："利益相关者是指与用海项目有直接或者间接连带关系或者受到项目用海影响的开发、利用者。《论证导则》中，对利益相关者的定义调整为："受到项目用海影响而产生直接利益关系的单位和个人"。二者主要的区别在于后者将"间接连带关系"予以删除，在论证中只需要考虑项目用海直接影响的单位和个人。同时，定义中明确界定了项目用海利益相关的对象所指。

（一）海域使用论证中利益相关者分析的意义

海洋开发是一项复杂的系统工程，由于多种资源共生于一个立体的、开放流动的环境中，一种资源的开发可能影响到另外一种或多种海洋开发活动；其次，由于工程项目的建设需求，新建项目可能需要部分占用已有项目的空间，导致已建项目布局或开发方式的调整与改变；再者，随着科学技术的不断进步，人类对海洋的认识和开发能力不断提高，为不断满足社会经济发展的需求，时常会产生以更高开发利用海域资源价值的项目取代原用海项目，从而引起新的用海项目与周边原有和已经规划的海域开发利用活动之间直接利益关系的产生。通过海域使用工作，进行新建项目对其周边海域开发活动可能的影响分析，界定出利益相关者和利益相关的协调对象，提出可操作性的客观、公正的协调方案和协调相关者，使现建用海项目共处于区域海洋资源综合开发活动中，在使用的结果要求下和谐用海、安全用海，为项目用海确权审批及海域权属管理提供支撑。

（二）利益相关者的界定原则

项目用海利益相关者的界定与协调，是海域使用权属确定的主要依据之一。利益相关者的界定是否合理、准确，是协调方案确定的基础，并直接关系到项目用海审批的合理性与可行性以及社会的稳定与和谐。项目用海利益相关者的界定可按下述基本原则进行：

①所有受拟申请用海项目直接影响的其他用海单位和个人均应界定为该项目用海的利益相关者。

②依据项目对资源环境的最大影响范围确定利益相关者。

③项目用海过程中涉及对航道、锚地、渔业、防洪等公共利益的影响，应将上述公共利益的相关管理机构界定为协调对象并进行协调。应注意的是，利益相关者应为受影响的用海单位或个人，如受拟建项目直接影响的养殖户、港口码头与滨海电厂业主等；对于在项目用海过程中涉及航道通航、锚地、渔业、防洪等公共利益影响的，应将受影响的公共利益管理机构界定为协调对象进行协调，征询其对拟建项目的实施能否满足其管理要求的意见建议，提出协调解决的方案措施。

（三）利益相关者的界定

依据《论证导则》中利益相关者的定义，利益相关者界定的首要任务为明确拟建项目对海域开发活动的影响，包括影响方式、影响时间、影响程度和范围等。根据前文的分析，项目用海对周边开发活动的影响主要可从三个方面把握：空间的直接占用；因引起周边海域水质、水动力、冲淤等环境条件的改变，而使周边开发活动受到影响；因对其运营或发展空间等条件的改变，而使周边开发活动受限。

同时，《论证导则》对于海域使用论证工作中利益相关者分析的内容也做了明确规定，包括重点分析利益相关内容（利益冲突内容）、涉及范围等；根据项目用海的特点、平面布置和施工工艺等产生的影响，分析利益相关者的损失程度，包括范围、面积、损失量等。综上所述，海域使用论证工作中利益相关者的界定大致可分为 4 个步骤：

①针对拟申请项目的用海类型和周边海域环境条件与海域开发活动的特点，分析项目用海的影响因素，判别项目用海利益相关者涉及的范围和利益相关内容等。

②根据拟建项目周边海域开发利用现状和项目建设对周边海域资源与环境影响的预测分析结果，无遗漏地将施工期和运营期受到直接影响的单位和个人确定为用海项目的利益相关者，明确对公共利益产生影响的协调部门。

③根据项目用海的特点和施工工艺产生的影响等，分析利益相关者的损失程度，包括范围、面积、损失量等。

④针对上述分析采用一览表的方式对项目用海的利益相关者进行列示。利益相关者一览表一般包括：与拟建项目可能利益相关的涉海开发项目（简称涉海项目）名称、与本申请用海项目的相对位置关系、涉海开发项目所属单位或个人名称、影响因素，以及经分析论证后明确是否构成本用海项目的利益相关者（表 6-1）。

表 6-1　利益相关者一览表

序号	涉海项目	单位或个人名称	相对位置关系	利益相关内容	损失程度	是否为利益相关者	备注

论证报告同时还应明确利益相关者与项目用海之间的空间位置关系，并以图、表及文字的方式对确定的利益相关者及其类别明确标示，包括权属人、权属范围、权属年限和用海类型等信息。项目用海对航道、渔业、锚地、防洪等公共利益产生影响的，将公共利益的相关管理机构作为协调对象，若项目用海需要协调的部门较多，应列出需要协调部门一览表（表 6-2）。

表 6-2　需要协调部门一览表

序号	涉海项目	具体位置	协调部门	影响因素	是否为需要协调的部门	备注

选择合理有效的利益相关者分析方法，对于全面、客观的界定和分析利益相关者至关重要。从提高工作效率，并考虑可操作性，利益相关者调查宜采取现场调访、遥感影像等数据资料分析、当地海洋主管部门权属数据收集、项目公示、利益相关者走访和与利益相关群体座谈讨论等方法，在此基础上，通过科学的预测分析，明确利益相关内容和损失程度。不同的用海项目、不同的海域资源与社会环境条件，应选择不同的分析与调查方法，并且采取的方法应适合于项目的开发建设环境，这点非常重要。总体应有利于利益相关者全面、清楚的界定，有利于当地社会的稳定，有利于建设项目的顺利实施。

三、相关利益协调分析

如果说界定利益相关者及其项目用海对利益相关者的影响分析是在探索和发现问题的话，那么相关利益协调分析则是试图解决问题，这也是项目用海利益协调分析的最终目的，只有前期利益相关者调查、界定清楚，提出的协调和解决方案合理、可行，才能保证项目用海的顺利实施，减少和避免因项目用海引发的矛盾。相关利益协调分析的内容包括：根据已界定的利益相关者及其受影响特征，分析项目用海与各利益相关者的矛盾是否具备协调途径和机制，分别提出具体的协调方案，明确协调内容、协调方法和协调责任等，并分析引发重大利益冲突的可能性。

若项目用海影响到邻近其他权属海域使用方，当事双方可结合项目特点并根据影响预测分析结果，定性或定量确定影响程度和范围，形成协调意见并明确补偿方式。书面协调意见应不得危及国家利益和损害第三方利益，利益相关者的协调一般可采用下列几种方式：

（1）以货币或物质的形式进行补偿，对项目直接占用或因项目影响造成的损失易于评估的，可在相关管理部门的协调下，或直接由当事双方协商，达成补偿协议，直接以货币或物质形式进行补偿。

（2）通过调整项目选址、优化工程方案、平面布置、施工组织等方面，消除或降低影响。对于因项目建设无法避开，且不易于直接用货币或物质进行赔偿（补偿）的，可采用调整和优化拟建项目选址、平面布置、施工组织等措施，消除或降低对利益相关者（或需协调的部门）的影响。

（3）通过沟通协商利益相关者调整用海方案，一些项目也可通过由申请项目用海业主提供一定的资金支持，对受影响的用海项目进行调整，使用海双方互不影响共同和谐开发利用海域资源。

（4）其他方式，除上述协调方式外，还可根据项目用海的类型、用海方式、海域资源的环境特征等，选择其他合理可行的协调方案。协调意见签订应符合有关法律法规的要求，充分体现利益相关双方的真实意愿，并具公平、合理和可操作性。论证报告给出的协调内容、协调要求或协调方案建议，应明确协调责任人、具体协调内容、协调结果的要求。已达成的协调意见应作为论证报告附件。如项目用海涉及利益相关者较多、协调文字篇幅较大时，可采取列示利益相关者协调方案一览表的方式。利益相关者协调方案一览表一般应包括：利益相关者、协调方案、协调结果要求、协调状态、备注等内容。

四、项目用海对国防安全和国家海洋权益的影响分析

项目用海是否构成国防安全和国家海洋权益的影响，是海域使用论证报告应重点关注的内容，是保障项目用海过程中国防安全和军事活动不受影响、国家海洋权益不受侵害的重要环节。

国防安全和国家海洋权益的影响分析，主要通过征求军事及相关部门意见的方式，结合项目用海工程特点，明确项目用海对国防安全、军事活动、国家

秘密和国家海洋权益的影响内容和影响程度，结合军事及相关部门的意见，提出具体的项目用海协调或调整方案。论证报告在对该内容的分析中，应注意相关信息的保密规定。

（一）对国防安全和军事活动的影响分析

分析项目用海对国防安全、军事活动是否存在不利影响，明确项目用海是否涉及军事用海。对于有碍国防安全和军事活动开展的用海项目，应结合军事及相关部门的意见提出调整或取消项目用海的建议。由于涉及国防安全和军事活动用海项目的调查，可能涉及军事或国家秘密或机密，通常采用由业主单位出具正式函件向军事部门征求意见的形式，通过在函件中详细说明项目建设的内容、目的，使用海域的类型、方式、界址点坐标、面积等内容，提请军队及相关部门核查项目用海的实施，是否对军事设施和军事用海活动等构成影响。

论证报告应对军事部门提出的意见和建议进行认真分析，提出调整或取消对国防安全和军事活动有影响的项目用海的意见或建议。

（二）对国家海洋权益的影响分析

分析项目用海与国家海洋权益之间的关系，明确项目用海是否涉及领海基点、是否涉及国家机密等。对于有碍维护国家海洋权益的用海项目，应提出调整或取消项目用海的建议。

项目建设与国家秘密的分析可参考上述相关内容，通过正式函件的方式征求军事及相关部门的意见。领海基点是计算领海、毗连区和专属经济区的起始点，是维护我国海洋权益和宣誓主权的重要标志。领海基点的保护，对于维护我国海洋权益、巩固海防建设、加强海洋管理等具有长远的战略意义和重大的现实意义。禁止任何单位和个人在领海基点及附近进行一切可能对领海基点造成危害或不良影响的活动。因此，对于沿海岸外缘的用海项目应按照国家公布的领海基点进行核实，明确项目用海是否占用领海基点或对领海基点的保护构成影响。对于占用领海基点和有碍领海基点保护的用海项目，论证报告应提出调整或取消项目用海的意见或建议。需特别注意的是，由于国防军事设施涉及国家秘密或军事秘密，论证单位及论证项目组成员应根据《中华人民共和国保守国家秘密法》和《中国人民解放军保密条例》对密级、保密期限和知悉范围的要求实行分级保护；对属于国家秘密或军事秘密的具体信息的制作、收发、传递、使用、复制、保存、维修和销毁，应当符合并严格执行国家相关保密规定。

第七章　项目用海与海洋功能区划
的符合性分析

对项目用海而言，规划、区划的符合性可理解为两个方面，一是项目用海需符合海洋功能区划；二是项目用海建设需符合相关规划。海域使用必须符合海洋功能区划，这是《海域使用管理法》明确的制度要求。各级政府在审批项目用海时，都将是否符合海洋功能区划作为首要审核条件，对不符合海洋功能区划的项目用海不予批准。同时，项目用海本身的产业方向、发展定位、布局、规模，以及项目在经济、技术、环保和减灾防灾等方面的设计方案与指标，也应符合所在区域相关发展战略、政策、综合或专项规划。为此，《海域使用论证管理规定》明确要求海域使用论证报告应当科学、客观地分析项目用海与海洋功能区划、规划的符合性。《论证导则》也将"项目用海与海洋功能区划和相关规划符合性分析"设为专门一章。本章将在总结海洋功能区划和相关规划背景知识的基础上，分别介绍项目用海与海洋功能区划符合性、项目用海与相关规划符合性的分析思路与论证方法。

一、海洋功能区划的形式与内容

（一）海洋功能区划的分级体系

海洋功能区划按照行政层级分为国家级、省级、市级和县级四个层次。国家海洋局会同国务院有关部门和沿海省、自治区、直辖市人民政府编制全国海洋功能区划；沿海县级以上地方人民政府海洋行政主管部门会同本级人民政府有关部门编制地方海洋功能区划；全国和沿海省级海洋功能区划，由国务院批准；沿海市、县级海洋功能区划，由所在地的省级人民政府批准。海洋功能区划的修改，由原编制机关会同同级有关部门提出修改方案，由原批准机关批准。全国海洋功能区划以中华人民共和国内水、领海、海岛、大陆架、专属经济区为划分对象，为政策性宏观区划，其主要任务是：科学确定各海区的战略定位和海洋开发保护方向；明确海洋基本功能区的空间布局和管理措施；以地理区域（包括必要的依托陆域）为划分单元，划定重点海域，明确各区域的开发保护重点和管理要求。全国海洋功能区划对国家重要海洋资源的开发利用方向和开发保护做出战略性安排，但不为具体海域确定功能区类型。省级海洋功能区划以本级人民政府所辖海域及海岛为划分对象，其范围自海岸线（平均大潮高潮时水陆分界的痕迹线）至领海的外部界限，可根据实际情况向陆地适当延伸。其主要任务是根据全国海洋功能区划的要求，科学划定本地区一级类海洋功能区，明确每个一级类海洋功能区的范围、开发保护重点和管理要求，为具体审批用海项目编制市（县）级海洋功能区划、编制海洋环境保护规划和海岛保护规划等提供依据。市、县级海洋功能区划以本级人民政府所辖海域为划分对象，其主要任务是在省级区划确定的一级类海洋基本功能区的基础上，科学划定二级类海洋基本功能区，明确每个功能区的范围和管理要求，为具体审批用海项目、编制和协调相关规划提供依据。

（二）海洋功能区划分类体系

《全国海洋功能区划（2011—2020）》在《海洋功能区划技术导则》(GB/T 17108—2006)的基础上，结合海洋开发保护活动的现实特征，对海洋功能区划分类体系做了重新审视和进一步的优化调整。调整后的海洋功能区划分类体系将海洋基本功能区分为 8 个一级类型和 22 个二级类型（表 7-1），海洋基本功能区类型定义如下：

（1）农渔业区　农渔业区是指适于拓展农业发展空间和开发海洋生物资源，可供农业围垦、渔港和育苗场等渔业基础设施建设、海水增养殖和捕捞生产以及重要渔业品种养护的海域，包括农业围垦区、渔业基础设施区、养殖区、增殖区、捕捞区和水产种质资源保护区。

（2）港口航运区　是指适用于开发利用港口航运资源，可供港口、航道和锚地建设的海域，包括港口区、航道区和锚地区。

（3）工业与城镇用海区　是指适用于发展临海工业与滨海城镇的海域，包括工业用海区和城镇用海区。

（4）矿产与能源区　是指适用于开发利用矿产资源与海上能源，可供油气和固体矿产等勘探、开采作业，以及盐田和可再生能源等开发利用的海域，包括油气区、固体矿产区、盐田区和可再生能源区。

（5）旅游休闲娱乐区　是指适用于开发利用滨海和海上旅游资源，可供旅游景区开发和海上文体娱乐活动场所建设的海域，包括风景旅游区和文体休闲娱乐区。

（6）海洋保护区　是指专供海洋资源、环境和生态保护的海域，包括海洋自然保护区、海洋特别保护区。

（7）特殊利用区 是指供其他特殊用途排他使用的海域，包括用于海底管线铺设、路桥建设、污水达标排放和倾倒等特殊利用区。

（8）保留区 是指为保留海域后备空间资源、专门划定的在区划期限内限制开发的海域。保留区主要包括由于经济社会因素暂时尚未开发利用或不宜明确基本功能的海域，限于科技手段等因素目前难以利用或不能利用的海域，以及从长远发展角度应当予以保留的海域。

（三）海洋功能区划主要成果

海洋功能区划成果包括：文本、图件、登记表、编制说明、区划报告、专题研究材料及信息系统等。省级和市级海洋功能区划包含上述全套成果，全国海洋功能区划因为不划定具体的海洋基本功能区，其成果中没有登记表和信息系统，区划图件也仅是反映重点海域分布及其主要功能的示意图。海洋功能区划的登记表、图件与文本具有同等的法律效率，其中明确的功能区范围和管理要求为必须严格执行的强制性内容。

1. 海洋功能区划文本 海洋功能区划文本是以法律条文形式编制的海洋功能区划文件。海洋功能区划文本主要阐明海域资源环境和社会经济条件、海域的开发利用现状、海洋开发与保护中存在的问题、面临的形势、海洋功能区划的原则和目标、管理海域内的区域功能定位、海洋基本功能区划分、海洋基本功能区分类管理要求以及海洋功能区划实施措施等。海洋功能区划文本不具体罗列针对每一个海洋基本功能区的。

2. 海洋功能区划图件 海洋功能区划图件是与海洋功能区划文本配套使用的文件，它以专题图的形式，对海洋功能区划文本中确定的海洋基本功能区进行逐一图示，明确每一个海洋基本功能区的地理位置、分布范围，并用规定的图例反映功能区的类型，用规定的注记样式标注功能区的名称和代码。海洋功能区划图件中图示的海洋基本功能区单元与海洋功能区划登记表中记载的海洋基本功能区记录一一对应。

3. 海洋功能区划登记表 海洋功能区划登记表是与海洋功能区划文本配套使用的文件，它以表格形式，对海洋功能区划文本中确定的海洋基本功能区进行逐一登记，明确每一个海洋基本功能区的名称、代码、功能类型、所在位置与行政隶属、边界范围、面积和占用岸线长度、功能区管理要求等。功能区管理要求中还会具体明确以下几方面内容：

①用途管制要求。明确与海洋基本功能相适宜的用海类型及对重点用海需求的保障要求，可兼容的或在基本功能未利用时适宜开展的用海类型以及指过的用海类型。

②用海方式控制要求。明确各个功能区的用海方式控制要求，以及允许的用海方式，对海域自然属性的允许改变程度以及对原始岸线保留重围填海平面设计要求等。

③海域整治要求。明确功能区关于整顿用海秩序、治理海域环境、修复生态系统等整治要求，以及具体的整治目标、内容和措施要求。

④生态保护重点目标。明确功能区内需要采取措施实施重点生态保护的对象。

⑤环境保护要求。明确功能区生态保护措施要求及应该执行的环境质量标准。生态保护措施是指功能区开发利用过程中应该避免的不利方式和要求采取的保护措施。功能区内应执行的环境质量标准包括：海水水质标准、海洋沉积物质量标准和海洋生物质量标准。

二、项目用海与海洋功能区划符合性分析

应根据现行的全国、省、市（县）海洋功能区划（文本、登记表和图件），阐述项目用海所在海域的海洋基本功能；分析项目用海对海洋功能的利用情况和对海洋功能区的影响；分析项目用海能否满足海洋功能区的管理要求，是否对海洋基本功能造成不可逆转的改变；给出项目用海是否符合海洋功能区划的结论。

（一）项目所在海域海洋功能区划介绍

根据《论证导则》的要求，论证报告应阐述项目所在海域及其周边海域（论证范围内）的基本功能区，为项目用海与功能区划相符性分析提供基础资料。论证报告原则上应依据全国和省级海洋功能区划进行比较分析，其他级别海洋功能区划作为参考。依据的海洋功能区划应为现行有效的版本。在阐述项目所在海域海洋功能区划时，应做到：

①引述海洋功能区划文本中项目用海对所在海域的发展战略、开发利用、保护方向、功能定位和管理政策等内容。

②给出论证范围内的海洋功能区划图，并将项目用海平面布置方案与海洋功能区划图进行叠置。

③给出论证范围内海洋功能区的登记表，列表阐述海洋功能区名称、代码、基本功能类型、位置范围和管理要求等内容。

④列表阐述论证范围内与项目用海有关的各功能区的名称、项目用海区的距离和使用现状等（表7-1）。

表 7-1　项目用海有关的各功能区使用现状

序号	功能区名称	方位	与项目最近距离（km）	使用现状
1	大梅沙湾-南澳湾旅游休闲娱乐区	所在海域	项目占用	部分已开发为港区、航道用海
2	沙头角-盐田正角嘴港口航运区	西南向	9.3	现为国际深水港区
3	珠海-潮州近海农渔业区	东南向	6.4	部分海域为渔港、养殖用海
4	南澳湾-大鹿湾农渔业区	东南向	11.2	部分海域为养殖用海

（二）项目用海对海洋功能区的影响分析

应在明确项目所在位置及周边海域海洋功能区划基本情况的基础上，论证报告中项目用海基本情况和对资源环境的影响分析结果，分析该项目用海对海洋功能的利用情况以及对周边海域海洋功能区的影响，为海洋功能区划的符合性分析提供依据。

1. 项目用海对海洋功能区的利用情况　根据项目用海基本情况，结合项目建设内容、平面布置、用海方式、施工工艺和方法，分析项目利用的海洋资源类型、利用方式、程度。若项目在利用海洋功能的过程中，可能造成该功能区的资源损耗、环境污染或生态破坏，则需提出拟采用的生态与环境保护措施，并分析其可行性及效益。项目用海对海洋功能区利用情况分析的重点在于明确项目利用的海洋功能类型、利用方式和对海洋功能的影响。

2. 项目用海对周边海域海洋功能区的影响　根据项目用海资源环境影响分析结果，分析项目用海对周边海域海洋功能区的影响，说明受影响的功能类型、影响范围、影响程度和时段，并提出减缓或避免影响的措施。若项目用海可能影响功能区生态保护重点目标，需分析影响方式、程度和范围，并提出生态保护或修复措施。

3. 主要分析方法　项目用海对周边海域海洋功能区影响的分析方法主要有列举法、叠图法和矩阵法。

（1）列举法　针对论证范围内项目周边的每个海洋功能区，根据项目用海基本情况和对资源环境的影响分析结果，用文字描述的方式逐一分析、说明项目用海对每个海洋功能区的影响方式、影响程度和影响范围。

①项目用海对江苏大丰麋鹿国家级自然保护区的影响。江苏大丰麋鹿国家级自然保护区位于条子泥垦区北侧 16.6km，其主要保护对象是麋鹿及其生境。目前麋鹿的保护方式以圈养为主，另有少量麋鹿野生放养，野生放养的麋鹿活动范围基本在保护区内。本项目对该功能区主要的影响因子是施工期悬浮泥沙和营运期养殖废水排放。根据数值模拟计算结果，施工期悬浮泥沙和营运

期养殖废水排放对江苏大丰麋鹿保护区的影响均很小。因此，条子泥垦区建设对北侧 16.6km 的江苏大丰麋鹿国家级自然保护区基本没有影响，不会影响到麋鹿及其生境。

②项目用海对大丰港口区、洋口港区的影响。本项目用海区北侧 39km 西洋深槽附近为大丰港所在海域，分布着大丰港码头区、西洋深槽航道区、大丰港锚地区。本项目用海区南侧约 42.6km 的烂沙洋附近为洋口港所在海域，分布着南通港长沙港口区、南通港洋口航道区、南通港洋口锚地区。根据本项目用海潮流数值模拟计算结果，大丰港、洋口港远离条子泥垦区一期项目用海区距离较远，项目基本不会对大丰港和洋口港所在海域的港口功能造成不利影响。但鉴于辐射沙洲区潮滩系统的复杂性和条子泥围垦规模，在工程实施中及实施后应加强对港口影响的监测，依据影响范围和程度，优化或调整条子泥后续围垦规划。

（2）叠图法　根据项目用海基本情况和对资源环境的影响分析结果，将某影响因子的影响范围叠加到海洋功能区划图上，以图示的形式说明项目用海对周围海洋功能区的影响。将对海水环境质量扩散影响范围叠加在海洋功能区划图上，显示某两个采沙活动引起的悬浮物扩散影响的范围。

（3）矩阵法　利用资源环境分析结果，以因子分析方式，列举受影响的功能。具体方法是：以影响因子为列，以论证范围内功能区为行（表7-2），通过矩阵列表的方法逐一找出每个影响因子对各功能区的影响，分析项目用海对功能区影响的范围、影响的程度和时段，为提出减缓或避免措施提供支撑。

表 7-2　矩阵列表法

影响因子	功能区 1	功能区 2	功能区 3	……
水文动力环境影响因子				
地形地貌与冲淤环境影响因子				
水质环境影响因子				
沉积物环境影响因子				
生态影响因子				
资源影响因子				
风险影响因子				
……				

（三）海洋功能区划符合性分析

在海域使用论证报告中，关于海洋功能区划符合性分析的论证结论应简洁、明了，即项目用海符合海洋功能区划或不符合海洋功能区划。但结论的得出，应建立在对海域使用活动各项指标与海洋功能区划具体管理要求的对照分析基础上。

1. 基本内涵　当前，海洋功能区划构建了一套"以维护海洋基本功能为核心思想，以海域用途管制为表现形式，以功能区管理要求为执行依据"的区划体系，规定各个特定海域适宜干什么、不适宜干什么、应该保证怎样的环境条件以及采取怎样的管理措施。海洋功能区划提出了海洋基本功能的概念，即依据海域自然属性和社会需求程度，以使海域的经济、社会和生态效益最大化为目标所确定的海洋功能，要求一切开发利用活动均不能对海域的基本功能造成不可逆转的改变。海洋基本功能是最根本的、稳定的、最值得维护的海洋功能，要求一切开发利用活动均不能对海域的基本功能造成不可逆转的改变，这也意味着，海洋功能区内还会有兼容功能，在基本功能未被利用时，或在不对基本功能利用造成不利影响的前提下，可以合理利用海域兼容功能。概括地说，海洋功能区符合性就是指海域使用活动各项指标与海洋功能区规定的政策措施、海域基本功能和功能区管理要求等各项内容的符合程度。项目用海符合海洋功能区划的大前提是不能对海域基本功能造成不可逆转改变，在海域基本功能未开发利用前，可在保证不对海域基本功能造成不可逆转改变的前提下，进行其他类型开发利用活动。项目用海符合海洋功能区划的具体条件是严格执行所在功能区的管理要求。

2. 判断基本原则　海洋功能区划既是海域使用管理的依据，也是海洋环境保护的依据。从海域使用角度，项目用海是否符合海洋功能区划需从"是否维护海洋基本功能、符合海域用途管制和执行功能区管理要求"几个方面加以判断，主要把握以下原则：

①一切开发利用活动均不能对海域的基本功能造成不可逆转的改变。

②功能区开发利用必须符合所在海域功能区的用途管制要求、用海方式控制要求、海域整治要求以及生态保护要求。

③在海域的基本功能未开发利用之前，可以在保证不对海域基本功能造成不可逆转的改变的前提下，进行其他类型的开发利用活动。海域基本功能已经被开发利用的，只能按照功能区管理要求，安排与基本功能相适宜或兼容的用海活动。

④至于海域使用是否满足功能区执行的环境质量标准，需要根据项目用海的海洋环境影响分析结论来判断。但在海域的基本功能未开发利用之前安排其他类型的开发利用活动时，也要考察其执行的环境质量标准是否达到功能区管理要求中规定执行的环境质量标准。

3. 功能区管理要求符合性分析　分析项目用海是否符合海洋功能区划，首先应对照海洋功能区规定的基本功能、管理要求等内容，逐条分析海域使用活动各项指标的符合情况。

第一步，分析项目海域使用类型与用途管制要求是否符合。海洋功能区划在用途管制要求中，明确了与海洋基本功能相适宜的用海类型及对重点用海需求的保障要求，可兼容的或在基本功能未利用时适宜开展的用海类型以及禁止的用海类型。海域使用分类体系和海洋功能区划分类体系都是以海域用途为主要分类依据，并采用二级分类体系，总体而言，两者容易建立对应关系。如渔业基础设施用海对应渔业基础设施区、港口用海对应港口区、固体矿产开采用海对应固体矿产区等。但有一部分需要通过专门的分析论证来选择，且大多以点、线状分布的用海类型，未完全纳入海洋功能区划的用途管制要求中。如对于海底管线、跨海桥梁、海岸防护工程、排污区和倾倒区等用海，原则上未设专门的功能区，只有对那些确实排他使用海域、需要设立专门功能区的，才设立"其他特殊利用区"。还有个别用海类型，如海上风电场用海，海洋功能区划允许通过科学论证，选择合适海域进行海上风电场建设，不对海上风电场划定专门的海洋基本功能区。

此外，海洋功能区划允许"在海域的基本功能未开发利用之前，可以在保证不对海域基本功能造成不可逆转的改变的前提下，进行其他类型的开发利用活动"，可以理解为海洋功能区可以兼容对海域自然属性改变较低，且水质、沉积物、生物质量要求一致或更高的开发类型。这一思想解决了海域资源多样性与以往海洋功能区划中海域功能单一性的矛盾，从而扩大了海洋功能区划的适应面。但前提是只有在基本功能未开发前可进行该用途的适度开发，且不能建立固定设施，海域使用年限应依据实际情况确定，不宜过长。如风景旅游区，其水质目标为不劣于第三类、海洋沉积物质量不劣于第二类、海洋生物质量不劣于第二类，根据《海洋功能区划技术导则》（GB/T 17108—2006）的海洋功能区环境保护要求，养殖区、增殖区、捕捞区环境保护要求更高。因此，在风景旅游这一基本功能未开发之前，该处海域可以在不改变海域自然属性的前提下，安排开放式养殖、捕捞等开发活动。这样既可以有效地利用海域资源，避免海域闲置，又不会对海域基本功能的发挥产生不可逆的影响。

基于以上认识，项目海域使用类型与功能区用途管制要求的符合性分析应分以下两种情况区别对待：

（1）项目用海属于功能区管理要求已经有明确规定的用海类型　若功能区用途管制要求中列出的海域用途、海域使用类型涵盖了本项目用海的用途、海域使用类型名称，可通过两者之间的对应关系，直接判别。

①若项目用海属于功能区管理要求中明确的"与海洋基本功能相适宜的用海类型""可兼容的用海类型",则判定项目用海符合功能区用途管制要求。

②若项目用海属于功能区管理要求中"基本功能未利用时适宜开展的用海类型",则判定项目用海在基本功能未被利用的前提条件下,符合功能区用途管制要求。

③若项目用海属于功能区管理要求中"禁止的用海类型",则判定项目用海不符合功能区用途管制要求。

(2)项目用海属于功能区管理要求未做明确规定的用海类型　若本项目用海的用途、海域使用类型名称不在功能区用途管制要求中列出的海域用途、海域使用类型范围内,则须区分以下3种情形,再分别判别。

①对于海底管线、跨海桥梁、海岸防护工程、海上风电场用海、排污区和倾倒区等,在功能区划中原则上不予设立专门功能区,需通过科学论证进行选址的用海类型,可客观阐述"项目用海属于海洋功能区划中不予设立专门功能区,有待通过科学论证进行用海选址的用海类型",不直接判定项目用海与用途管制要求的符合性。待功能区管理要求其他指标的符合性分析结果出来后,再根据其是否对海域基本功能造成不可逆转的改变,综合判断其是否符合海洋功能区划。

②对于①所列以外,拟在功能区基本功能未利用前进行兼容开发的用海类型,可客观阐述"项目用海属于功能区基本功能未利用前拟兼容开发的用海类型",不直接判定项目用海与用途管制要求的符合性。待功能区管理要求其他指标的符合性分析结果出来后,再根据其是否对海域基本功能造成影响,综合判断其是否符合海洋功能区划。

③对于①和②所列情形以外的项目用海,可判定为不符合功能区用途管制要求。

第二步,分析开发利用项目是否符合用海方式控制要求。为保障功能区基本功能的发挥,以及落实对功能区重点保护目标的保护,海洋功能区划对各个功能区的用海方式都有明确控制要求。按照允许改变海域自然属性的程度控制要求,功能区用海方式控制要求分以下三个级别:禁止改变海域自然属性、严格限制改变海域自然属性和允许适度改变海域自然属性,其中每一级别都有具体的用海方式控制要求。应根据项目用海对海洋功能区划影响分析结果,判定项目用海是否符合用海方式控制要求。对不符合用海方式控制要求的项目用海,应指出具体的不符合之处及改进要求。

第三步,判断用海项目是否符合海域整治要求。若功能区管理要求中存在整顿用海秩序、治理海域环境、修复生态系统等方面的整治要求,则应对照具体的整治目标、内容和措施要求等，分析用海方案是否符合海域整治要求。对不符合海域整治要求的项目用海，应指出具体的不符合之处及改进要求。

第四步，分析项目用海是否落实了对功能区重点保护目标的保护。功能区管理要求中明确了重点保护目标，包括以下内容：

①所在海域中具有保护价值的珍稀、濒危海洋生物物种和经济生物物种及其栖息地，以及有重要科学、文化、景观和生态服务价值的海洋自然客体、自然生态系统和历史遗迹等。

②支撑本海域和周围海域基本功能的重要自然条件，如高标准的环境质量、重要的地形地貌和水动力条件、重要的经济生物物种及其生境等。应根据项目用海对资源环境影响分析结果，判定项目用海是否会对重点保护目标产生不利影响，项目用海方案是否落实了对重点目标的保护。

4. 海洋功能区划符合性综合判断　项目用海是否符合海洋功能区划是一个综合性的判断结论，它必须建立在项目用海是否符合功能区各项管理要求的分析结论之上。由于海洋功能区划实行的是海域功能管制，规定的是海域开发与保护的方向以及开发利用过程中必须遵守的相关要求，因此，项目用海符合功能区用途管制要求是项目用海符合海洋功能区划的首要条件，项目用海符合功能区其他管理要求是其前提性条件。

具体判别方法如下：

①项目用海符合功能区用途管制要求，同时符合功能区用海方式控制、海域整治和重点目标保护要求的，判定项目用海符合海洋功能区划。

②项目用海符合功能区用途管制要求，但不符合其他管理要求的，判定项目用海有条件符合海洋功能区划。这里所指条件是指在确保项目用海满足功能区用海方式控制、海域整治和重点目标保护要求的前提下。

③项目用海不符合功能区用途管制要求的，判定项目用海不符合海洋功能区划。

④对于海底管线、跨海桥梁、海岸防护工程、海上风电场用海、排污区和倾倒区等有待通过科学论证进行用海选址的用海类型，若在功能区用途管制要求中已有明确规定的，依①、②、③方法处理；若在功能区用途管制要求中未做明确规定的，则依据相关论证结论，根据是否对海域基本功能造成不可逆转的改变，判断海洋功能区划符合性。

⑤对于在功能区基本功能未利用前拟兼容开发的用海类型，根据项目用海是否对海域基本功能造成不可逆转的改变，判别其不符合或有条件地符合海洋功能区划。这里指的条件是指在功能区基本功能未利用前。至于项目用海是否改变海域基本功能，目前没有明确的判断标准，一般认为，若用海方式为开放

式，且落实了对功能区重点保护目标的保护，执行了比功能区管理要求更高的环境质量标准，可视为没有对海域基本功能造成不可逆转的改变。

5. 海洋功能区划相符性分析结论 海域使用论证报告应以简练方式叙述海洋功能区划相符性分析结论。结论应包括：项目所在海域的海洋基本功能、项目用海与功能区用途管制要求的符合性分析结论、项目用海与功能区其他管理要求的符合性分析结论以及项目用海与海洋功能区划符合性分析的最终结论。最终结论应明确项目用海"符合"或"不符合"海洋功能区划。根据前述分析，海洋功能区划相符性分析结论的表述可参考以下几种模式：

模式1（适于4中的①情形）："项目所在海域为××区（海洋功能区名称）。项目用海符合功能区用途管制要求和其他管理要求。项目用海符合海洋功能区划。"若项目用海属于功能区管理要求中规定的"本功能未利用时适宜开展的用海类型"，则最终结论为"在基本功能未利用时，项目用海符合海洋功能区划"。

模式2（适于4中的②情形）："项目所在海域为××区（海洋功能区名称）。项目用海符合功能区用途管制要求和××要求（其他管理要求中的一种或两种），但不符合××要求（其他管理要求中的两种或一种）。在项目用海完善××用海方案，满足功能区××管理要求的前提下，项目用海能够符合海洋功能区划。"

模式3（适于4中的③情形）："项目所在海域为××区（海洋功能区名称）。项目用海不符合功能区用途管制要求，项目用海不符合海洋功能区划。"

模式4（适于4中④的一种情形——项目用海属于功能区用途管制要求中未做明确规定的用海类型）："项目所在海域为××区（海洋功能区名称）。项目用海属于海洋功能区划中不予设立专门功能区，有待通过科学论证进行用海选址的用海类型。经分析论证表明项目用海不会（或会）对海域基本功能造成不可逆转的改变。项目用海符合（或不符合）海洋功能区划。"

模式5（适于4中的⑤情形）："项目所在海域为××区（海洋功能区名称）。本项目拟在功能区基本功能未利用时兼容开展××用海（本项目用海类型）。项目用海不会（或会）对海域基本功能造成不可逆转的改变。在功能区基本功能未利用时，项目用海符合（或不符合）海洋功能区划。"

第八章　海域使用对策措施分析

在海域使用论证工作中，应根据海域使用论证结果及项目用海的内容、方式、影响因素以及管理要求等，研究制定项目用海的对策和措施。对策措施的内容应包括：海洋功能区划实施、开发协调、风险防范和监督管理对策措施，其中海洋功能区划实施和开发协调对策措施针对用海申请人提出，规定了用海申请人应履行的义务，而监督管理对策措施主要对管理部门提出，是日后实施项目用海监督管理的依据。提出的对策措施应切合实际，具有针对性，做到科学客观、经济合理、技术可行。

一、区划实施对策措施

提出海洋功能区划实施对策措施是为了维护海洋基本功能，保证项目用海不会对海洋基本功能造成不可逆的影响。海洋功能区划实施对策措施主要对用海申请人提出，落实区划实施对策措施是项目用海的前提条件之一，也是业主在用海过程中必须承担的义务。区划实施对策措施的落实情况是海洋行政管理部门、执法机构对项目用海实施监管的内容之一。海域使用论证报告应根据项目用海的用海方案、与海洋功能区划符合性分析结论，有针对性地提出用途管制、用海方式控制、海域整治、保障重点目标安全等对策措施。

（一）用途管制

海洋功能区划对每个海洋基本功能区提出了具体的用途管制要求，包括：与海洋基本功能相适宜的用海类型及对重点用海需求的保障要求；明确兼容的或在基本功能未利用时适宜开展的用海类型。海域使用论证应从既维护海域基本功能，又使其兼容的功能得到充分发挥的角度，对项目用海过程和后期管理中如何落实用途管制提出措施要求。用途管制措施中，首先应要求项目严格按照规定用途和范围使用海域；其次，还应从维护海域基本功能、有效利用已明确的兼容功能等角度，提出其他措施要求，如当项目用海符合海域的基本功能定位，而在功能区划中还明确了本海域可兼容的其他功能时，本项目允许在用海范围内合理（在适宜的范围，采用适宜的方式）开发兼容功能；当项目用海使用的是海域的兼容功能，而非基本项目应允许在其用海范围内开发海域基本功能，并应尽可能优化用海功能时，本项目应允许在其用海范围内开发海域基本功能，并应尽可能优化用海方案，减少对基本功能利用的影响；对在海域基本功能利用前实施兼容开发的项目用海，本项目应在基本功能开发启动前及时、无条件退出。

（二）用海方式控制

项目用海以海域为载体，海洋资源的开发利用对海域自然资源和环境条件的影响是客观存在的，由于利用形式与作业方式等的不同，这种影响表现出的程度不尽相同。针对功能区的生态和环境保护需要，海洋功能区划明确了每个功能区的用海方式控制要求，包括原始岸线保留要求、围填海平面设计要求以及允许改变海域自然属性的程度控制要求。海域使用论证应对照海洋功能区划符合性分析结论，列出用海方式控制措施。主要措施内容包括：落实原始岸线保留方案、落实用海平面布置方案、落实围填海或构筑物控制规模、控制海域自然属性改变程度等方面的具体手段和途径。制定用海方式控制措施时，应要求项目既要落实符合功能区管理要求的用海方式，又要重点改正不符合功能区管理要求的用海方式，还要在施工和运营期用海过程中确保符合功能区管理要求。施工和运营期用海过程中的用海方式控制措施主要有以下方面：

（1）按计划改进用海方式　如有的跨海通道项目，在其建设施工的初期需要建成实心堤结构，并计划在相关施工作业完成后部分改建成透水结构，由于实心堤的用海方式不符合该功能区对用海方式的控制要求，此时应在对策措施中明确实心堤拆除和水道打通的时间节点和指标要求。

（2）依据跟踪监测结果改进用海方式　某些用海项目由于受到某些因素的限制，项目用海对水动力、泥沙冲淤等影响预测与实际情况会存在差异，导致用海项目要根据实际情况对用海方案进行适当的调整。对于此类情形，应提出通过实践检验结果改进用海方式的要求，明确应达到的目标。

（3）维护用海方式稳定　如有的项目在设计、建设时，留有水道，符合功能区管理要求。但运行过程中会因为泥沙淤积导致水道堵塞，透水构筑物用海变成了非透水构筑物用海。对于此类情形，应提出及时疏浚，以保持水道畅通和维护区域水交换能力的具体要求。

（4）避免施工过程中改变海域自然属性　如有的项目用海为开放式，有的主体在海底，正常用海对海域自然属性影响很小或几乎没有，但施工过程中，可能采用海底大开挖方式，或构筑非透水的临时性围堰，或动用对海域自然属性影响较大的大型设备，或在海底抛设物料、设施等。对于此类情形，应对显著影响海域自然属性的作业方式和设备提出限制性要求。

（三）海域整治

海洋功能区划对部分功能区提出了海域海岸带整治要求，在整顿用海秩序、治理海域环境、修复生态系统方面，提出相应的整治目标、内容和措施要求。海域使用论证应对照海洋功能区划符合性分析结论，列出海域整治措施。制定海域整治措施时，应要求项目既要落实符合功能区管理要求的海域整治方案，又要重点改正或弥补不符合功能区管理要求的整治内容。措施内容主要包括：整治范围、整治内容、整治方法和预期目标。如某旅游功能区海域整治修复要求为"做好统筹规划，逐步恢复海岸红树林景观"，论证报告对拟在该功能区内建设的旅游项目提出的管理要求为：①项目建设单位应加强对游客的管理，游客活动边界至少应与现有红树林保持 500m 以上的距离，禁止游客擅自进入红树林区；②建设单位应及时清理项目用海范围内红树林区的垃圾，维护海岸红树林景观；③建设单位尽快与红树林主管部门沟通，落实本报告建议的生态补偿方案，即补偿种植红树林面积不得少于 $2hm^2$。

（四）保障重点目标安全

海洋功能区划规定了功能区中需要保护的资源与生态重点目标。这些目标主要是海域中具有保护价值的珍稀、濒危海洋生物物种和经济生物物种及其栖息地，以及有重要科学、文化、景观和生态服务价值的海洋自然客体、自然生态系统和历史遗迹等。重视支撑项目用海海域和周围海域基本功能的重要生态环境条件，如生态系统的群落、种群结构，主要生物资源的产卵场、越冬场、索饵场和洄游通道（"三场一通道"），生物栖息的水环境质量，重要经济生物物种及其生境，重要的地形地貌和水动力条件等。海域使用论证应对照海洋功能区划符合性分析结论，列出重点目标安全保障措施。制定重点目标安全保障措施时，应要求项目既要落实符合功能区管理要求的保障措施，又要重点改正或弥补不符合功能区管理要求的措施内容。措施内容主要是保护方法、实施方案和保护设施。例如，对于滨海电厂取水口，应分析需要建设哪些设施，用以保障生态和生物资源的安全，包括取水口周围是否需要设置拦网、是否需要设置生物驱赶装置等。在诸如沙质海岸、重要滨海旅游区功能区、重要的产卵场等为重点生态保护目标的海域，有必要对用海项目提出保护本功能区的水道畅通、稳定，或维护本区域环境质量的管理对策措施，使重点生态保护目标能够得以有效保护。在幼鱼、幼虾保护区等重点保护目标海域内进行海沙开采项目，应提出避开幼鱼、幼虾繁殖期进行生产或在此期间降低开采强度等措施。

某采沙项目对重点保护目标的保护措施见附录附表二所示。

二、开发协调对策措施

　　与利益相关者、用海直接影响对象的主管部门等达成一致的协商意见，并落实协调方案，是项目用海消除用海矛盾的有效途径，也是项目用海批复前必须达到的条件。同时，项目用海必须对国防和国家权益不构成损害。海域使用论证应根据前面的项目用海利益相关者协调分析结果，制定开发协调对策措施。制定开发协调对策措施时，应要求项目既要落实分析结论中确认合理的协调方案，又要改正分析结论中指出的不合理的协调方案，如有些项目的利益相关者是养殖渔民，但已有协调方案仅仅为地方政府向项目业主做出的协调承诺，此时应提出"协调方案必须直接落实到每一位利益相关者"的要求。一般情况下，开发协调对策措施的内容主要围绕利益相关协调方案的落实，具体包括：督促形成有效的协调意见，明确诸如提供资金补偿、权益补偿，采用消除影响的辅助措施以及调整自身或帮助对方改变原有生产布局或方式，以消除不良影响等协调方案的落实措施。如某用海项目建设期间施工船舶作业时，将增加某港航道来往船只的通航密度，对临近码头进出港船舶的通航安全产生一定不利影响，在开发协调对策措施中应建议建设单位与利益相关单位提前做好沟通，确定船舶通航避让的协调方案，并针对避让协调方案，提出避让措施、安全保障措施等具体要求。

　　对于存在重大利益冲突的用海项目，应根据重大利益冲突的具体内容、强度和影响方式等，提出落实协调方案、防范利益冲突和跟踪监测的具体要求。例如，某项目用海实施填海造地，要求用海区域内原有大面积养殖用海实施退让，涉及众多渔民转产转业问题，存在重大利益冲突和社会稳定隐患。为此，开发协调措施中除了要求落实补偿、安置方案等一般要求外，还要特别提出防范利益冲突和跟踪监测的一些措施，如协调方案必须直接落实到每一位利益相关者，未落实全部协调方案前不得施工，严格控制用海影响范围，避免引发新的利益冲突等。根据开发协调对策措施分析，给出开发协调对策措施一览表，一般包括：相关利益者名称、协调结果要求、协调状态、具体的对策措施等内容。

　　又如，某油气输送管道用海项目与另一距离较近的天然气海底管道，存在一定的施工安全风险隐患。为此，在开发协调对策措施中，明确提出了施工前应审慎制定施工方案，施工过程中应严格执行安全施工工艺，遵守施工作业规程，做好海底管路的定位工作，施工完毕后应对邻近海底管道段进行探测，排查是否存在管道悬空等安全隐患的防范对策措施，以期最大限度消除安全隐患，保证相邻海底管线的安全。

三、监督管理对策措施

实施海域使用监督管理是海洋行政主管部门的职责，目的是规范海洋开发活动，维护海域国家所有权和海域使用权人的合法权利，实现海洋生态环境和海域资源的可持续利用。落实到具体用海项目，就是督促用海申请人按照论证报告和批复要求，规范使用海域，合理开发海洋资源。为保证海域使用监督管理的有效性，需要通过海域使用论证，提出针对每一个具体用海目的监督管理对策措施，明确监督管理的内容、指标、方法、时点等要求。监督管理对策措施主要明确项目用海批准后的管理要求，经批复的海域使用监督管理对策措施是管理部门对项目用海实施监督检查的技术依据。监督管理对策措施应包括以下内容：

（1）用海监督　要求用海申请人按照海域使用权证和批准文件规定的位置、面积、用途、方式和期限等使用海域。管理部门应以适当方式，对申请人是否依法用海进行监督检查。对吹填取沙、临时设施等临时用海，也应提出专门的监督检查要求。

（2）动态监测与评估　要根据项目用海方案及前面的用海影响分析结果，提出动态监测、评估的要求与方案。动态监测方案应明确用海范围、用海面积、实际用途、用海方式、施工方式、工程进展、用海影响等监测内容，提出监测方法、精度和频次等要求。评估内容应包括：项目用海是否符合海域使用批准文件的要求，是否对毗邻用海活动或海洋功能区产生较大不利影响，是否出现了明显的海洋生态与环境损害现象等。

要对不同类型的项目用海，明确监测与评估的重点内容和方法。填海工程是用海项目海域使用动态监视监测工作中的重点监测对象，应重点关注施工范围与工艺、海岸线利用与改变、重要保护目标的影响、海域使用管理与监督要求的落实情况等。

对于核电、火电、LNG 等类型用海项目，还应关注营运期温排水扩散影响范围，对海洋生物生态及周边敏感目标的影响。

对于海沙开采用海，应根据海域资源环境特点、开采面积、开采量、开采时间的不同，重点监测开采位置、日开采强度、月开采强度、年开采强度、开采总量和开采方式以及开采区水深变化，海沙开采可能引起的毗海岸蚀淤变化等。对于采沙区附近海域有电缆管道的，还应重点提出对电缆管道所在海域水深及冲淤环境的变化监测。

对于旅游类用海，如海水浴场、海岸场地等固定的旅游场地和水上游艇、旅游船等水上活动空间，应重点监控水上活动的范围，避免因随意改变航线和活动范围而影响其他用海。

（3）区划实施、开发协调、风险防范措施的监督落实　要求管理部门督促用海申请人落实区划实施对策措施、开发协调对策措施和风险防范对策措施，并根据项目特点，在适宜的阶段，对措施落实情况进行监督检查。

（4）竣工验收和技术归档　竣工验收主要针对填海项目。填海项目竣工后，海洋行政主管部门对海域使用权人实际填海界址和面积、执行国家有关技术标准规范、落实海域使用管理要求等事项进行全面检查验收。应要求海域使用权人自填海项目竣工之日起 30 日内，向相应的竣工验收组织单位提出竣工验收申请。为便于竣工验收工作的开展，对涉及工程建设的项目用海，应在海域使用权人提出竣工验收申请时，向海洋主管部门提交工程设施图和相关文件、资料。

第九章　海域使用论证结论与建议

海域使用论证报告对项目用海所做的可行性结论，是海洋行政主管部门审批该用海项目的主要技术依据之一。为进一步减轻资源环境影响、利益冲突等用海问题所提出的建议，是对业主及相关涉海部门科学、合理用海的重要参考意见，并具有重要的指导作用。因此，必须认真、负责、客观、公正地编写好海域使用论证报告的结论和建议。

一、论证结论

(一) 论证结论的形成

(1) 原则　论证报告的结论是对海域使用论证工作结果的简要概述。在概括和总结全部论证工作的基础上，客观地总结项目用海的自然资源环境和社会经济条件的适宜性、海域开发利用协调性、海洋功能区划和相关规划的符合性及海域使用对策措施，并最终给出项目用海可行性结论。

(2) 要求　结论应该文字简洁、高度精练、用词准确，同时最好分条叙述，以便阅读。

(二) 论证结论的主要内容

根据海域使用论证报告中各论证部分分析研究结果，归纳形成论证结论。结论的主要内容一般包括以下几个方面：

(1) 项目用海基本情况结论　概括总结项目地理位置、建设规模和建设内容，尤其应明确涉海工程的建设内容和规模、水工构筑物的结构和主要尺度、涉海工程施工工艺等主要内容。当项目属于改建、扩建时，应说明已建项目的建设内容和用海规模、用海方式和海域使用权属状况等主要内容。明确经论证后确定的用海类型、用海方式、用海面积和用海期限等基本信息。

(2) 项目用海的必要性分析结论　根据项目用海特点、自身建设需要，概括总结项目用海的必要性。

(3) 项目用海资源环境影响分析结论　概括总结项目用海对水动力环境、地形地貌与冲淤环境、水质环境、沉积物环境的影响。如明确工程前后水动力变化情况，施工产生的悬浮泥沙扩散范围等明确项目用海对海洋资源的影响结论。概括项目用海发生风险的类型及对海域资源环境和周边开发活动影响的结论。

（4）海域开发利用协调分析结论　项目所在海域开发活动，明确项目利益相关者和需要协调的部门，给出利益相关内容、利益损失范围、面积和损失量等信息，并明确项目用海与各利益相关者的矛盾是否具备协调途径和机会（给出明确的协调方案），明确协调内容、协调方法和协调责任等，明确给出项目用海对国防安全、国家海洋权益影响的结论。

（5）项目用海与海洋功能区划的符合性结论　明确项目用海所在海域功能区划和周边功能区划（概括项目用海对周边海洋功能区划的影响及与所在海洋功能区的符合性），明确项目用海与海洋功能区划的符合性结论。总结项目用海建设与产业政策和规划、行业规划、专项规划和其他相关规划的符合性和协调性结论。

（6）用海可行性结论　概括总结项目用海对资源环境和周边开发活动的影响结果是否可接受，项目用海是否符合海洋功能区划，是否与相关规划相协调，利益相关者是否具有可协调性，在项目用海合理性综合分析结论的基础上，给出项目用海可行或不可行的综合结论。

二、建议

当项目前期专题研究不充分或者存在重大遗留问题，可能影响海域使用论证结论的，应提出进一步开展相关工作的建议。当项目用海基本可行，在某一方面存在需进一步改进的，可针对性地提出相关完善建议，如提出优化调整用海面积、用海方式、平面布置及施工工艺等建议。

当用海项目存在下述情形之一时，表明项目存在重大问题，目前项目用海方案不可行。

①当项目用海方式、平面布置等不符合国家集约、节约用海政策时，应提出优化或调整项目用海方式和平面布置方面的建议。

②项目用海存在重大风险，应提出降低或避免用海风险的防范对策措施。

③项目用海严重损害生态环境、重要渔业资源等，应依据影响的范围和程度，明确生态环境保护与恢复方案的具体实施措施，或制定生态环境补偿实施措施。

④项目用海存在重大利益冲突，应提出具体的协调方案，并提出冲突防范、协调方案落实和跟踪等要求。

⑤项目用海损害国防安全和国家海洋权益，应根据军队部门要求重新选址。

⑥项目用海对周边海洋功能区和海洋开发利用活动产生严重影响，应根据影响内容、涉及范围和影响程度等方面，分项目建设阶段和生产阶段提出技术可行、经济合理的防治措施和建议。对于用海结论不可行的项目，建议中应提出调整项目用海设计方法、施工流程，降低对资源环境影响、用海风险和对周边海洋开发活动影响，以及项目选址、平面布置和优化建设方案等方面的建议，并按照调整后的选址、用海方案、平面布置等重新编制论证报告。

第十章 海域使用论证案例特点评析

一、集装箱及散货码头项目及用海特点

（一）集装箱及散货码头主要类型

根据运输货品的性状不同，大致可分为以下三类：

（1）件杂货、多用途码头 件杂货运输是一种最早的传统运输工艺，主要用于运输有包装或者无包装的成伴货物，如钢材、卷铁、盘条、木材、设备等。多用途码头也是以件杂货装部工艺为基础、兼装卸集装箱等其他货物的码头设施。

（2）集装箱码头 集装箱码头包括：港口水域及码头、堆场、货运站、办公生活区等陆域范围的、能够容纳完整的集装箱装卸操作过程的、具有明确界限的场所。

（3）干散货码头 干散货码头装卸的大都是散的、杂的货物，形状不规则。主要用于运输散装谷物、煤炭、矿石、散装水泥、矿物性建筑材料及化学性质比较稳定的块状或粒状货物。

（二）集装箱及散货码头项目用海要求与特点

1. 港口码头的一般特点

（1）港口的组成 港口一般由港口水域、码头岸线和港口陆域组成。

①港口水域 港口水域包括：锚地、航道、回旋水域和码头前沿水域等。

锚地是专供船舶等待靠泊码头、接受检疫、进行水上装卸作业以及避风的指定水域，可分为港外锚地和港内锚地。港口通常为装载危险品的油船等船只设有单独的锚地。

航道是为船舶进出港口提供特定的安全航行通道。多数情况下，近海自然水深不能满足船舶吃水要求，航道一般需要人工开挖。

回旋水域是船舶靠离码头、进出港口需要转头或改换航向时使用的水域，其大小与船舶尺度、转头方式、水流和风速、风向有关。

码头前沿水域，也称为港池，是供船舶靠离码头和装卸货物用的毗邻码头

的水域。

②码头岸线 码头岸线是港口水域和陆域的交接线，是港口生产活动的中心。

③港口陆域 港口陆域包括：装卸作业地带、辅助作业地带和发展预留用地。装卸作业地带一般设有堆场、仓库、铁路、道路、站场、通道等；辅助作业地带有车库、工具房、变电站、修理厂、作业区办公室、消防站、通信设施、给排水设施等；堆场和仓库供货物在装船前或卸船后短期存放。

（2）码头主要布置形式

①顺岸式布置 码头前沿线与自然大陆岸线平行或成较小角度的布置形式，是常见的布置形式，尤其适合于港口规模不大、可利用岸线富裕、水域宽度有限制的港口。其优点是利用天然岸线建设码头，工程量小，泊位可占用的陆域面积较大，便于仓库、堆场以及其他辅助设施的布置，大型装卸机械可以灵活调度，适合于杂货及集装箱作业。但每个泊位占用的水、陆域面积较多，相同的岸线可布置的泊位数较少。

②突堤式布置 码头前沿线与自然岸线形成较大角度的布置形式。在天然海湾及人工掩护的水域建设港口，由于受到水域范围的限制，采用突堤式布置，可建设的泊位数较多。这种布置形式的优点是：不仅可以节省岸线资源，在一定的水域范围内可建设较多泊位，而且可以减少防波堤长度，使整个港区布置紧凑，便于集中管理。

散货码头因其输运方式采用管道或其他连续式输送方式，码头与储存场地可以保持较远距离，常采用窄突堤式布置形式。对于杂货、集装箱或其他类似货物作业，一般需要一定的堆存能力，窄突堤往往难以满足，因此具备两侧同时作业的宽突堤布置形式逐渐替代了窄突堤。

③蝶式布置 随着煤炭、矿石等货物海上长距离运输量的逐步加大，运输船舶日趋大型化发展，对港口水深要求越来越高，为适应这一趋势，港口逐步向外海发展，碟式布置形式的应用日趋广泛。蝶式码头常布置在离自然岸线较远的深水区，通常在码头前沿设置大型装卸机械，堆场或罐区设置在后方陆域，码头通过廊桥或通道与后方陆域联通。蝶式码头布置一般为开敞式，不设防波堤。

（3）码头的主要结构形式

①重力式结构码头 重力式结构码头是依靠自身重量维持稳定，要求地基有较高的承载能力。重力式结构码头一般由基础、墙身、墙后回填和码头设备等组成。重力式结构码头施工顺序包括：基础开挖、抛石、夯实、整平、墙身制安、上部结构和附属设施安装等。

②高桩结构码头 高桩结构码头建筑物是通过桩基将码头上部荷载传递到地基深处的持力层上，适用于软土层较厚的地基。一般由基桩、上部结构、接岸结构、岸坡和码头设施等组成。施工主要包括：水下挖泥、桩基施工、码头下抛填、挡土墙施工、码头后方抛填和面层施工等。

③板桩结构码头 板桩结构码头建筑物主要是由连续的打入地基一定深度的板形状构成的直立墙体，在墙体上部一般由锚碇结构加以锚碇。该码头具有结构简单、用料省、造价低、施工方便的优点，但耐久性较差。板桩结构对地质条件适应性强。

板桩结构码头建筑物主要包括：板桩墙、拉杆、锚碇结构、导梁、帽梁和码头设备等。

重力式和高桩式结构适用于大型深水码头，板桩结构主要适用于水深较浅的码头。

2. 海域使用方式 工程主要用海方式：根据《海域使用分类》（HY/T123—2009），集装箱及散货码头海域使用类型，一级类为交通运输用海（编码3），二级类包括港口用海（编码31）、航道用海（编码32）、锚地用海（编码33）和路桥用海（编码34）。涉及的水工工程主要包括：填海造地、码头、防波堤、护岸，以及港池、航道与锚地和路桥建设等。一级用海方式包括填海造地（编码1）、构筑物（编码2）、围海（编码3）和开放式（编码4）四类；二级用海方式包括建设填海造地（编码11）（堆场和形成有效岸线的码头泊位等）、非透水构筑物（编码21）（没有形成有效岸线的非透水构筑物码头泊位、防波堤、护岸、路桥等）、透水构筑物（编码23）（开敞式码头、栈桥式码头或透水路桥等）、港池（编码31）、专用航道和锚地（编码44）等。

3. 资源环境影响

（1）悬浮物扩散对资源环境的影响

①填海造地施工悬浮物的影响：填海造地施工一般采用先围堰后回填的施工工艺，可以有效降低悬浮物产生的强度；施工过程中悬浮物的产生主要来源于围堰施工过程和溢流口的泥沙溢流。在进行分析预测时，应根据各自产生的悬浮物源强度分别计算。围堰施工悬浮物污染一般按连续点源考虑。

②码头或港池航道基础开挖（疏浚）的悬浮物影响：地基为非基岩时，一般会采用挖泥船直接开挖。挖泥船一般分为绞吸式、耙吸式、抓斗式、链斗式或铲斗式等，抓斗式、链斗式或铲斗式挖泥船需配备一定数量的驳船进行疏浚土的运输，不同类型的挖泥船由于其施工工艺、作业方式不同，施工过程中产生的悬浮物强度和影响范围存在较大差异。

（2）水下爆破对资源环境的影响 在港口工程基础处理时，水下爆破主要有以下几种方式：

①基岩爆破：对于风化程度较低的基岩进行水下爆破。

②爆破夯实：通过爆破的方式使地基和基础得到密实。

③爆炸排淤填石：采用爆炸方法排除淤泥质软土换填块石。该方法具有施工速度快、块石落地效果好等特点，广泛应用于防波堤、围堰、护岸、驳岸、消道、围堤、码头后方陆域形成等工程。适用的地质条件为淤泥质软土地基，置换的软基厚度一般为 4～12m。随着施工技术的发展，目前已经有爆炸处理超厚淤泥的成功经验。

基岩爆破所产生的冲击波对海水水质和渔业资源的影响比较大，炸礁量、炸礁施工工艺等决定其影响强度和范围。水下爆破还会产生大量的悬浮泥沙。

（三）集装箱及散货码头项目论证重点把握

根据《海域使用论证技术导则》，集装箱及散货码头项目用海论证重点一般包括：项目选址合理性、项目用海方式和平面布局合理性、项目用海面积合理性及项目用海的资源环境影响。

1. 项目选址合理性

（1）自然条件　从风、雨、雾、冰等气象条件，潮汐、波浪、近岸海流等海象条件，以及海底地形地貌、基岩埋深、岩土性质、掩护条件等分析论述项目选址与自然条件的适宜性。大风、浓雾及海冰灾害会使港口作业天数减少；下雨对于粮食、水泥、化肥、农药、棉花等散货的装卸影响很大。天然水深如果可以满足港口要求，会大大节约港口建设成本，一般而言，在岩石上开挖航道和港池是不可取的。水域地质条件好，岩土承载力高，可以降低投资。

近年来，稳定增长的国际贸易海运量和对规模经济的追求，促进了散杂货运输船舶大型化，导致港口水深要求加大，从而使港口航行水深要求主导了新港址的选择。

（2）社会经济条件　分析港口及企业或城市发展现状，如现有货运能力、货运种类、存在问题、需求等，与现有集疏运条件的衔接情况。例如，是否可以有效地利用现有的集疏运条件、节约成本等，查明海域开发利用现状。重点分析新建码头与周边海域使用项目的协调性，是否存在不可调和的用海矛盾等；分析港口建设是否符合海洋功能区划和港口规划等。

2. 项目用海方式和平面布置合理性

（1）用海方式合理性　港口码头的用海方式主要包括：城镇填海造地（堆场等）、透水构筑物、非透水构筑物（码头）、港池、蓄水等。一般来说，调整各部分用海方式的可能性较小。

（2）平面布置合理性 港口码头布局的合理性应重点从以下几方面分析：

①应尽量减少对水动力环境的不利影响，避免港口淤积或海岸侵蚀等。

②应体现集约节约利用岸线海域空间资源的理念，尽量减少对岸线的占用和填海造地的面积。

③应尽量避免对周边海域其他用海活动的影响。大型散杂货码头一般选址在水深条件好的海域，这里往往也是港口建设项目比较多的地方，用海面积需求比较大，港口码头的布置应通过优化布局来避免对其他码头作业的影响。

3. 项目用海面积合理性 集装箱及散杂货码头，由于装卸货物的种类及装卸工艺不同，码头平面布置会有很大的差异。工程用海一般涉及填海造地，且用海面积相对较大。项目用海面积应符合《海港总平面设计规范》（JTJ 211—99）要求，并通过优化项目平面布局减少填海造地面积。

（1）码头规模 包含泊位数量、水深及装卸设备的数量、技术性能和技术状态等。港口其他设施的规模一般需要与码头规模配套或相互协调。

（2）陆域面积 主要取决于泊位年通过能力、货物特性、集疏运条件等因素。煤炭、矿石及其大宗散货库场面积应根据年货运量、货物特性、品种、机械类型和工艺布置等因素确定。确定品种时，应考虑港口的实际情况，在满足工艺设计合理条件下，宜适当留有余地；散粮、散装水泥筒仓容积的计算应根据年货运量、货物特性、筒仓型式和工艺布置要求确定；对大型散货专业化码头陆域面积的确定，必要时可通过数值模拟计算确定码头各环节的合理规模。

4. 项目用海的资源环境影响

（1）分析预测项目建设对海域水动力环境和冲淤环境的影响，应重点关注地形地貌与冲淤环境的改变，是否会对周边沙滩、潮汐通道、重要生态与渔业资源以及周边的海洋开发活动产生影响。

（2）分析预测码头、港池、航道等基础开挖处理和码头泊位建设、陆域回填所产生的悬浮物对水质的影响，应重点关注悬浮泥沙的扩散对周边开发活动和重要生态与渔业资源等海洋敏感保护目标产生的影响。

（3）如果有水下爆破，还应分析预测爆破冲击波对海洋生物资源的影响。

二、滨海火电厂项目及用海特点

（一）火电厂主要类型

火电厂是利用煤、石油、天然气作为燃料生产电能的工厂。它的基本生产过程是燃料在锅炉中燃烧加热使水成为蒸汽，将燃料的化学能转变成热能，蒸汽压力推动汽轮机旋转，热能转换成机械能，然后汽轮机带动发电机旋转，将机械能转变成电能。

火电厂按燃料分为燃煤发电厂、燃油发电厂、燃气发电厂、余热发电厂和以垃圾及工业废料为燃料的发电厂。按蒸汽压力和温度分为中低压发电厂（3.92MPa，450kWh）、高压发电厂（9.9MPa，540kWh）、超高压发电厂（13.83MPa，540kWh）、亚临界压力发电厂（16.77MPa，540kWh）、超临界压力发电厂（22.11 MPa，550kWh）。按原动机分为凝气式汽轮机发电厂、燃气轮机发电厂、内燃机发电厂、蒸汽-燃汽轮机发电厂等。按输出能源分为凝汽式发电厂（只发电）、热电厂（发电兼供热）。按发电厂装机容量分为小容量发电厂（100MW以下）、中容量发电厂（100～250MW）、大中容量发电厂（250～1 000 MW）、大容量发电厂（1 000MW以上）。凝气式电厂按照煤电运协调发展规划又分为矿口电厂（坑口电厂和矿区电厂）和港口电厂、路口电厂。坑口电厂，即点对点采用皮带运煤；矿区电厂，即采用匡铁或汽车运煤，运距在50km以内；港口与路口电厂，前者指来煤经海、河中转运输；后者指缺煤省界附近铁道来煤的电厂。

根据国家发展改革委员会的规定，火电厂建设执行六条优先：

（1）扩建项目，包括以大代小技改项目和老厂改造项目。

（2）靠近用电负荷中心。

（3）靠近煤炭资源，建设坑口电厂以及港口、铁道路口等煤炭运输条件优越的电厂。

（4）采用高参数、大容量、高效率的发电机组。

（5）符合当前环境保护、节约用水和热电联产政策的项目。

（6）有利于电网安全，多方向分散接入电力系统的项目。

六条优先中第三条的坑口电厂原意指矿口电厂，即包括坑口电厂和矿区电厂，第五条的项目中，后专门发文增加了煤研石发电综合利用的项目也应优先。

（二）滨海火电厂项目用海特点与要求

滨海火力发电厂建设工程内容主要包括：发电机组主厂房、灰场、卸煤码头、综合（重件运输）码头及取排水口等配套工程建设。通常滨海火力发电厂区和灰场建设用地主要利用滩涂资源适度实施围填海造地，同时近岸海域应能提供电厂取水、排水的环境条件。因此，火电类项目用海要求有较充足的滩涂资源、适宜的深水岸线资源，海面较开阔，潮流顺畅，有足够的环境容量，水动力交换活跃，离生态保护区、旅游区和城镇有一定距离，对周边资源环境和开发活动影响小。

国家不仅提倡灰渣综合利用，而且已列入"评优"条件，成为电厂建设可批性的因素之一。东部沿海地区的大城市，做到 100% 应无问题，已出现将过去在灰场暂时储存的灰渣挖出使用；西部人烟稀少地区，灰渣利用途径与数量有限，一般在 30% 以下；其余广大地区，一般灰渣利用率在 30%~70% 范围内，或者在 50% 左右。城市热电厂与非城市所在地区的凝气式电厂相比，一般灰渣利用率会高一些。电厂灰场建设规定灰场储存年限如下：

（1）当灰渣能够全部综合利用时，只建设 1 年储量的备用灰场。

（2）当灰渣利用率很差，例如在 30% 以下时，应征用 10 年储量的灰场，但应分期建设，工程量按储灰 3 年计列。

（3）当灰渣利用率为 50% 左右时，应征用 5 年左右储量的灰场，工程量可适当减少。

（4）从选厂和确定建设规模的要求出发，近期、近远期灰场应能容纳按规划容量计算 20 年左右的灰渣量，以保证在不利情况下也能满足电厂全寿期的要求，并应取得地方政府主管部门预留的承诺。

依据《海域使用分类》（HY/T 123—2009）和《海籍调查规范》（HY/T124—2009），滨海火电厂工程用海类型属工业用海中的电力工业用海，其用海方式一般包括：填海造地用海（用于电厂厂区、施工场地、废弃物处置-贮灰场）、透水和非透水构筑物用海（码头、引堤、栈桥、取排水管道等）、围海（用于电厂建设大件和燃料煤运输停泊水域、港池）、开放式用海（温排水）和其他方式（取、排水口）用海等。

从用途和用海方式角度，滨海火电厂开发利用海域空间和海岸线资源一般包括：近岸滩涂资源，用于厂区与灰场等填海造地或项目建设必要的土地资源；深标岸线资源，用于煤炭运输港口码头建设；近岸海域资源，用于取排设和厂冷却循环用海水的取水与温水排放，码头构筑物建设与港池、航道用海等。

从主要工程内容角度，滨海火电厂建设海洋资源环境影响特征为：填海造地与码头建设对工程区海域水动力、泥沙运动以及岸滩稳定产生影响，以及施工期炸礁和疏浚施工产生的悬浮物、施工船舶产生的生活污水和油污水等对海洋生态及海域环境造成的影响；运营期温排水（余氯）对周边海域环境、海洋开发活动的影响等。

（三）火电项目论证重点把握

1. 海域使用论证关注要点

（1）取排水平面布置与结构方案的合理性　滨海火电厂取排水平面布置与结构方案的合理性，通常是海域使用论证的重点内容，同时也是项目工程可行性研究与初步设计阶段的重点工作内容之一，但两者关注的角度与侧重点略有不同。

滨海火电厂初步设计取排水专题研究内容一般包括以下方面：

①电厂取水安全。取水口设计在任何海况条件下，均应确保提供满足电厂正常生产运行的用水量，火力发电厂供水水源的设计保证率为97%。

②避免温排水对取排水产生影响。取排水口平面布置距离、位置及工程结构方案的设计，需充分考虑排水温升对电厂自身取水的影响，以保障电厂的运行效率。

③减少对海洋生态环境的影响和动迁补偿费用。取排水口位置的选择与工程结构方案设计，应避开保护区及重要环境敏感区，避免取排水对保护区、重要海洋生态和渔业资源的影响。同时，规划设计项目尽可能避开已有的开发活动，以减少项目动迁成本。

④工程结构安全。取排水口设计应充分保障运营期工程结构的安全，取排水口不宜建设在不良地质环境区，与航道、船舶掉头区要保持足够的安全距离，避免因受海床滑塌、海底蚀淤及船舶碰撞等因素可能产生的取排水构筑物的损毁。

⑤经济可行性。取排水方案比选阶段的成本投入也是初步设计阶段考虑的重要指标之一。取排水口位置及选线等除了保障正常的安全生产外，还要对经济可行性进行充分的比选论证，包括取排水方式是采用明渠还是暗梁、是采用全潮取水还是半潮取水等。

海域使用论证应主要从节约集约使用海域与岸线资源、减少项目用海对海洋资源环境和周边海洋开发活动的影响，以及项目用海与海洋功能区划和相关涉海规划的协调性等方面，分析并论证项目取排水口平面布置的合理性。论证报告应充分利用和分析项目工程可行性或初步设计阶段的相关专题研究成果，从海域使用论证关注的重点，探讨进一步优化取排水平面布置与结构方案的可行性。

（2）温排水资源环境影响分析　滨海火电项目的运行需以冷却水为载体将废热释放到海洋中，通常 1 000MW 装机温排水的排放量为 $30\sim40m/s$，大量的温排水一方面改变了排水口附近海域的流场；另一方面使排水口附近的局部海域水温不同程度地上升，会对海洋生态环境产生影响。温排水扩散取决于海况、地形、潮汐、海流，以及排水口形态、排水量、流速等因素，论证报告应建立有效的数值模型来预测温排水的扩散范围，通过海域资源环境与开发现状调查，深入分析温排水对主要海洋环境敏感目标与开发活动的影响情况。

一般认为，余氯对海洋生物的毒性安全阈值为 0.02mg/L，热电厂项目通常还需分析余氯对海洋生态环境的影响。

（3）填海造地平面布置与规模的合理性　绝大多数滨海火电厂的建设，都需要通过一定规模的填海造地解决电厂厂区和灰场建设的用地需求，部分电厂可能还涉及港口码头和煤堆场用地的填海造地。论证报告应充分论证厂区与灰场等建设围填海用海的理由与规模。

通过同类型规模的电厂建设类比分析项目厂区、灰场、码头和堆场建设填海造地规模的合理性是可取的方法，同时还应论证项目所在海域的海岸形态与地貌特征，分析其平面布局的合理性。分期建设的电厂应充分论证本期项目为后期项目建设申请或预留一定规模围填海理由的必要性与合理性。

（4）码头与堆场　码头与堆场建设可参照港口码头建设的相关要求论证其合理性，同时应考虑码头布置与取排水口布置的协调性与安全性问题。

（5）其他方面

①船舶碰撞溢油风险、海冰灾害、航道与取排水口淤积等风险防范的应急预案和风险防范措施。

②取排水口、取排水明（暗）渠、温排水等用海方式界址点线确定的合理性等。

2. 海域使用论证重点　根据《海域使用论证技术导则》，滨海火电项目用海论证重点一般包括：用海必要性、选址（毁）合理性、用海方式和布局合理性、资源环境影响用海风险。

除依据《海域使用论证技术导则》并结合项目所处海域环境条件特征筛选论证重点外，滨海火电厂项目还应关注下述内容或从下述的角度对相关内容开展论证分析工作。

（1）与海洋功能区划和相关规划的符合性　取排水口、温排水及厂区与灰场建设填海造地等电厂建设造址、布局与海洋功能区划和相关规划的符合性，项目用海方式和温水排放与功能区划管理要求的符合性等。

（2）利益相关者协调性分析　火电厂用海方式一般包括：开放式用海（温排水用海）、其他方式（取、排水口）用海、填海造地用海、构筑物用海（透水与非透水构筑物用海）等多种用海方式，项目建设区域分布和影响范围广，需从温排水与余氯排放、水动力与冲淤环境改变、悬浮泥沙扩散与围填海占用等多方面、多因素分析项目用海的利益相关情况。

（3）用海方式、面积与平面布置合理性　火电厂建设用海方式一般包括：一定规模的围填海用于厂区建设和灰场建设，温排水占用一定规模的近岸海域和岸线资源，需对其用海方式与用海面积的合理性及其对海域滩涂空间资源和岸线资源占用的合理性进行深入分析。取排水口平面布置方案直接关系到温排水对其自身取水及周边相关敏感目标的影响，需通过取排水口平面布置方案比选与优化，充分论证取排水口平面布置的合理性。

（4）资源环境影响　重点分析论证项目建设运营期温水和余氯排放对周边生态环境的影响。

三、人工岛项目及用海特点

（一）人工岛项目主要类型

人工岛是人工建造而非自然形成的岛屿，是人类出于各种目的，在海上建成岗陆地化工作和生活空间。从岛屿构建方式，人工岛可分为固定式和浮动式两种。浮动式人工岛分为浮式人工岛和半潜式人工岛，顾名思义，人工岛的结构为浮动式，岛屿浮在水面上。固定式人工岛可分为分割式人工岛、填海式人工岛和桩基式人工岛，分割式人工岛即在建设人工水道时将大陆分割而形成的岛屿；填海式人工岛是以填海造地方式建设形成的岛屿；石油平台式人工岛是采用桩基平台方式建造的岛屿。

人工岛用途主要有交通人工岛、城市建设人工岛、海上油气开发人工岛等。根据不同用途，选择各种合适的结构形式。交通人工岛和城市建设人工岛多以填海形式构筑，海上油气开发人工岛多为桩基形式构筑。还有少数的旅游人工岛以漂浮、半潜或固定形式构筑的，主要建设酒店和海洋观光场所以及以填埋垃圾为目的的垃圾人工岛等。

（二）人工岛项目用海特点与要求

1. 人工岛工程工艺　人工岛工程主要包括护岸建设、岛体建设和岛陆交通工程三部分。

（1）护岸构筑方法　护岸构筑施工一般工序主要有地基处理、打桩、抛石等。

①地基处理。在软土地上修建岛堤，需要进行基础处理，改善基础的剪切特性、压缩特性、透水性能、动力特性、特殊土的不良地基特性，最终使基床能均匀地承受上部荷载的压力，满足工程设计的要求。地基处理的方法多种多样，根据海底土的厚度不同，处理的方法有抛石挤淤法、沙井排水加固法、置换法和土工布法等。

选择合适的基床处理方法将大大节省人工岛工程施工的时间与造价。此处，本章将着重介绍在离岸人工岛基床处理过程中采用的一种较新的技术——铺土工布法。铺土工布法，又称铺排，我国于 20 世纪 80 年代采用此种技术，目前应用广泛。铺土工布法能够快速有效地处理海底软土基床，增加抗滑稳定性，匀化地基沉降。在铺土工布法需要采用一种重要的施工材料——软体排。软体排是铺土工布与不同形式压载材料（砂肋或者联锁块）连接在一起，采用专业铺排船铺设的护底材料，其作用是形成水平防护，在护底位置采用软体排防止冲刷，在堤身下减少不均匀沉降。

②打桩。打桩作为离岸人工岛的第一道施工工序，其目的是防冲刷保护岛的基础。离岸人工岛的打桩有别于陆上的打桩工序。在高岸人工岛的建设过程中，桩柱不仅作为基础，同时也是重要的主体结构，在离岸人工岛的施工中占有很重要的地位。

人工岛施工过程中所采用的桩一般在专设的预制场制作。预制场在安排生产计划时应根据用桩的先后顺序，分类提前安排生产，保证在打桩的过程中不会因为缺桩而导致作业停工。待预制桩制成后，通过水上驳船装运至施工现场。在具体的工程上选用何种打桩方法，需要根据工程的地理位置、地形、水位、风浪、地质等自然条件，以及工程规模、机械设备、材料、动力供应情况和工期长短等进行详细的调查研究和技术经济比较来选定合适的打桩方法。离岸人工岛的桩基作业一般采用打桩船打桩。若海上施工地点风大浪高，打桩船有效作业时间很少，有条件时可以考虑采用海上自升式施工平台打桩，这样可以避免风浪的不利影响。

③抛石。大部分的离岸人工岛施工是先围堤后吹填的形式，在这个过程抛石发挥着关键性的作用，抛石构建人工岛的岛堤，而岛堤的建设又为后续的施工提供重要的施工平台与安全保障。

在具体的抛石之前，首先确定离岸人工岛的岛壁（护岸）形式，由岛壁形式决定抛石的施工强度、施工设备。离岸人工岛的岛壁建筑占整个工程项目造价的很大成分，目前应用较广泛的岛护岸形式主要有三种：斜坡式、直立式和混合式。

每一种岛堤形式都有其适用条件，根据工程的地理位置、地形、水位、风积、地质等自然条件，以及工程规模、机械设备、材料、动力供应情况、工期长短等进行详细的调查研究和技术经济比较来选定的离岸人工岛岛堤的形式。在确定人工岛岛堤的设计方案后，展开相应的抛石施工。水上抛石的具体措施程序：先粗抛、后细抛，抛至施工标高成型。

抛石施工中注意的要点：①导标标位要正确，要勤对标、对准标，以确保基床平面的位置和尺度。②粗抛与细抛相结合，抛填过程中控制高差。③抛石应在风、浪、流均较弱时进行，抛石和移船的方向应与水流一致。④抛石前应进行试抛。通过试抛，掌握块石漂流与水深、流速的关系。⑤勤测水深，防止漏抛或抛填过多。⑥当用开底式和侧倾式抛石船抛石时，一般应控制在30～

90s 内抛下，使抛石的石堆厚度比较均匀。⑦基床抛石的富余高度应适当，若过大，夯实后基床超高，水下拔除非常困难；若过小，夯实后欠高，尚需补抛、补夯，这些都影响工程的进展。根据实践经验，应掌握宁低勿高的原则，每一层抛石的富余高度控制在抛石层厚度的 10%～15%。

水下抛石的相关设备选择：①民船运抛是目前常用的抛填方法。它适用于浅水防波堤的抛填和深水防波堤的补抛以及细抛。②方驳运抛日抛量较大，也是目前较常用的抛填方法。它特别适用于深水防波堤的补抛以及细抛。③开底泥驳运抛常用于深水防波堤的粗抛填施工，一次抛填量较高。④自动翻石船运抛常用于深水防波堤的粗抛填施工，但其抛填费用高，一般只在无开底泥驳时才采用它。⑤吊机一方驳运抛，这是一种补助性补抛方法。它的抛填效率低，只有在用民船或方驳补抛不到施工标高时，才采用此法补抛。

在抛填施工时，根据实际情况选用合适的抛填设备，满足施工的工程要求。

在抛填过程中，块石重量在 200kg 以下时，水上部分一般用方驳-吊机吊盛石网宽，定点吊抛；水下部分用民船或方驳运抛，并尽可能乘高潮多抛，其中以用民船运抛较为经济、方便。块石重量 200kg 以上时，水上、水下部分一般都用方驳-吊机运抛。

（2）岛体构筑方法　由于人工岛建设与一般的填海造地同样需要大量的填料，而人工岛无大陆依托，填料来源大部分只能依靠海洋，其岛体的构筑方法多采用海底泥沙吹填的方式。吹填一般指用挖泥船挖泥，然后通过管道把泥舱中泥水混合物填海造地区，排除淤泥中水分，达到一定标高，使之具有可利用价值。

吹填后是否需要处理和采用何种处理方法，取决于吹填土的工程性质中颗粒组成、土层厚度、均匀性和排水固结条件。现在的吹填土处理方法通常可分为两类：一类是物理的方法，通过对土体进行冲击或者使土体内出现压差，以此排出孔隙水，比较典型的有强夯法、推载预压法、真空顶压法等；另一类是化学的方法，通过在吹填土中添加外加剂，外加剂与土体中的物质成分发生反应，使土体固结，比较典型的方法有深沉搅拌法、粉喷桩法等。

在人工岛的吹填过程中，根据实际情况选取相应的填土方法以满足工程的需要，这是全程施工中重要的一环。除此之外，在吹填工程的后期，倒滤层施工、龙口施工也将决定着人工岛工程的顺利竣工。

①倒滤层施工。倒滤层施工是后期岛堤围堤的一部分，是围堤工程难点，也是质量控制重点。如施工不好，将直接造成吹填沙流失造成质量隐患。倒滤层施工难点是防止铺土工布在内外水头差作用下被顶破形成通道，铺设后土工

布被下拉破损，其自身需要具备一定抗拉能力；容易出现的问题是搭接和水下部分的铺设，通过加大铺土工布幅宽减少搭接头，并用潜水员对水下接头质量进行控制。岛护岸施工后，仅有龙口正常进出水，通过护岸渗透水量很少。在涨落潮时内外水位差很大，在具体工程中实测到的最大水位差有的在0.8m以上，在倒滤层土工布铺设后水位差会产生很大压力，将新铺设土工布整体下拉、接缝部位撕裂、中间部位顶破。

处理措施：在铺土工布外增加压载材料可以很好地解决这一问题，施工中逐渐压沙袋，并且在后续工序中靠背沙或吹填过程中及时跟进；最后合龙段，在小潮汛低潮集中吹沙袋完成。

②龙口施工。龙口是围堤工程重要部分，其功能主要是在护岸形成后内部倒滤层施工过程中为减少内外水头差设置的流水通道，其位置选择与口门宽度特别重要。一般宜选择在受风浪影响比较小和地面比较低的位置，便于排水且流速比较小，而且其滩面标高较高，大潮汛时可以露滩作业，便于铺设龙口软体排，龙口标高逐步抬高；小潮汛时水流流速较小，便于龙口合龙时龙口立堵和大型充填袋的施工，岛壁防护也能够及时跟进，但在龙口处流速相对较大，沙袋铺设较为困难，且容易被流水漂走；合龙时吹填沙施工强度不易保障，故较抛石护岸结构难度大。因充填袋抗风浪能力较差，保护期容易遭受破坏。为了确保龙口在合龙时的稳定和合龙的顺利进行，应使其纳潮量尽可能地减少，也就是尽可能使人工岛岛内的库存海水量尽可能地减少，从而降低龙口处涨落潮的流速和冲刷。因此，在进行外护岸施工时，尽可能将已施工完毕的泥面标高抬高，这样在合龙时该部分已经形成陆域，并抬高到一定的高度，从而使整个纳潮量已经大大减少，使龙口流水的流速降低，大大缓解了合龙时对龙口冲刷的压力。

③岛陆交通工程　人工岛与大陆的交通方式一般采用海底隧道和跨海桥梁链接，通过公路或铁路进行岛陆运输，也可采用管道或缆车等设备运输。离大陆较远的人工岛常采用船舶运输或航空的运输方式。因此，人工岛与大陆运输工程涉及范围广，主要根据人工岛的离岸距离和人工岛的用途来确定其交通工程。

2. 人工岛用海海域使用特点　随着经济的快速发展，我国的人工岛建设迅速发展，漳州、海阳、南通、厦门、上海、天津各个沿海城市纷纷将人工岛项目提上议程。目前我国已建成的洋山人工岛、洋口人工岛、三亚凤凰岛等已产生了良好的社会和经济效益。人工岛拥有巨大的开发潜力，与其他填海造地相比较，人工岛用海不占用岸线资源，且能够增加岛岸线资源；离岸式人工岛对陆地生态的影响较小，如对陆地的自然地形地貌、区域防洪排涝等不产生影响。但是，人工岛四周临海，无大陆依托，海洋水动力对其影响较大，因此其护岸工程要求比一般的顺岸填海造地工程要高。

填海式人工岛用海类型主要是造地工程用海，其用海方式包括建设填海造地和废弃物处理填海造地，其特点是永久或较大程度改变海域自然属性。

人工岛建设施工期对海洋空间资源、生物资源、旅游资源、矿产资源将造成影响。人工岛建设将占用工程区的滩涂资源和水体空间资源以及该区域的海洋底栖生物栖息环境等；施工悬浮泥沙将对工程区附近海域生态环境、沉积环境等造成影响。因此，人工岛施工期应关注工程区域资源状况，预测人工岛占用和影响资源的大小，明确人工岛合理的用海范围；且应了解海洋生态环境状况，预测施工期可能产生的污染物对海洋环境可能造成的影响和程度。人工岛营运期主要应关注海岛营运可能排放的污染物对区域生态环境的影响，包括废水、废气、废渣和可吸入颗粒污染物等排放带来的污染物种类、浓度分布及变化和对生态环境的影响。另外，还应关注营运期人工岛的景观建设与改造对区域生态景观的影响。

人工岛项目用海利益相关者应重点把握利益相关者的确定和协调方案的制定。由于人工岛建设区域不与大陆相连，一般离岸也相对较远，水深相对较深，因此区域用海现状调查不仅要进行现场调查，同时也要进行相应的调访和资料搜集，以便界定利益相关者；人工岛建设属于永久性改变海域自然属性的用海项目，对利益相关者的影响也往往是永久性的，因此其协调方案应具备全面、可行、合理、合法性，避免协调不当引起不稳定的社会事件。

功能区划与相关规划符合性分析，重点把握人工岛功能定位与区划、规划的功能管护要求的符合性，项目用海对周边相邻海洋功能区的影响，以及与产业布局和期限协调性。

人工岛选址要根据海岛的功能定位，充分考虑海域的自然属性，还要考虑与选址的海洋功能区划和城市的总体发展规划的符合性。平面布置分析需重点关注拟建设人工岛区域的水动力条件、海底冲淤状况和海域地形特征。用海面积的确定需重点关注人工岛实际用海需求，以及海域的海底地形地貌、水动力环境等自然属性。期限合理性分析应根据海域使用相关法律法规，并结合人工岛工程寿命进行分析。填海式人工岛用海方式为填海造地，永久或很大程度改变海域自然属性的特点。

（三）人工岛项目论证重点把握

根据《海域使用论证技术导则（2021修订版）》，人工岛项目用海论证重点一般包括：用海必要性、用海选址（线）合理性、用海面积和平面布置合理性、用海风险分析及资源环境影响分析。

1. 用海必要性　由于填海式人工岛建设将永久性改变海域自然属性，对海域资源与生态环境影响相对较大，因此其用海的必要性分析显得尤为重要。用海的必要性应根据区域城市发展和项目用海的需要，并结合国家对人工岛相关政策要求，从人工岛项目建设的必要性和项目用海的必要性分析。

2. 用海选址（线）合理性　人工岛的建设位于海域中，四周受海浪、潮流等影响。人工岛的选址关系到人工岛的安全与稳定，选址的合理性应考虑海域的水文条件、海底地形地貌状况以及海洋灾害等，同时也要考虑人工岛建设的物料来源、水电配套条件、施工技术等条件，综合各因素分析和确定用海的具体位置。

3. 用海面积和平面布置合理性　填海式人工岛是填海造地的一种类型，将对海洋生态环境造成不可逆的影响，其面积和平面布置的合理性将关系到影响的程度。因此，应根据人工岛项目的建设规模适宜性、实际用海需要和资源环境影响预测结果，分析人工岛的用海面积和平面布置合理性。

4. 项目资源环境影响分析　填海式人工岛建设将永久改变海域自然属性，且可能利用岛礁作为基础人工扩大海岛范围，需要分析对岛礁资源、生物资源、旅游资源的影响，以及项目施工建设与营运期对周围海域水动力、冲淤环境和海洋生态环境造成的影响。

5. 用海风险分析　人工岛受区域自然环境条件的约束明显，受海洋水动力、海洋灾害等多方面的影响，人工岛的安全和事故的发生可能性较大。从海岛自身的稳定性和安全性来讲，主要的风险为物理性的风险，如海洋灾害导致的海岛护岸坍塌和建筑物倒塌等事故、海水倒灌导致的土壤盐质化以及物理性风险事故引起的化学性风险等。风险分析应分析和预测人工岛项目存在的危害和有害因素，项目建设和运营期可能发生的突发性事件所造成的人身安全与环境影响和损害程度，并提出合理可行的防范对策措施，以减缓风险带来的损失。

四、跨海桥梁项目及用海特点

（一）跨海桥梁项目主要类型

对于桥梁按结构体系分类是以力学特征为基本着眼点，以主要的受力构件为基本依据，可分为梁式桥、拱式桥、斜拉桥、悬索桥和刚架桥五大类。

1. 梁式桥　梁式桥的主梁为主要承重构件，受力特点是主梁受弯。主要材料为钢筋混凝土、预应力混凝土。梁式桥的跨越能力从 20～300m，大跨径的梁式桥主要为预应力连续箱型梁桥。梁式桥建造易于就地取材，具有耐久性较好、适应性与整体性强、外形美观、抗震性能好以及便于养护等优点。同时，梁式桥在设计理论与施工技术上都比较成熟，近年来在桥梁建设上应用较多。梁式桥中比较有名的跨海桥梁有跨越高集海峡主桥全长 2 070m 的厦门大桥，港珠澳大桥的部分非通航孔桥也为预应力连续箱型梁桥。

梁式桥的主要缺点：结构本身的自重大，而且跨越度越大，其自重所占的比值显著增大，限制了其跨越能力。

连续箱梁桥的施工方法比较多，需要因时因地，根据安全经济、保证质量等因素综合考虑选择。一般常用的方法有：桩基基础打设、承台与墩身采用立支架就地现浇或预制拼装、悬臂浇筑、顶推、采用滑膜逐跨现浇施工等。

2. 拱式桥　拱式桥在桥梁发展史上曾占有重要地位，迄今为止已有 3 000 多年的历史。拱式桥中拱肋为主要承重构件。拱式桥的优点是跨越能力较大、耐久性好、外形美观、养护维修费用少、构造简单、有利于广泛采用。拱式桥中典型的跨海桥梁有著名的悉尼海港大桥，大桥桥身长度（包括引桥）1 149m，桥面宽 49m。悉尼大桥的最大特点是拱架，其拱架跨度为 503m，而且是单孔拱形，这是世界上少见的。我国跨海大桥中拱式桥有位于厦门岛东北部的五缘大桥，该桥主跨 208m，两个边跨 58m。

拱式桥按建造材料主要有圬工拱桥、混凝土拱桥和钢拱桥等类型。圬工拱桥不利于工厂化施工，施工周期长，相应费用高。由于圬工结构是以砖石作为建筑材料，不适用于建设大跨度桥梁。混凝土拱桥又包含素混凝土和钢筋混凝土两类，它在力学方面性能优越，而且在加工和制作上较为方便。钢拱桥是上部结构采用钢材建造的拱桥类型，它的跨越能力大，结构自重小，目前发展迅速。

拱式桥发展趋势为拱圈轻型化、长大化以及施工方法多样化。常见的拱式桥施工方法有主支架现浇、预制梁段缆索吊装、预制块件悬臂安装、半拱转体法、刚性或半刚性骨架法等。由于拱式桥为一种推力结构，对地基要求较高。因此，对于大跨度桥梁和大型跨海桥梁的造型，拱式桥的竞争力弱于斜拉桥和悬索桥。

3. 斜拉桥　斜拉桥是我国大跨径桥梁中最流行的桥型之一，是由索塔、主梁和斜拉索作为主要承重构件。斜拉桥的主要材料包括：预应力钢索、混凝土和钢材。斜拉桥通过选择不同的结构外形和材料可以组合成新颖别致的各种形式。索塔型式有 A 型、倒 Y 型、H 型等，主梁有混凝土梁、钢箱梁、结合梁、混合式梁等，斜拉索的布置有单索面、平行双索面、斜索面等。

斜拉桥的优点是梁体尺寸较小，使桥梁跨越能力增大；受到桥下净空和桥面标高的限制小；抗风稳定性优于悬索桥；便于无支架施工。斜拉桥的主要缺点表现在：由于结构问题，桥梁计算复杂；索与塔或梁的连接构造比较复杂；施工中高空作业较多，且技术要求严格。

斜拉桥的施工方法主要采用悬臂浇筑和预制拼装。斜拉桥作为一种拉索体系，比梁式桥有更大的跨越能力。由于拉索的自锚特性而不需要悬索桥那样巨大的锚碇，加之斜拉桥具有良好的力学性能和经济指标，已成为跨海桥梁最主要的桥型。青岛海湾大桥、湛江海湾大桥等都有采用斜拉桥的型式。

4. 悬索桥　悬索桥由索塔、锚碇、主缆、吊索（或吊杆）和主梁组成。悬索桥主要承重构件为主缆，受力特点为外荷载从梁经过系杆传递到主缆，再到两端锚碇。悬索桥的主要材料是预应力钢索、混凝土、钢材，适宜于大跨径和特大跨径桥梁。悬索桥由于主缆采用高强钢材，受力均匀，具有很大的跨越能力。采用悬索桥型式的著名跨海桥梁有香港的青马大桥、广东的虎门大桥、汕头海湾大桥等。

悬索桥的施工主要为锚碇、索塔、主缆和加劲梁的制作与安装。锚碇是主缆锚固装置的总称，由混凝土锚块（含钢筋）及支架、锚杆、鞍座（散索鞍）等组成；悬索桥索塔结构一般为门式框架结构，中间设若干道横梁，索塔塔柱施工多用爬模施工，索塔的横梁一般采用柱梁异步施工；悬索桥主缆的施工方法常见的有空中送丝法和预制索谷法；加劲梁架设的主要工具是缆载起重机，架设顺序可以从主跨跨中开始，向桥塔方向逐段吊，也可以从桥塔开始，向主跨跨中及边跨岸边前进。

悬索桥的缺点是整体刚度小，抗风稳定性不佳，需要极大的两端锚碇，投资费用高，施工难度大。

5. 刚架桥　刚架桥也称刚构桥，是一种桥跨结构和墩台结构整体相连的桥梁。支柱与主梁共同受力，主要承重结构采用刚架。刚架桥的主要材料为钢筋混凝土，适宜于中小跨度的桥梁建设。

刚架桥的类型主要有 T 形刚构、连续刚构、斜腿刚构、V 形刚构等。跨海桥梁中常使用的是连续刚构。预应力混凝土连续刚构桥数跨相连，利用薄壁高墩的柔性来适应各种外力所引起的桥纵向位移，特别适合于大跨度、高桥墩的情况。港珠澳大桥、杭州湾跨海大桥、东海大桥、广东虎门大桥的部分桥梁也都采用了这种桥型。

连续刚构桥与连续梁桥的主要区别在于柔性墩的作用，使结构在竖向荷载作用下，基本上属于一种墩台无推力的结构，而上部结构又具有连续梁桥的一般特点。预应力混凝土连续刚构桥的结构特点是主梁连续、墩梁固结，既保持了连续梁无伸缩缝、行车平顺的特点，又有不设支座、无需体系转换的优点，可以较好地满足较大跨径桥梁的受力要求。其缺点是对地基承载能力的要求高，若地基发生较大的不均匀沉降，容易产生裂缝，严重的会造成结构破坏。

（二）跨海桥梁项目用海特点与要求

跨海桥梁是跨越海面，连接海峡、海湾或岛屿供车辆、行人、管道通过的架空建筑物。近年来，为满足日益增长的交通需求，解决陆岛之间和各区域经济体之间的便捷联系，开发海岛深水港口岸线资源以及国防建设的需要，在各大河口、海湾以及海峡相继规划和建设大型的跨海桥梁。东海大桥、杭州湾跨海大桥、舟山连岛工程、青岛胶州湾大桥已经建成通车，港珠澳大桥正在加紧施工，深中跨海通道、琼州海峡跨海通道工程等已经在规划设计中。这些结构新颖、技术复杂、科技含量高的跨海桥梁标志着我国桥梁建设水平已跻身于国际先进行列。

根据《公路工程技术标准》（JTGB 01—2003）对桥涵分类的规定，多孔跨径总长大于1 000m或单孔跨径大于150m规定为特大桥，跨海桥梁一般都为特大桥。

1. 跨海桥梁的工程特点　跨海桥梁是交通运输基础设施之一，其优点是直达、便捷、快速、通过量大和运营费用低。主要缺点是施工和运营易受台风等特殊天气影响，对海上通航环境存在制约。跨海桥梁具有以下特点：

（1）工程规模浩大　跨海桥梁一般都要穿过某片海域，形成长距离运输通道，因此桥梁长度长，工程量大。受跨海桥梁下部工程施工难度大、投资比例高特点的影响，跨海桥梁一般都具有四车道以上的通行能力才能体现其投资效益。例如，我国的东海大桥、杭州湾大桥和港珠澳大桥，其长度均在30km以上，宽度均在30m以上。跨海桥梁工程规模大，还体现在跨海桥梁的基础工程上，受海底地质情况影响，跨海桥梁基础工程平均桩长达70～90m，东海大桥各种基桩的数量超过7 000根，混凝土数量达数十万立方米。

（2）自然条件复杂　跨海桥梁经过海域的海流、波浪、气象、地质、地形和生态环境等自然条件复杂，工程的结构设计要充分考虑这些条件的影响，桥梁基础结构不但需要承受较大的垂直荷载作用，水中的桥梁基础结构还要直接承受波浪、水流、船舶撞击和海冰压力等水平荷载作用。另外，工程结构位于严重的腐蚀环境中，必须采用高标准的防腐措施来确保桥梁的使用寿命和正常使用功能。

（3）施工条件复杂　跨海桥梁的施工条件复杂，一方面是因为桥梁工程量浩大，受材料供应、作业场地等因素的影响大；另一方面数量众多的施工船舶、工作平台和临时栈桥等给现场的施工组织带来很大困难。此外，海上施工作业又容易受到雨雾、寒流、台风、风暴潮等灾害天气的影响。因此，在桥梁进行施工时，都要有针对性选择恰当的施工工艺。

（4）科技含量高　跨海桥梁是高科技产物，体现着科学技术的进步。为适应复杂的建设条件，跨海桥梁建设必须依靠先进的科学技术和创新的管理理念，才能实现"工程优质安全"的目标。跨海桥梁的建设，不仅需要对工程进行科学的规划、创新的设计，而且需要采用大量新工艺和新技术。以杭州湾跨海大桥为例，在建设中创造了"梁上运架梁"、预制箱梁"二次张拉"、柔性防撞等多项先进技术，共获得250多项技术革新成果，形成了九大系列自主核心技术，因此大桥被誉为我国"海湾桥梁建设的里程碑"。

2. 跨海桥梁的用海特点与要求　跨海桥梁的用海涉及海洋功能区划、岸线利用、海洋环境、生态环境、文物、海底管线和航运等方面。用海选址首先要满足海洋功能区划的要求，选择在海床、地质条件稳定，海流良好，可满足施工安全要求的水域，还需尽量避开繁忙的航路、港口作业区、渡口和锚地等。

跨海桥梁是通过设置桥墩或采用直跨形式架空建设的跨海通道，对海域资源的使用最直接体现在桥墩、承台占用了一定面积的海底资源和海域空间资源。跨海桥梁的主要资源生态环境影响为：桥墩与承台的建设对海洋水动力环境、泥沙运动、海域纳潮量和海洋生态环境带来一定的影响，可能影响海底地形的冲淤环境和岸滩稳定性，位于河口海域的跨海桥梁对河口泄洪防潮会产生一定程度的影响。施工期间产生的悬浮物，施工船舶的油污水、生活污水等对海洋生态和海域环境也会产生不利影响。在跨海桥梁的海域使用论证工作中，应根据具体情况判定论证工作等级，对上述影响进行定性或定量的分析。

跨海桥梁建设对海洋开发利用活动的影响体现在：①对周边港口、航道航运功能的影响；②对海域通航安全和通航环境的影响；③对海域渔业生产的影响；④对临近或穿越的生态环境敏感区的跨海桥梁，需要关注桥梁建设对生态环境敏感区的影响。

结合跨海桥梁建成后对资源环境影响预测结果，分析项目用海对所在海域开发活动的影响范围、影响方式、影响时间和影响程度等。

（三）跨海桥梁项目论证重点把握

根据《海域使用论证技术导则》，跨海大桥项目用海论证重点一般包括：

选址（线）合理性及用海风险。具体论证时还需根据跨海桥梁用海的特点、所在海域自然环境特征以及开发利用现状，确定跨海桥梁海域使用论证的重点，重点关注内容主要包括以下几个方面。

1. 项目用海的必要性分析　跨海桥梁工程规模宏大，项目投资额巨大，对海域资源、生态环境和周边开发活动影响相对较大，因此其用海的必要性分析显得尤为重要。用海的必要性应根据区域经济发展和项目对海域资源的需要，并结合区域交通规划、城市发展规划等要求，分析跨海桥梁建设的必要性和用海的必要性。

2. 项目用海的合理性分析　跨海桥梁用海合理性分析包括：选址合理性分析、用海方式与平面布置合理性分析、用海面积和期限合理性分析。其中选址（选线）和登陆点的确定对于跨海桥梁的建设至关重要。跨海桥梁选址合理性的分析要从技术可行性、经济可行性和环境可行性等方面进行综合分析，应在多通道方案同等深度条件下进行比选。合理性分析包括：选线选址与区域总体发展规划、海洋功能区划、城市发展规划、交通路网规划、港口总体规划、自然环境条件适应性等方面的内容。

3. 项目用海的资源环境影响分析　跨海桥梁桥墩和承台的建设将永久改变海域属性，需要详细分析桥梁建设和建成运营后对海洋水动力环境、海水水质与沉积物环境、海底地形与地貌冲淤环境、海洋生态环境与渔业资源的影响。

4. 项目用海对利益相关者的影响分析　跨海桥梁通常跨度大，对海水养殖、海沙开采、海底管道、港口通航、锚地停泊以及海洋旅游等用海活动影响大，涉及的利益相关者较多。因此，需要根据项目用海对海域开发活动的影响分析结果，分析界定各类利益相关者，重点分析利益相关内容、影响范围和损失程度等。最后，根据界定的利益相关者及其受影响特征，提出具体的协调方案，明确协调内容和协调要求等。跨海桥梁穿越或影响自然保护区及其他环境敏感目标的，应设置专题分析内容。

五、围海养殖项目及用海特点

（一）围海养殖项目主要类型

围海养殖是指筑堤围割海域进行封闭或半封闭养殖生产的用海行为。沿海地区通过围垦滩涂开展养殖，可充分发挥沿海滩涂的资源优势，拓展沿海渔民生产空间，提高滩涂养殖对自然灾害的防御能力，改良滨海养殖的品种结构，提高养殖经济效益。科学合理有序地开展围海养殖，有利于促进滩涂经济由粗放型经营向集约高效利用转变，并可在增加水产品供应能力的同时形成土地后备资源。随着围海养殖活动向生态、高产、高效、优质的方向发展，通过渔业现代化和生态保护紧密结合，可促进沿海地区生态环境的改善。

围海养殖项目按工程规模一般分为大型化产业化工厂养殖和渔民个体养殖两种类型；其中大型化产业化工厂养殖规模在万亩以上，渔民个体养殖规模在千亩以下。按养殖工艺一般分为淡水养殖和海水养殖两种类型。

（二）围海养殖项目用海特点与要求

大规模围海养殖的工程建设内容主要包括：围堤、隔堤、取排水系及水闸等。个体养殖的工程建设内容相对简单，主要包括：围堤、取排水暗管或涵洞。

围堤是围海养殖的主要工程建设内容，通过建设围堤匡围海域方能形成围海养殖区，开展养殖活动。围堤承受来自海潮、波浪的作用，其工程建设关系着围区内养殖活动的安全。围堤建设需根据当地资源环境条件，按照《水利水等级划分及洪水标准》（SL 252—2000）《海堤工程设计规范》（SL 435—2008）和《滩涂治理工程技术规范》（SL 389—2008）等相关标准进行设计实施，确保有效防御风暴潮和风浪袭击，满足围区防潮、防浪等工程安全需要。养殖围堤工程不仅直接占用海域，还形成一定面积的围海海域，并部分改变了工程区的海域性质。当围海养殖项目规模较大时，需结合围垦工程布局特点设置隔堤。隔堤可作为内部小围区的围堤，同时也可以兼做施工道路和营运场区道路。隔堤设计标准需根据垦区施工和养殖活动需要确定。

取排水系及水闸是满足围区养殖活动引水、排水的基本条件。取排水系及水闸的布置需根据当地资源环境条件、围区养殖工艺和平面布局进行规划。取排水系及水闸设计标准根据围区养殖取排水需求量、邻近区域为满足养殖活动需通过本工程水系的取水量以及邻近区域养殖排水，甚至流域泄洪的排水量测算而综合确定。

养殖工艺安排主要包括：养殖品种配置、养殖投饵与饲药、养殖废水处理与排放等。不同海域的地形、水温、水质等自然条件以及养殖传统和基础千差万别，围海养殖的品种也十分多样。不同的养殖品种其养殖方式不同，饵料品种、数量、投饵和饲养、养殖取排水量和换水周期、生产过程产生的污染物类别和数量都不尽相同。此外，不同养殖品种和养殖规模需要的养殖面积也有较大差异。养殖废水排放量大，而且通常都是不经处理直接排放，对周边海洋水环境影响较大。值得注意的是，我国沿海不少近岸海域水污染状况十分突出，尤其是营养盐超标、水体富营养化。围海养殖的取水安全和养殖废水排放的环境影响都需要重点关注。对于规模较大的围海养殖项目必要时需开展工程近岸海域的水环境容量研究，以论证项目建设的可行性。

为尽可能减轻养殖废水排放对海洋生态环境的影响，在养殖模式设计上，需根据各养殖品种的生物学特点，合理配置养殖品种，控制药物使用，提高饵料的利用效率，促进饵料和生物废弃物的循环利用，提高养殖系统自净能力，最大限度地降低养殖水体的自身污染，减少排放水体中污染物的含量。提倡养殖生产中的养殖排放水生态化处理，使养殖排放水达到循环再利用或达标排放目标，以最大程度降低养殖活动对环境的不利影响。

根据《海域使用分类》（HY/T123—2009），围海养殖项目的用海类型界定为渔业用海中的围海养殖用海，用海方式为围海中的围海养殖用海。根据《海籍调查规范》（HY/T124—2009），围海养殖用海界定方法为："岸边以围海前的海岸线为界，水中以围堰、堤坝基床外侧的水下边缘线及口门连线为界。"

围海养殖需对大范围海域进行匡围，围海工程将对工程及其周边海域的潮流动力场、岸滩冲淤产生影响，造成潮流流速、流向的改变，并导致局部区域海床发生冲刷或淤高。同时，围海工程占用滨海湿地，并因养殖生产将滨海自然湿地改变为人工湿地，造成湿地生态系统的环境条件、生物群落、生态功能等的改变。围海工程施工期还会因取土、筑堤等工程建设造成悬浮泥沙扩散，影响海洋水环境和生态环境。如果围海工程需使用船舶施工，还需关注船舶溢油的风险预测和防范措施。

围海养殖生产的主要影响是养殖废水排放对海洋水环境和生态的影响。养殖废水中的氮、磷以及残留药物排放入海将造成一定范围内的海水水质污染，进而对海洋生态环境产生影响。

围海养殖项目选址的海域，岸滩地形相对稳定，海洋生态环境较优越，具备开展养殖的自然条件。在围海养殖项目实施前，工程选址海域一般都有开放式养殖活动或低标准养殖围塘，而且围海工程周边也会有其他的养殖活动。因此，围海养殖项目需关注围海工程占用海域、施工期悬浮泥沙影响海域、围海工程实施后潮流动力场和海床冲淤发生较大变化海域、营运期养殖废水排放影响海域的养殖活动范围和程度，并提出具有针对性的协调方案。

（三）围海养殖项目论证重点把握

1. 围海养殖项目海域使用论证关注要点　围海养殖海域使用论证需重点关注以下几个方面：

（1）围堤工程与养殖方案　围堤工程布置及典型断面结构是界定用海范围的基础，工程施工方案是分析施工期环境影响分析的依据。因此，围海养殖项目首先需根据围垦工程特点，系统介绍工程组成主要包括：围堤、隔堤、引排水河道及水闸等，提供典型工程总平面布置图和典型结构断面图，详细介绍施工工艺，主要包括：施工机具、施工组织方案等。

养殖品种、规模、模式及取排水方案是筛选主要污染因子、估测养殖废水量，预测污水排放影响范围和程度的依据，因此项目概况部分需重点介绍养殖方案，包括养殖品种选取与养殖模式、养殖规模、养殖水系布置、污水处置方法与排放等。

（2）工程海域现状 拟围海域的滩面高程、岸滩动态、工程海域特征潮位和海洋动力条件等是围海工程的基础，并直接关系到工程是否可行、安全，应在海洋自然条件部分重点介绍地形、岸滩动态、潮汐、潮流等。

围海养殖需通过围区内水系保障正常的养殖用海，工程海域的海洋水环境质量是围海养殖的制约因素，主要体现在现有水环境质量能否符合养殖水质要求，以及工程海域是否具备满足养殖废水排放的水环境容量。因此，海域环境生态现状部分水环境现状的调查和评价是重点。

工程海域的开发利用现状是界定项目用海利益相关者的基础，也需通过现场调查核实论证范围内的用海现状，主要包括：用海人、用海项目、用海面积、期限和权属等。

（3）海洋环境与生态影响分析 围海养殖用海对海洋环境的影响，需重点关注围堤工程建设对周边水文动力场和泥沙冲淤的影响；营运期养殖废水排放以及围堤施工产生的悬浮泥沙扩散。如污水排放区水环境现状不佳，还需研究其环境容量、论证排放方案的适宜性和可行性。

围海养殖对海洋生态的影响，需重点关注占用滨海湿地并形成人工湿地产生的生境变化和栖息生物变化；养殖废水排放对海洋生态环境的影响以及可能造成的富营养化问题。施工期还需关注施工产生的悬浮泥沙对海洋生态环境的影响。

（4）利益相关者的界定与协调分析 根据论证报告前文预测项目用海所造成的各类影响范围、程度和时间，结合用海现状分析并界定利益相关者，并提出协调意见或建议。需重点关注围海养殖占用海域、养殖废水排放可能影响海域、水动力场和泥沙冲淤变化影响海域，以及悬浮泥沙扩散影响海域的现状，用海人和用海方式以及围堤工程建设可能涉及的现有海堤或其他工程用海。

（5）项目用海合理性分析 因围海养殖用海规模相对较小，用海方式也十分明确，因此主要关注项目用海选址的合理性。

围海养殖用海项目选址的合理性分析，需重点论证项目选址与所在海域的功能定位的相符性；是否具备围海及养殖生产的条件。

2. 围海养殖项目海域使用论证重点把握内容 根据《海域使用论证技术导则》，围海养殖项目用海论证重点一般包括：选址（线）及规模合理性、用海面积合理性、海域开发利用协调分析及资源环境影响。

根据围海养殖项目用海特点，其海域使用论证重点内容一般包括以下几方面：

（1）选址及规模的合理性 围海养殖用海的选址及规模的合理性，重点论证选址及规模的自然条件和环境生态可行性；选址与周边其他用海活动的协调性；围垦规模与养殖的生产方式及生产工艺是否协调等。

围海养殖用海选址与规模合理性分析，首要问题是围海工程的可行性，重点关注是否具备适宜围垦的滩涂资源、岸滩演变动态、海洋动力条件和工程地质条件，影响工程安全的灾害和防范措施，围垦及养殖的海洋环境生态影响是否可接受。

围海养殖生产需取清洁水体作为养殖用水，并排放养殖废水。选址海域必须有达到养殖水质标准，并满足取水量需求的水源供给。若为淡水养殖，需论证围海养殖区内侧的淡水资源量和现状水质能否满足项目需求；若为海水养殖，需分析围海养殖外侧的海水水质能否满足要求。此外，还需根据工程区周边海域的水质现状分析论证该海域是否具备实施本项目养殖排水的海洋水环境容量。如果该海域已不具备容量，则需分析养殖工艺能否改进，实现养殖废水的零排放。

根据围海养殖用海选址海域的用海现状及相关行业的用海需求，结合项目用海对资源环境的影响范围和程度，分析本项目建设对其他用海的可能影响，并提出协调途径，综合论证项目选址与规模的合理性。

（2）围海养殖的环境生态影响 围海养殖用海对环境生态的影响，需重点关注围海工程建设对海洋水动力、泥沙冲淤和海洋生态的影响，围堤及水闸施工产生的悬浮泥沙影响，养殖废水排放对海洋水环境及生态环境的影响。

规模超过 $10hm^2$ 的围海养殖用海，需通过数学模型、物理模型或经验公式计算定量或半定量预测工程建设对潮流动力场、地形冲淤的影响程度和范围；定量估算围海工程造成的生态损失；定量预测围堤和取土施工产生的悬浮泥沙扩散范围，并分析由此产生的生态影响；预测养殖废水排放的扩散范围和影响程度，分析评估生态影响。

（3）利益相关者的协调性分析 开展必要的海域使用现状调查和测量，尤其需要了解围海养殖工程及周边可能影响海域的养殖现状，包括现有用海人、用海位置与范围、权属、养殖品种、养殖方式及工艺、产量及产值等。根据项目用海对资源环境和生态的影响预测，客观系统分析项目用海对现有用海的影响，提出切实可行的协调方案和要求。

六、石油化工码头项目及用海特点

（一）石油化工码头项目主要类型

由于石油化工产品种类繁多、形态不同，且性质差异极大，因而石化产品运输时选择的船舶种类也各不相同。对于性质比较稳定的固态石化产品而言，通常选择干、散货船舶运输。考虑到散货化学品的运输量及成本，运输船舶多为中、小型船舶。据统计，我国运输固态石化产品的散货船载重主要集中在5 000~10 000t，对性质稳定性较差、具有挥发性、且呈现液体状的石化产品，通常按照其类型选择液体化工品船运输。据统计，我国液体化工品船载重主要集中在3 000t、5 000t，未来国内沿海航线将主要采用5 000t级船型。作为石化产业原料的石油和天然气等，则多选择大型或超大型船舶运输。此外，集装箱船舶运输也是石化产品运输的重要途径，特别是针对价值量相对较高、易损、易被盗窃的高价产品，在集装箱的选择上，多选择散货集装箱和液体货集装箱作为石化产品运输的载体。由于集装箱中的货品在运输过程中相对分离、分区放置，可以一船多用，因而其采用的船型一般也不再由运输量相对较小的石油化工品决定。

固体化工散货与普通散货运输大致相同，不再赘述，在此重点介绍液体散货码头。

1. 原油码头　航行于国际航线的原油船吨位较大，吃水较深。从安全的角度考虑，一般原油码头都采用远离市区和其他港区、天然水深较大的新辟作业区。

原油码头多采用开敞式布置，有单点系泊和固定式码头两种。

（1）单点系泊　是在海中设一装卸油的专门浮筒，浮筒通过软管与海底管线相连，海底管线通至陆域油罐区。油船到港口系在浮筒上，并将浮筒之上油管与船上接油口连接，这样船与陆域罐区间即可进行装卸作业。单点系泊的最大特点是建造周期短、投产快。

（2）固定式码头　固定式码头可采用多种布置形式，当需要两侧靠船时，可采用直线式布置。为改善横缆的系缆条件，固定式码头多采用蝶形布置。固定式码头与陆上罐区之间可采用栈桥或水下管线连接，以解决原油及压舱水的输送问题。一般而言，码头距岸700~1 000m以内，栈桥连接较适宜。

2. LPG、LNG专用码头　LPG、LNG属危险品，极易挥发并引起爆炸。因此，需设专用码头，并布置在城市年常风向的下风侧，且应与其他码头保持足够的安全距离。该类码头常采用蝶式布置形式。

LPG、LNG 码头陆域组成与原油码头类似，可采用陆上布置和离岸布置，从安全和土地利用的角度考虑，最好采用离岸方式。码头操作平台至接收站储罐的净距离不应小于 150m。

（二）石油化工类项目用海要求与特点

石油化工类项目用海大致分为两种类型：一类是以原油及 LPG、LNG 的运输与储存为主的用海项目，海上主要包括：码头建设用海、取排水口设施用海及取排水用海，陆域一般配套有原油及 LPG、LNG 储罐等配套设施；另一类是石化园区建设用海，这类用海较单纯的石油化工原料的运输与存储用海面积更大、平面布置更为复杂。

目前，石化项目通常要求在已经完成了石化园区的总体规划、控制性规划、规划环评等工作的基础上开展项目建设工作。如果石化项目进入的是一个成熟的化工园区，往往已经具备了必要的配套辅助设施。比如，具备了公用港池、锚地、航道等，甚至包括公共的取排水口、码头。从项目建设程序上，通常项目已完成了工程地质初勘、安全通航论证、安全评价等前期工作。化工园区一般是以石油、天然气为基础的有机合成工业，即以石油和天然气为起始原料。随着技术及经济的发展，炼油和化工往往形成联合开发的运作模式。石化企业产出的化工产品有数千种之多，很多化工产品成为其他企业的原料被输入或输出。考虑到接卸化工品种类和船型的差异，新建的大型石化项目通常须同时建设一个或多个石化专用码头。

石化项目对海域空间资源的需求，主要体现在石化项目须依托港口，满足对石化生产原料石油和天然气的输入以及石化产品通过港口对外的输出。因此，具有宜港岸线资源、深水航道资源和较好掩护条件等海域，成为石化项目选址的重要条件。

同时，在陆域空间资源不足的条件下，填海造地成为对厂区所需空间补足、实现厂区建设和满足安全生产的保障。因此，近岸滩涂资源和浅海资源为石化项目建设提供了必备的土地资源保障。沿海选址实现"前港后厂"的运营模式，已成为石化建设项目的优化运作模式和优先选择。

另外，考虑到石化项目的危险性及环境敏感性，石化项目选址一般避开密集生活区、旅游区及环境保护区等敏感区，远离大陆的海岛已成为石化项目的热点建设区。

大型石化产业，特别是基本有机化工（即石油和天然气为起始原科）生产过程，需要大量的循环冷却水，对水资源的消耗较大。在我国水资源日益枯竭，特别是沿海区域水资源枯竭速度加快的前提下，开发利用海水资源成为石化企业解决自身耗水的重要途径。因此，石化项目一般要在海域设置取、排水口。

（三）石油化工码头项目论证重点把握

石油化工项目用海的论证应重点关注以下几个方面：

1. 海域开发利用的协调性分析　位于石化园区或者石化港区的项目，一般周边海域开发程度较高，亦或是完成了区域的海域使用规划。在这种情况下，确保项目用海与周边海域开发利用具有较好的协调性显得十分重要。例如，新建项目与已建项目之间是否留有足够的安全距离、项目用海是否占用其他项目用海的空间资源、项目用海是否符合区域通航安全的要求、项目用海是否对未来周边海域的开发利用构成影响等。

2. 用海方式、平面布置和面积合理性　石化项目用海主要包括：厂（罐）区填海造地、码头建设用海、取排水口及输水（油、气）管线用海和港池、航道用海。其中厂（罐）区填海造地应重点关注用海面积的合理性，主要从用海是否符合工业用地的行业标准和相关设计规范，是否存在减少占用海域空间资源的可能性。码头用海应重点从对整个港区水动力和冲淤环境、对周边海洋环境的影响等，分析其用海方式与平面布局的合理性。取排水口平面布置方案直接关系到温排水对其自身取水及周边相关敏感目标的影响，需通过取排水口平面布置方案比选与优化，充分论证平面布置的合理性。港池、航道用海重点论证平面布置的合理性，比如在公共港区内，应关注是否存在与公共水域的冲突、对周边开发产生影响等。

3. 项目用海风险分析　一是石化项目论证时，应注意收集总体规划论证阶段和规划环境评价阶段的相关专题预测资料，引述有助于支撑海域使用论证风险分析的结论。二是应该从单体项目用海风险与规划中风险分析的差别入手，在风险中集中体现单体特点，比如对特征危险物质的预测与分析。三是注重项目论证中的用海风险分析与规划环境评价的风险分析的差别，强化项目用海存在主要风险的识别及应急预案与应采取的有效对策措施。

七、排污项目及用海特点

（一）排污项目主要类型

1. 工程相对简单　污水排海工程一般相对简单，其涉海工程主要包括：海底管道和排污口；其用海类型包括：海底工程用海中的电缆管道用海和排污倾倒用海中的污水达标排放用海；其用海方式分别为其他方式中的海底电缆管道、取排水口和污水达标排放。

根据《污水排海管道工程技术规范》（GB/T 19570—2004），污水排海管道：指敷设于海中用于排放污水的管道，它由放流管和扩散器组成。其中放流管是由陆上污水处理设施将污水经调压井输送至扩散器的管道；扩散器是在海域分散排放污水的管道。

污水排海管道严禁排放有毒有害污水。进入放流管的水污染物浓度限值按《污水海洋处置工程污染控制标准》（GB18486—2001）及相关法律法规技术标准中的相关规定执行，工业废水和生活污水至少经污水处理厂（站）一级处理后排海。

2. 以污水排放量来确定排放管的规模 根据《污水排海管道工程技术规范》，城镇污水排放量应根据城镇规划分别按近期和远期进行设计。近期污水排放量的计算时段为 10 年，远期污水排放量计算时段最少为 20 年。在上述规划的基础上，确定污水排海工程的规模及排污管管径，工程建设可分期进行，排海管的污水排放能力应按远期污水量设计。

3. 选择排放口应考虑的因素 排放口的选择：考虑稀释扩散能力（水深、水动力等）、环境容量、污染物排放总量；路由的选择：考虑冲淤环境和底质；登陆点的选择：要求地质稳定。

排放口的选择应从以下方面综合考虑：

①必须符合法律法规的有关规定。《中华人民共和国海洋环境保护法》第30 条规定："入海排污口位置的选择，应当根据海洋功能区划、海水动力条件和有关规定，经科学论证后，报设区的市级以上人民政府环境保护行政主管部门审查批准。""在海洋自然保护区、重要渔业水域、海滨风景名胜区和其他需要特别保护的区域，不得新建排污口。""在有条件的地区，应当将排污口深海设置，实行离岸排放。设置陆源污染物深海离岸排放排污口，应当根据海洋功能区划、海水动力条件和清底工程设施的有关情况确定，具体办法由国务院规定。"《防治海洋工程建设项目污染损害海洋环境管理条例》第二十三条指出："污水离岸排放工程排污口的设置应当符合海洋功能区划和海洋环境保护规划，不得损害相邻海域的功能。""污水离岸排放不得超过国家或者地方规定的排放标准。在实行污染物排海总量控制的海域，不得超过污染物排海总量控制指标。"

②排放口的选址须符合海洋功能区划的管理要求，符合近岸海域环境功能区划，海洋环境保护规划，并且与港口旅游、海水养殖等相关规划不矛盾；且污染物排放量必须在该海域环境容量的允许范围内。

③从污水对海域的影响范围考虑，排放口须选择在水深和水动力条件较好、污染物稀释扩散能力较强的海域，《污水排海管道工程技术规范（2017）》

7.5.10 条要求"进行埋设的污水排海管道,其上缘埋设深度不应小于 1.0m。扩散器所在海域应在 10m 等深线以下,并使立管—喷口型扩散器的立管在大潮低潮时也不露出水面。"同时排放口的设置应远离海域环境保护目标,使污水正常与事故排放下对环境保护目标的影响较小。

④工程上的可行性。排放口、管道路口、登陆点的选择须考虑当地的环境自然要素,从而保障工程的安全性,如登陆点和管道路口的底质须稳定,管道路口不能有较大的冲刷环境等,同时选址应具备施工条件。

⑤经济上的可行性。

4. 排放管和排放口应关注时效性　排放管和排放口的海域使用期限的确定,除了须考虑《中华人民共和国海域使用管理法》、管道设计使用期限等,还需要特别考虑污水排放的实际情况。因此,排放管和排放口的海域使用期限需先确定一个短期运营的期限,在期满后开展海洋环境影响后评估工作,评估是否改变用海。在环境影响后评估结果认可的前提下,建设单位可在管道设计使用期限内申请续期使用。

(二)排污项目论证重点把握

1. 排污项目海域使用论证关注要点　本项目在排海入海口源头的污染源和入海口污染物排放浓度的相关法律法规、标准规范和污染物排放控制标准等选择方面有明确的目标和规定,可视为同类项目的规划和示范作用。附炼化工乙烯一体化污水排海工程涉及海洋环境的诸多因素,逐一进行分析,作为排污项目的海域使用论证案例是合适的,并具有相应的代表性。

(1)排污相关法律法规和标准规范

①法律法规:《中华人民共和国海洋环境保护法》《中华人民共和国海域使用管理法》。

配套管理条例和法规:《防治陆源污染物污染损害海洋环境管理条例》等。

②标准规范:《污水综合排放标准》(GB 8978—1996)及系列行业排放标准、《海洋功能区划技术导则》(GB 17108—2006)、《污水海洋处置工程污染控制标准》(GB/T 18486—2016)、《海洋工程环境影响评价技术导则》(GB/T 19485—2014)。

上述法律法规和标准规范对入海排污口的排放标准、排污口设置及排污方式、入海污水处理、排污申报、禁排事项以及邻近海域环境质量目标等都做了相关规定。

(2)污染物排放控制标准的选择

污水海洋处置工程:《污水海洋处置工程污染控制标准》(GB/T 18486—

2016)。

工业和市政直排口：行业排污标准。

其他：《污水综合排放标准》（GB 8978—1996）。

排放标准执行级别的确定依据邻近海域功能区类型；入海排污口的建设时间。

2. 排污项目海域使用论证重点把握　根据《海域使用论证技术导则》，排污项目用海论证重点一般包括：选址（线）合理性、用海面积合理性及资源环境影响。若涉及低放射性废液、造纸废水或大型温排水的，应在上述基础上增加对用海方式和布局合理性、用海风险的分析和论证。

（1）重点关注实际采取的施工方案及其影响，临时施工场地施工后（施工设施拆除后）的生态恢复。由于排污工程申请用海程序的特殊性——在工程实施完毕后方进行论证（这是福建省用海审批程序，沿海各省有所不同），因此，海域使用论证过程中，相应地应重点关注实际采取的施工方案及其影响。其中工程概况部分应重点介绍工程建设过程实际采取的施工方案，而非工可或者初设中的设计方案；资源环境影响部分，也应就实际采取的施工方式、作业时间和范围对资源环境造成的影响，进行回顾性的总结分析，这是与其他项目在施工前的海域使用论证进行资源环境影响预测的不同之处，应特别注意。施工中若涉及临时施工场地的，还应关注施工完毕后，是否落实了环境评价中提出的施工后的生态恢复措施；未进行生态恢复的，应提出具体的生态恢复要求。

（2）关注海底管道的实际铺设情况，与污水处理厂（站）、陆域管网的衔接、陆域接管的水质，以及污水厂处理工艺、杀菌消毒、服务范围及其规划。

污水排海工程属于被动受水排放工程，为污水处理系统中的末端工程，不是孤立工程，其对海域环境的影响程度取决于所接纳水质情况，所以应关注与污水处理厂（站）和陆域管网的衔接。

在工程概况部分，应关注海底管道的实际铺设情况；介绍陆域管道的布置及敷设情况以及与工程的衔接情况；污水处理厂（站）的概况，主要包括：接管水质（应同时关注服务范围内现状的污水排放情况和区域规划、今后拟入驻的企业类型及拟纳入管网的污水水质特征，以分析现状接管水质、预测未来接管水质情况）、排水水质、污水处理工艺、杀菌消毒情况、设计规模、近和远期处理规模、服务范围等。此外，污水排海工程应对污水处理厂（站）出水水质提出严格的环保要求，尤其是事故防范措施和应急预案。

（3）混合区范围的确定　需考虑常规污染物和特征污染物，考虑非正常或事故排放的范围、不同潮时、是否处在敏感或重点海域。

混合区范围的确定一般只考虑常规的污染物，但是排放污水中含有特征污染物（一般为有毒、有害、难降解的污染物，如二噁英等）的须考虑特征污染物的排放范围；特征污染物的选择，一般根据不同类型工业项目的特点经分析后确定。另外，混合区范围的确定一般是以不同潮时的正常排放的影响范围来确定的，而当环境敏感、风险较大时，可适当考虑非正常或事故排放的范围。

（4）关注营运期的长期累积性影响，尤其是有特征污染物的，要做跟踪监测。污水排海工程建成后，排放口的污水排放一般为长期的连续式排放，排放的污染物在附近海域内的积累及其污染生态效应不可忽视，应关注营运期的长期累积性影响（尤其是重金属、有机污染）；加强营运期排污口附近海域的水质、沉积物和底栖生物生态的环境监测与管理；尤其是有特征污染物的，要将特征污染物纳入监测指标进行跟踪监测。

（5）用海风险　污水厂事故排放风险、管道事故风险，应提出事故风险应急预案。

由于排污项目较为敏感，应特别关注用海风险，尤其是运营期的污水厂事故排放风险（此为主动风险，如污水处理系统无法正常运转、污水非正常排海/应急排放，污水厂发生尾水消毒系统失效事件等造成海洋环境污染）和管道事故风险〔此为被动风险，如冲刷损坏、地基不均匀沉降、锚害、排放口冲刷及堵塞、管道年久失修、管道腐蚀以及地质灾害（如地震或塌陷）等都可能引起管道破损或破裂〕，并提出相应的应急预案，通过环境管理和公众监督等有效预防风险。

（6）用海合理性分析，重点关注排污口比选、排放方式的选择（是否设置扩散器）、平面布置合理性、用海面积的界定及合理性。排污口的比选、排放方式和平面布置等直接关系到污水排放的影响范围，以及对周边敏感目标的影响程度，因此需根据比选与优化来分析合理性。另外，要根据混合区的确定来分析用海面积的合理性。

（7）利益相关者协调分析，关注养殖、保护区等生态敏感目标及相邻海洋工程；涉及保护区的，应设置专题研究，要有保护区主管部门或地方政府意见。

《中华人民共和国海洋环境保护法》第 30 条规定："环境保护行政主管部门在批准设置入海排污口之前，必须征求海洋、海事、渔业行政主管部门和军队环境保护部门的意见。"

污水的排放会影响海域生态环境和水质、底质，从而对海水养殖和保护区等产生较大的影响，因此涉及保护区的，应设置专题研究，要有保护区主管部门意见，地方政府有出台保护区相关管理规定的，应征求地方政府意见；涉及养殖以及港口、航道等其他海洋开发利用活动的，要对利益相关者的协调做好充分的分析，防止纠纷的产生；涉及军事用海的，还应注意征得军事主管部门的同意。

八、农业围垦项目及用海特点

（一）农业围垦项目用海特点与要求

我国海域使用分类体系中未有"农业围垦用海"这一类型，而称为"农业填海造地用海"。"农业围垦用海"和"农业填海造地用海"两者内涵不完全一致，"农业围垦用海"涵盖范围更广。

农业属于第一产业。利用土地资源进行种植生产的部门是种植业；利用土地上水域空间进行水产养殖的是水产业，又称渔业；利用土地资源培育林木的是林业；利用土地资源培育或者直接利用草地发展畜牧的是畜牧业；对这些产品进行小规模加工或者制作的是副业。广义农业是指包括种植业、林业、畜牧业、渔业、副业五种产业形式；狭义农业是指种植业，包括生产粮食作物、经济作物、饲料作物和绿肥等农作物的生产活动。

由于本案例教材中将渔业用海（围垦养殖工程）项目单独列章节描述，因此本章节农业围垦用海类型是指除"纯渔业用海"外的农业围垦用海。此类项目用海主要有围海和填海造地两种用海方式。

1. 农业围垦工程

（1）工程组成　农业围垦工程主要包括：海堤、水闸和填海造地工程，海堤和水闸形成农业围垦用海封闭区，保护农业区不受潮水和风浪影响，以确保农业区安全。海堤一般采用石料、砂、土构筑，填海造地采用海域泥沙吹填构筑或外购沙土石填筑。通过土地开发整理及土壤淡化等措施，配套布设农田水利等相关设施形成农业用地，以满足农业生产要求。

①海堤　海堤是围海工程的主体，也是海岸防护的主要工程措施。它是保护海岸、河口地区不受暴潮、风浪、洪水侵袭的一种水工建筑物。在浙江、江苏一带亦称为海塘，在河北、天津一带称为海挡。

海堤的断面，按其迎水坡外形通常可分为斜坡式、陡墙式（含直立式）和混合式三类。

斜坡式海堤的优点是：迎水坡较平缓，反射波小，大部分波能可在斜坡上消耗，防浪效果较好；地基应力分布较分散均匀，对地基要求较低；稳定性好、施工较简易，便于机械化施工，便于修复。其主要缺点是：断面大，占地多；波浪爬高较大，需较高的堤顶高程。斜坡式海堤一般用于风浪较大堤段。

陡墙式（含直立式）海堤的优点是：断面小、占地少，工程量较省；波浪爬高较斜坡堤小，堤顶高程可略低；施工时采用"土石并举、石方领先"的方法，以石方掩护土方，可减少土方因潮流海浪冲刷的流前波流失。陡墙式海堤的缺点是：堤基应力较集中，沉降较大，对地基要求较高；堤较大，容易引起堤脚冲刷，需采取护脚防冲措施；波浪破碎时对防护墙的动力作用强烈，波浪拍击墙身，波浪随风飞越溅落堤顶及内坡，对海堤破坏性较大。因此，对海堤的砌石结构要求较高，堤顶及内坡也要采取适当防护措施；防护墙损坏后维修较困难。陡墙式海堤一般适宜用于波浪不大、地基较好的堤段。

混合式海堤迎水面由斜坡和陡墙联合组成，主要有两种形式：一种是上部为斜坡，下部为陡墙；另一种是上部设陡墙，下部为斜坡。混合式海堤具有斜坡式和陡墙式两者的特点。混合式海堤一般在滩面较低、水深较大的情况下采用。

海堤的断面结构形式和使用材料，既要经济合理、安全可靠，又要因地制宜、就地取材。选择堤型要根据各种堤型的特点和当地自然条件（地形、地质、潮汐、风浪、水流等）、当地材料、施工条件、运用和管理要求、工程造价及工期等因素，进行综合分析研究和技术经济比较，必要时还须做模型实验后才能确定。

②海堤软基处理方法　根据《港口工程地基规范》（JTS 147-1—2010），海堤工程软基加固方法一般有换填法、排水固结法（又称预压法）、轻型真空井点法、强夯法及强夯置换法、振冲法、水下深层水泥搅拌法。

换填法主要有换填砂垫层法、土工合成材料（包括土工织物、格栅、土工网等）垫层法、爆破排淤填石法以及抛石挤淤法。

排水固结法有很多种，一般是两种或多种方法的组合。排水固结法包括排水和预压两个不可分离和缺少的部分。按排水系统可分为竖向排水体（普通沙井、袋装沙井及塑料排水板）与水平排水体（砂垫层）两类；按加载系统可分为利用堆积重物的重量进行压载法、利用大气压力进行预压的真空预压法、真空联合压载预压法、电渗法以及降水预压法。堆载预压法在建筑物施工前，在地基表面分级堆土或其他荷载，达到预定标准后再卸载，使地基土压实、沉降、固结，从而提高地基强度和减少建筑物建成后沉降量。真空预压法是通过对覆盖于竖井地基表面的不透气薄膜内抽真空，利用真空压力或真空联合堆载压力，使土体排水固结加固软土基的方法。

轻型真空井点法为真空一重力排水法。主要由井管（插入土体的立管）、卧管（铺设在地面上用于连接井管和真空泵的PVC管）、真空泵及排水设备组成。真空泵把井点管、卧管及贮水箱内的空气吸走，形成一定的真空度（即负压）。由于管路系统外部地下水承受大气压力的作用，为了保持平衡状态，由高压区向低压区方向流动。地下水被压入至井点管内，经卧管至贮水箱，然后用抽水泵抽走，从而水位下降，孔隙比减小，土体发生固结，地基承载力有所提高，轻型井点降水经常作为强夯法加固地基、基坑开挖的辅助工艺。

强夯法是指反复将夯锤提到高处使其自由落下，给地基以冲击和振动能量，将地基土夯实的地基处理方法。强夯法适用于处理碎石土、砂土、低饱和度的粉土与黏性土、湿陷性黄土、素填土和杂填土等地基。强夯置换法是在强夯法的基础上发展起来的，将重锤提到高处使其自由落下形成夯坑，并不断夯击坑内回填的砂石、钢渣等硬粒料，使其形成密实的墩体的地基处理方法。强夯置换法适用于高饱和度的粉土与软塑-流塑的黏性土等地基上，对变形控制要求不严的工程。

振冲法是在振冲器水平振动和高压水的共同作用下，使松砂土层振密，或在软弱土层中成孔，然后回填碎石等粗粒料形成桩柱，并和原地基土组成复合地基的地基处理方法。主要有振冲置换法和振冲密实法。

水下深层水泥搅拌法采用专用的水下深层搅拌机，将预先制备好的水泥浆等材料注入水下地基中，并与地基土就地强制搅拌均匀形成拌和土，利用水泥的水化及其与土粒的化学反应获得强度而使地基得到加固的方法。

海堤工程软土地基处理具体采用哪种施工方法，通常根据土质条件及加载方式、建筑物类型及适应变形能力、施工条件、材料来源、地下水条件、处理费用和工期等因素选定，必要时可联合应用多种地基处理方法。一般情况下主要采用换填法、排水固结法（又称预压法）。

③海堤施工方案　海堤主要施工方案：测量定位→运石抛填→堤头爆炸→侧爆→大石块护脚→海堤内坡石渣垫层和加筋土土布铺设→内坡坡脚小石坝抛填→闭气土方填筑→外坡石渣垫层、护面结构→混凝土扭土块护坡→外坡细骨料混凝土灌砌石挡墙→混凝土挡浪墙→堤顶石渣垫层→堤坝顶水泥稳定层→堤坝顶沥青混凝土路面→内坡干砌块石护坡铺设。

④海堤堵口工程　堵口工程（又称龙口工程）是围垦工程进行到最后阶段的重要工程，又称堵坝工程。在围垦工程中，当海堤修筑到最后阶段，要预留一个或几个口子作为潮流进出的通道，称为龙口或口门。选择在合适的时期内，集中力量在龙口段用块石封堵口门，割断内外海域，此项工作称为堵口或合龙。海堤堵口后仍有部分水流在堆石截流堤孔隙中流动，即堆石流。为完全截断堤内外水流通道，要在截流堤内侧或外侧填筑防渗土料，形成海堤的防渗体（称为闭气土体）。由于截流堤和闭气土体不构成海堤全部断面，在海堤堵口和闭气工作完成后，还必须继续加高培厚堤身，按龙口段海堤设计断面完成

整个海堤填筑工作。

⑤水闸：一般情况下水闸具有挡潮、排水、灌溉等功能。水闸一般选择建于港道较短、地基条件较好的地段。

⑥填海造地工程：填海造地工程施工可分为吹填法和干填法（陆域回填）两类。吹填法是采用挖（吹）泥船挖（吸）海底泥沙，通过水上（下）及陆上排泥管线进行填海造地。干填法是在陆地开挖运输土石方填海，需要挖掘、运输、推进填筑、整平碾压等。

2. 农业围垦用海特征　一般情况下农业围垦用海具有以下特征：①用海规模较大；②一般选址于淤涨型海域，主要围垦区域多数在潮间带，对于底标高比较低的潮间带，还需要回填造地，一般采取将围垦区外围附近的淤泥吹填至回填区；③由于作为农业生产区需要对围垦区的土地进行土壤脱盐淡化，需要淡水资源，为此在围垦选址时需综合考虑；④为了更好地发挥围垦效益，农业围垦区一般由农业种植区、水产养殖区、综合服务区和滞洪区或水库（也可兼顾水产养殖）组成。

3. 农业围垦项目的发展趋势　国家每年都以"中央一号文件"的形式提出扶持农业发展的政策措施。特别是 2005—2011 年，加大了对农业综合生产能力、社会主义新农村建设、农业发展、农民增收、基础设施和水利设施等重点领域的支持。

随着沿海社会经济建设发展，耕地面积逐年减少，人多地少矛盾与日俱增，耕地面积的减少已制约了社会经济的发展，为了增加土地资源，落实土地占补平衡，科学开发和有效利用滩涂资源，是缓解土地供需紧张矛盾，实现社会、经济和生态的可持续协调发展的重要途径。

农业围垦项目用于农业种养殖，一般需要在围垦后经过一段时间的土壤淡化，并配套布设农田水利等相关设施形成农业用地，以满足农业生产要求。为了提高农业围垦的综合效益，农业围垦项目的发展趋向于综合化、规模化。围垦区开发利用包括：农业种植、水产养殖、畜牧养殖、滨海旅游、工业与城镇建设、港口航运等，多为综合化发展，单一类型的开发利用方向较少；围垦工程技术即经济技术条件较为成熟，能开展大规模围垦；农业围垦项目一般由地方政府或企业实施，国家和各级地方政府给予政策鼓励和资金补助，同时积极吸收民间资本；实行统一规划，分期分区开发，功能分区与发展目标明确，实现产业化。

4. 海域使用特点　农业围垦项目用海类型主要是造地工程用海和围海，其用海方式包括农业填海造地和围海，其特点是永久或较大程度改变海域自然属性。

农业围垦工程施工期对海域资源的影响重点把握:是否占用工程区的海岸线资源、岛礁资源、滩涂资源;是否造成渔业资源、矿产资源和生态旅游资源丧失等;其影响方式是否属于自然海岸线改变成人工海岸线、岛礁灭失或属性与景观改变情况;工程建设改变局部海域水动力条件、附近海域冲淤变化和施工泥沙流失入海对周围海域的环境与渔业资源影响程度,其影响程度与围垦工程规模大小、围垦用海平面布局、海域自然环境和资源条件密切相关,需深入论证分析,并提出围垦优化方案及减缓影响对策措施。工程营运期对海域资源的影响主要是农业种植过程中使用农药、化肥残留流失入海对周边海域环境与渔业资源的影响。需重点关注工程建设和营运对工程周边海域的自然保护区、水产种质资源保护区、海洋典型生态系统以及珍稀濒危物种等敏感目标的影响。

农业围垦用海一般规模较大,项目用海利益相关者重点关注水产养殖户和捕捞渔民。

海洋功能区划与相关规划符合性分析重点把握:项目用海与海洋功能区定位及功能管理要求的符合性,项目用海对周边相邻海洋功能区的影响,以及与相关规划产业布局和期限协调性。

项目用海选址分析要关注拟围垦区滩面冲淤状况、滩面地形标高、周边淡水资源供给情况等;平面布置分析需重点关注海域的水流方向及波浪方向和海域地形特征;用海面积和期限合理性分析需重点关注农业围垦用海规模大,用海方式为填海造地或围海,永久或很大程度改变海域自然属性的特点。

(二)农业围垦项目论证重点把握

根据《海域使用论证技术导则》,农业围垦项目用海论证重点一般包括:用海必要性、选址合理性、用海平面布置和面积合理性及资源环境影响等。

(1)用海必要性 从国家和地方关于扶持农业发展的政策措施、调整农业产业结构、缓解土地供需紧张的需要、提高沿海防灾减灾能力,以及发展规模化、产业化、综合化、特色生态农业种植的发展需要等角度,分析项目用海是否合理开发利用滩涂资源、增加土地资源、扩大耕地面积、缓解土地供需紧张矛盾、实现耕地占补平衡、保障土地资源可持续利用等,论述项目建设必要性及用海必要性。

(2)选址合理性 农业围垦项目用海一般用海规模较大,适宜选址于淤涨型海域,滩面标高一般要求较高,可能还需要淡水资源;为此,在进行项目选址合理性分析时需要重点关注上述条件。

(3)用海平面布置和面积合理性 从拟围垦区地形条件、水流与波浪特征、岸线形态等方面综合分析项目用海平面布置合理性。从农业围垦生产需求及淡水资源供给能力等方面论证用海面积合理性。

（4）资源环境影响分析　农业围垦用海规模较大，通过围填海形成农业用地，永久或很大程度改变海域属性，且可能利用岛礁作为基础连接围垦海堤，需要分析对海岸线资源、滩涂资源、岛礁资源、渔业资源、旅游资源的影响以及工程建设对周围海域水动力和冲淤环境，以及对区域防洪排涝造成的影响。

（5）用海利益相关者协调分析　农业围垦项目用海一般紧邻海岸，开发利用条件相对较适宜，多有当地群众从事养殖和捕捞，涉及渔民群众较多，为此需要加强调查分析，开展现场调查和收集资料，落实论证范围内海域的开发利用现状及海域权属关系，尤其是围填用海可能影响到的海域范围内的海域使用现状及权属现状，绘制清晰的海域开发利用现状及权属情况分布图，根据项目用海影响方式、范围、程度等界定利益相关者，给出利益相关者影响表，明确其影响方式、范围、程度等，提出协调处理方案。另外，由于农业围垦用海规模较大，通过围填海形成农业用地，永久或很大程度改变海域属性，还须进行专门的防洪排涝影响论证，并征求水利部门的相关意见。

九、区域建设用海规划（交通运输用海类型）项目及用海特点

（一）区域建设用海规划项目用海特点与要求

区域建设用海是指在同一围填海形成的区域内建设多个建设项目的用海规划。用海面积一般不少于 $50hm^2$。对区域建设用海进行整体管理是在继续强化对单个用海项目管理的基础上，对区域建设用海实行总体规划管理。其目的就是要对区域内的建设项目进行整体规划和合理布局，确保科学开发和有效利用海域资源。同时，也有利于解决单个项目用海论证可行而区域整体论证不可行的问题。

1. 区域建设用海规划项目发展背景　近年来，随着我国经济的快速发展，土地紧缺的矛盾日益突出，为了满足社会经济发展的需求，沿海各地陆续实施了大规模的围填海工程来缓解工业及城镇建设用地供需紧张的矛盾。为了加强海域使用管理，尤其是对围填海工程的管理，实现科学用海，国家先后出台了一系列政策法规，建立了海洋功能区划及海域使用论证制度，取得了一定的成绩，但随着众多填海造地项目的不断开展，一些问题逐渐暴露。由于在项目用海过程中各自为政，缺乏合理有效的规划，论证过程中通常是就事论事，缺乏用海的整体性和协调性的科学论证，对区域内多个项目用海的累积效应未能进

行充分考虑，即当一个区域内出现多个项目的大规模围填用海时，就出现了"单个项目用海可行而整体用海不可行"的问题，这造成了海域资源未能得到充分合理的利用，同时也造成了对海洋环境的逐步破坏。

为贯彻落实《国务院关于进一步加强海洋管理工作若干问题的通知》（国发〔2004〕24 号）精神，加强围填海管理工作，国家海洋局 2006 年 4 月发布了《关于加强区域建设用海管理工作的若干意见》（国海发〔2006〕14 号），出台了编制区域建设用海总体规划的一系列指导性意见，试图通过对区域建设用海实行总体规划管理，实现区域内的建设项目合理布局，确保科学开发和有效利用海域资源，同时解决单个项目用海论证可行而区域整体论证不可行的问题。可见，区域建设用海规划工作的开展对于引导区域建设用海合理规划，促进科学、有序使用海域以及实现海域资源的可持续发展具有重要意义。

2. 区域建设用海规划项目特征

（1）基本特征　区域建设用海一般指沿海连片开发需要整体围填的海域，通常表现为位于同一海湾、河口、岛屿、生态敏感区和功能区等区域范围内，连片布置且集中了 3 个或更多的围填海建设项目，一般都是大规模的围填海项目，用海面积通常大于 $50hm^2$。可见，区域建设用海不同于一般的建设项目，它主要具有以下基本特征：

①四个组成要素。区域建设用海具备四个基本的组成要素：区域、连片、整体、围填，概括起来区域建设用海是指沿海连片开发且需求整体围填的用海，只有具备了上述基本要素的用海才称为区域建设用海。

②三个代表特性。区域建设用海规划对整个区域用海进行合理规划，对区域内建设用海项目体现出了项目用海的整体性、系统性和连续性。

③两个规划尺度。开展区域建设用海规划工作的核心内容就是对区域用海开展空间上和时间上的合理布局与规划，科学规划用海规模和平面布局，确定规划实施建设时序。

④一个根本问题。开展区域建设用海规划工作的根本就是避免产生单个项目用海论证可行而区域整体论证不可行的问题，实现科学用海。

（2）区域建设用海与单个建设项目用海的区别　区域建设用海不同于单个建设项目用海，它们主要有以下区别：

①地理空间上：区域建设用海较单个建设项目用海涉及的海域空间范围大，规划层次更高。

②时间尺度上：区域建设用海比单个建设项目用海更强调时间上的连续性，通常规划实施时间较长，要综合考虑累积效应。

③宏观层面上：区域建设用海更体现综合性，考虑的规划要素及用海影响

问题多而全，而单个建设项目用海则考虑得更具体、细致。

④结构体系上：区域建设用海规划与单个建设项目用海相比更强调系统性、协调性，既要综合考虑用海与周边自然环境、社会经济条件等外部协调性，考虑规划用海区域内的功能布局、平面形态和项目布置等内部协调性。

3. 海域使用特点　区域建设用海规划项目用海，着重于以下三个问题：

(1) 区域建设用海的必要性　进行区域建设用海需求分析，分析区域建设用海的必要性与可行性。从区域位置、当地社会经济状况、产业结构及发展方向、区域用海项目建设规模及规划需求、土地空间资源开发现状及海域资源开发潜力等方面，阐述清楚区域建设用海的需求性及必要性；从自然环境条件的适宜性、上层次规划的符合性、预期的社会经济效益及其影响方面，总体判断区域建设用海规划实施的社会、经济合理性与可行性。

(2) 区域建设用海的合理性　开展区域建设用海空间上和时间上的规划。空间尺度上，对规划用海布局方案进行详细介绍，包括规划用海在区域经济发展中的功能定位，规划用海总体布局与功能分区，海域使用类型、方式、范围及面积。同时区域建设用海规划中"三条线"需明确，应明确填海形成的道路（广场）及市政公用设施用地"红线"、绿化用地"绿线"和规划区内应保留的公共水域"蓝线"的范围和面积。时间尺度上，明确规划用海（尤其是围填海）分步实施的计划进度安排、实施方式、阶段控制方法与内容等，同时应明确规划区内已确定项目及近期拟实施建设项目的具体情况，包括项目的名称、具体位置、用海类型、用海方式及面积和建设规模等。

(3) 区域建设用海的实施方案　合理确定规划用海的实施条件及保障措施。主要包括：规划用海施工方案和填海物料来源、规划实施可能造成的资源环境影响情况，以及对策防范措施、规划实施保障措施等内容。

此外，区域建设用海规划项目应加强规划用海平面布局方案优化工作。海域及岸线资源是有限和宝贵的，按照建设节约型社会的要求，海域及岸线的使用应当厉行节约。根据国家海洋局《关于改进围填海造地工程平面设计的若干意见》（国海管字〔2008〕37号）的要求，围填海造地工程平面设计要体现离岸、多区块和曲线的设计思路，最大限度地减少对海岸自然岸线、海域功能和海洋生态环境造成的损害，以实现科学利用岸线和近岸海域资源。区域建设用海属于大规模的围填海工程，更要注重规划用海平面设计方案的合理性，做到科学规划用海，充分利用资源。因此，区域建设用海规划编制阶段应开展多个平面设计方案比选工作，依据集约、节约用海及保护海洋生态环境的原则，从规划用海方式、功能分区、总体平面布置、围填海面积、占用及新增岸线长度、提升景观效果和主要经济技术指标等方面，对多个用海规划方案进行比选分析，推选出岸线及近岸海域资源利用率高、景观效果好、工程建设规模及经济成本适宜等方面有较好结合的平面布局方案。

对于交通运输用海类型的区域建设用海规划，围填海的实施方案则更侧重于在保障项目用海基本需求及经济技术可行性的基础上，选择能合理利用岸线、提高港口岸线利用率和集疏运效率、保障航运安全的实施方案。

（二）区域建设用海规划项目论证重点把握

开展区域建设用海规划工作的目标是通过对区域用海进行空间上和时间上的合理规划，以满足社会经济不断发展的用海需求，实现科学用海和海域资源的可持续利用。要保障用海规划的科学、合理，就需要对区域建设用海方案的合理性与可行性进行充分论证。

根据区域建设用海规划方案，通过科学的调查、调研、计算、分析和预测，对区域建设用海方案的合理性与可行性做出判断，针对用海方案中不合理的地方，提出合理可行的方案修改和优化建议，从而指导区域建设用海规划方案不断调整、优化。同时，科学合理的海域论证也是区域建设用海规划审批的重要依据，是国家科学用海、规范用海的集中体现，是合理有序开发海洋资源、保护海洋生态环境的重要体现。

做好区域建设用海的海域使用论证工作，关键是要把握论证工作的重点，区域建设用海论证工作应从必要性、合理性与可行性三个层次上进行充分论证。

（1）论证区域建设用海的必要性　即论证规划提出的用海需求是否合理，是否符合区域经济发展和产业发展的要求。

（2）论证区域建设用海的合理性　即对用海规划提出的选址、规模、平面布局和实施计划的合理性进行充分分析。

（3）论证区域建设用海方案的可行性　即分析规划（围填海工程）实施后对区域水动力环境、沿岸泥沙运动和岸滩冲淤变化造成的影响，以及由此引发的社会、经济、资源和生态影响等问题，评估区域建设用海方案影响的资源承载力和生态环境可持续发展潜力，结合区域建设用海的资源效益、经济效益、社会效益和生态效益得出区域建设用海的可行性结论。

当发现区域建设用海对环境、资源产生重大影响时，或者发现区域建设用海平面布置、用海规模及实施方案等存在不合理或需要调整的地方时，提出方案调整或优化建议，从而完善和优化区域建设用海规划。

参 考 文 献

郝忠毅，2012. 长兴岛 30 万吨油码头平面布置与码头结构方案优化 [D]. 大连理工大学.

贾后磊，张志华，王健国，等，2011. 海域使用论证中论证等级确定的探讨 [J]. 海洋开发与管理，28（3）：13-16.

刘百桥，2008. 我国海洋功能区划体系发展构想 [J]. 海洋开发与管理，25（7）：5.

刘堃，覃杰，宓宝勇，2012.LNG 码头选址探讨 [J]. 水运工程（7）：5.

索安宁，张明慧，于永海，2012. 围填海工程平面设计评价方法探讨 [J]. 海岸工程，31（1）：8.

王健国，2008. 海域使用论证报告要点与质量评估方法探讨 [C]. 首届全国海域论证海洋环评技术论坛. 国家海洋局.

王江涛，刘百桥，2011. 海洋功能区划符合性判别方法初探——以港口功能区为例 [J]. 海洋通报，30（5）：496-501.

王平，赵明利，谢健，2009. 区域建设用海规划工作的几点体会 [J]. 海洋开发与管理，26（5）：5.

肖惠武，2012. 我国渔业用海问题及对策研究 [J]. 海洋开发与管理，29（005）：27-31.

徐伟，夏登文，刘大海，等，2010. 项目用海与海洋功能区划符合性判定标准研究 [J]. 海洋开发与管理，27（7）：4.

附录

附表一

一级类海洋基本功能区		二级类海洋基本功能区	
代码	名称	代码	名称
1	农渔业区	1.1	农业围垦区
		1.2	养殖区
		1.3	增殖区
		1.4	捕捞区
		1.5	水产种质资源保护区
		1.6	渔业基础设施区
2	港口航运区	2.1	港口区
		2.2	航道区
		2.3	锚地区
3	工业与城镇用海区	3.1	工业用海区
		3.2	城镇用海区
4	矿产与能源区	4.1	油气区
		4.2	固体矿产区
		4.3	盐田区
		4.4	可再生能源区
5	旅游休闲娱乐区	5.1	风景旅游区
		5.2	文体休闲娱乐区
6	海洋保护区	6.1	海洋自然保护区
		6.2	海洋特别保护区
7	特殊利用区	7.1	军事区
		7.2	其他特殊利用区
8	保留区	8.1	保留区

附表二

保护目标	保护措施	预期效果	实施地点	投入使用时间	责任主体	运行机制
渔业资源	渔业资源繁殖季节开采强度降低50%	减小悬沙影响程度和范围，减小对鱼卵仔鱼的影响	采沙区	农历4月20日至7月20日	业主单位	现场监督管理
	选择适合本海域生长的鱼类进行放流	通过人工放流、增加渔业资源量	青洲—头洲浅海贝类增殖区、濒洲—大杧岛贝类增殖区	南海休渔初期的6月初	业主单位	协商
底栖生物	施工前打钻孔了解开采区砂源分布情况，对砂源储量稀少的区域不进行开采	减少对海沙储量稀少量稀少的区域的扰动	采沙区	采沙作业期间	施工单位	连续
	对采沙作业准确定位，详细记录施工平面，严格按照施工平面布置进行作业，避免在一个区域重复开采	减少对采沙区底质扰动的强度	采沙区	采沙作业期间	施工单位	连续
	选择适合本海域生长的贝类底播	通过贝类底播、增加底栖生物资源量	青洲—头洲浅海贝类增殖区、濒洲—大杧岛贝类增殖区	在南海休渔初期的6月初	施工单位经济补偿，海洋渔业主管部门具体实施	协商

案例一
××国家级海洋牧场示范区人工鱼礁项目

大连××海珍品养殖有限公司成立于2011年9月，注册资金1 000万元，固定资产1 822万元，年销售额6 385万元，年创利税26万元。公司总部位于渤海北部大连市金州区七顶山街道，公司产业有两大部分组成：①陆域部分。占地面积10.8万 m^2，其中建有占地2万 m^2 综合性海珍品育苗车间，有效育苗水体1.7万余平方米，配套冷库、附属设备、办公、员工宿舍、物资仓库等用房，建筑面积在9 000余平方米。另建有海参深加工工厂一座及用于加工的化验、烘干、包装、消毒等各类设备一批。②海域部分。拥有近1 333.3余公顷的天然海洋牧场，该处海域水流通畅，浮游生物、藻类资源丰富，且海水盐度、水质、水温适宜，有利于海珍品苗种的繁殖及海参的生长，所生长海参几乎接近野生海参品质，拥有自主品牌——祉麟海参。

鉴于所在海域的地理优势，项目单位拟于已确权的开放式养殖用海范围内进行人工鱼礁建设，以提高渔业产出。拟建人工鱼礁区占用海域面积为10hm²，用海类型为渔业用海中的开放式养殖用海，用海方式为人工鱼礁类透水构筑物。

根据《中华人民共和国海域使用管理法》的有关规定，需对用海项目编制海域使用论证报告书。因此，建设单位委托国家海洋环境监测中心进行《××国家级海洋牧场示范区人工鱼礁项目海域使用论证报告书》的编制工作。本次论证工作将在查清项目所在海域及毗邻区域环境、资源及产业布局、开发利用现状等背景资料的基础上，分析项目用海的必要性，分析预测项目用海对海域资源、环境和生态的影响程度，论证项目用海与区划、规划的符合性，分析项目用海与周边海洋产业的协调性和项目用海的合理性等，提出海域管理的对策与措施，为有序开发海域资源、维护海洋生态环境和强化海域使用管理提供技术支撑，为海洋行政主管部门审批该项目用海提供依据。

1 项目用海基本情况

1.1 用海项目建设内容

1.1.1 项目名称、性质、投资主体和地理位置

（1）建设项目名称 ××国家级海洋牧场示范区人工鱼礁项目。

（2）建设项目性质 新建项目。

（3）委托单位 大连××海珍品养殖有限公司。

（4）地理位置 本项目位于××湾口北侧，西沙坨子岛西南侧。

（5）投资金额 总投资额约为2 144万元。

1.1.2 项目建设内容及规模

拟建人工鱼礁区占用海域面积为10hm²，所在用海范围全部为已确权的开放式养殖用海，权属人即为本项目的建设单位大连××海珍品养殖有限公司，证书号为2015D21021301930，用海期限为2015年1月23日至2030年1月22日。

本项目礁型选择单孔立方体框架生态礁，鉴于所在海域理论最低潮面为−6.0～−6.5m，拟投放的单体礁高度不能过高，因此选择单体礁尺寸为1.5m×1.5m×1.5m，单体礁体积为3.375m³，拟投放单体礁数量为12 960个，共计43 740m³，单体礁平铺投放。礁体投放后与水面剩余高度大于4m，不影响周边渔船往来通行。单体礁采用网格状矩阵式平铺布局形成40个单位礁，每个单位礁由324（18×18）个单体礁构成，单体礁之间间距约为1.35m，单位礁的边长为50m×50m的正方形，单位礁之间间距为100m。

本项目建设主要养护和增殖Ⅰ、Ⅱ两种类型鱼礁生物。Ⅰ型鱼礁生物包括大泷六线鱼、日本鲟、刺参、许氏平鲉、杜父鱼；Ⅱ型鱼礁生物包括高眼鲽、牙鲆等。本项目人工鱼礁建设为刺参、大泷六线鱼、许氏平鲉、日本鲟、高眼鲽、牙鲆等生物提供索饵、避敌和生长繁殖的优良栖息地，提高渔业资源的利用效率。

项目规模及投资情况详见附表3。

附表3 人工鱼礁区建设信息一览表

指标类型	指标单位	数量	备注
人工鱼礁类型	单孔立方体框架生态礁		单体平铺堆投放于单位礁内，单位礁采用网格状矩阵式布局
单体礁数	个	12 960	形成40个单位礁，每个单位礁由324（18×18）个单体礁构成
单体礁体积	m³	3.375	单体礁大小为1.5m×1.5m×1.5m
礁体总体积	m³	43 740	共单体礁数12 960个
本项目总投资额	万元	2 144	礁体单价489.98元/m³
礁体用海面积	hm²	10.00	单位礁边长为50m×50m的正方形，共40个单位礁，礁体实际占用海域面积为10hm²

2 平面布置和主要结构、尺度

2.1 总平面布置

2.1.1 总体规划布局

《人工鱼礁建设技术规范》（SC/T 9416—2014）指出，对于示范区海域Ⅰ型鱼礁生物和Ⅱ型鱼礁生物，单位礁间距不应超过 200m；对于Ⅲ型鱼礁生物，可适当扩大单位鱼礁的间距，人工鱼礁渔场中鱼礁群的最大间距不应超过1 000m。

根据海域基本情况及人工鱼礁功能，本项目主要针对Ⅰ型和Ⅱ型鱼礁生物，单位礁间距设为100m，人工鱼礁布局方案采用网格状矩阵平铺方式，考虑项目海域潮流方向为西—东方向，本项目鱼礁布局方向与潮流方向大体一致。

2.1.2 总平面布置

本项目礁型选择单孔立方体框架生态礁，单体礁尺寸为 1.5m×1.5m×1.5m，单体礁体积为 3.375m³。拟投放单孔立方体框架生态礁12 960个，共计43 740m³。单体礁采用网格状矩阵式布局形成 40 个单位礁，每个单位礁由 324（18×18）个单体礁构成。单位礁控制为边长 50m×50m 的正方形，单体礁之间留有约 1.35m 的空隙，单位礁之间间距为 100m。

基于项目区域理论最低潮面为−6.5～−6.0m，单位礁内单体礁均采用平铺投放方式布局，礁体高度为 1.5m。投放后，鱼礁顶部与水面距离在 4m 以上，参考区域内现行渔船吃水范围，在理论最低潮时，本项目人工鱼礁不会影

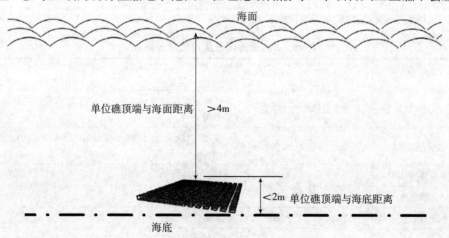

附图 1　单位礁顶端与海面距离示意图

响船只航行安全。另外，采用国际上通用的海上航标，在项目鱼礁区四角各安装一只灯标，使所在人工鱼礁在 4 只灯标构成的四边形内，保障过往船只及人工鱼礁体安全，避免吃水超过 4m 的船只在低潮时误入礁区。

2.2　结构尺度

本项目礁型选择单孔立方体框架生态礁，单体礁大小为 1.5m×1.5m×1.5m，体积为 3.375m³，拟投放单孔立方体框架生态礁 12 960 个，共计 43 740m³。单体礁采用网格状矩阵式布局形成 40 个单位礁，每个单位礁由 324（18×18）个单体礁构成，单位礁边长为 50m×50m 的正方形，单位礁之间间距为 100m，单体礁之间留有约 1.35m 的空隙。礁体结构满足人工鱼礁增殖效应以及人工鱼礁制作和投放强度要求。

本项目礁体为框架式结构，稳固性强且利于水体交换，礁体表面可为刺参等经济底栖生物提供附着基，礁体内部复杂空间可以为鱼类提供隐蔽生存场所，具有良好的养护功能，且可有效防止底拖网等渔具作业，保护生态环境和渔业资源。

3　主要施工工艺和方法

3.1　人工鱼礁投放要求

（1）按照规划方案中总体布局要求，投放到指定坐标点（即中心点坐标）。

（2）人工鱼礁投放后，要进行水下影像数据的采集。若发现破损礁体，导致人工鱼礁无法满足额定空方要求，需补齐礁体数量。

（3）监理人员需要对人工鱼礁实际落水点进行记录，在人工鱼礁组装、装船、运输、投放等过程，均需要由监理人员进行拍照，记录船舶进出港、装船、投放时间，清点每船的鱼礁类型、数量。

3.2　人工鱼礁投放方法

本项目人工鱼礁从预制场购买，运至附近码头，由建设单位采用驳船将单体礁运送至指定海域进行投放。

3.2.1　人工鱼礁投放

海上运输航行由具有船运资格的船员操作，船应严格按照海上航行的有关规程。船员负责海上寻找目标海域和事先测量人员做好的海面标记定点锚定，吊装操作人员负责实施投放。

（1）礁体投放前按照投放方案，报告行政主管部门和海事部门，由海事部门核准发布航行公告。投放方案应包括：投放海域、投放时间、运输路线和作业船舶等内容。

（2）在投放区边缘布置浮标灯，直到礁体投放完成或特别指定的时间。

（3）鱼礁单体的投放步骤如下：

①设定鱼礁单体拟投点的 GPS 坐标，并根据设定的 GPS 坐标将装载有定位设备的定位船逆流驶至拟投点，及时准确地记录礁体的实际位置和各鱼礁单体的编号，定位的精度误差控制在不得大于 5m。

②先利用定位船上的定位设备在船首找到拟投点的坐标位置，再将定位船沿水流方向的逆向驶至船身离开拟投点的坐标位置后将定位船锚泊，然后利用定位船上的定位设备记录船尾的 GPS 坐标位置，并计算出拟投点的坐标位置和船尾的 GPS 坐标位置之间的间距，然后再将一系有浮绳的浮球标志物放入水中并持续放绳，直至浮球标志物沿水流方向飘至与船尾的间距等于拟投点的坐标位置和船尾的 GPS 坐标位置之间的间距。

③将装载有鱼礁单体及吊放设备的投放船逆流驶至吊放设备与浮球标志物之间的水平间距小于吊放设备的吊臂长度，而且浮球标志物位于船体首尾之间的中间位置，浮球标志物与船体之间的间距大于准备投放的鱼礁单体的宽度，然后将投放船以首尾抛锚方式锚泊。

④将投放船上的一个鱼礁单体固定在吊放设备的吊钩上，并使该鱼礁单体着地后能自动脱钩，然后将该鱼礁单体慢速吊离甲板，并使其起吊后保持平衡。

⑤将吊起的鱼礁单体慢速平移至浮球标志物的正上方。

⑥缓慢匀速地将鱼礁单体向下投放至水中，直至鱼礁单体着地并脱离吊钩；其中在鱼礁单体投放之前先测量水深，根据所测水深在鱼礁单体投放至其底部接近海底时减缓投放速度，以确保鱼礁单体安全着地。

⑦慢速收起吊钩的缆绳。

⑧若投放的是由一个以上的鱼礁单体组成的单位鱼礁，则依次重复执行步骤②、步骤④、步骤⑤、步骤⑥、步骤⑦，直至该单位鱼礁中的鱼礁单体投放完毕。

⑨重复步骤①至步骤⑧，直至所有鱼礁单体投放完毕，保证项目质量达到设计要求。

（4）礁体投放时，由潜水员潜入礁区海底检查礁体是否严重沉降或倾斜，查明礁体的位置和分布状况。因海底情况不明造成礁体顶面距海面过浅、沉降或倾斜过大，经现场监理同意，宜就近重新投放。

（5）礁体投放完毕后，应清除所有的临时设施，包括浮标灯。整理礁体投放结果（礁体的实际投放位置及编号），绘制平面布局示意图，并明确标注礁区四至界标，礁区建成后，必须在礁区边角设置渔业标志。

3.2.2　人工鱼礁运输技术

（1）运输路线的选择。根据预制场地和运输码头的区位关系，从运输距离和路况两方面考虑，选择最优陆上运输路线；根据鱼礁区礁体位置布局，确定礁体海上最佳运输路线。

（2）运输工具的选择。海运采用海上运输驳船作为礁体运输工具。

（3）礁体吊装。吊装采用四点起吊，轻起轻放，避免磕碰等造成礁体受损。

（4）吊运预制礁体时，采取必要的保护措施，不得对构件造成损坏。

（5）船只要求。保证施工过程中使用的礁体运输船及投放所用的驳船、吊船、拖船及辅助船只均必须性能良好、证书齐全，有适航礁体投放水域的等级证书。

（6）运输中的礁体保护措施。用驳船装运预制件礁体时，礁体与礁体之间，礁体与船甲板之间按照设计规定运输并采取必要的加固措施。

3.3　进度安排

依据以往项目进度经验，本项目工作概略安排如下：

2021 年 7～12 月，建设单位完成国家级海洋牧场示范区人工鱼礁建设项目海域使用论证、海洋环境影响评价工作，取得不动产权证书。

2021 年 10～12 月，由技术支撑单位基于项目海域基础资料编制国家级海洋牧场示范区申报材料，并报送至主管部门，经审核后正式获批国家级海洋牧场示范区称号。

2022 年 1～5 月，由技术支撑单位编制项目实施方案，用于指导示范区人工鱼礁建设项目的实施，实施方案经专家评审后由政府部门批复方可实施。

项目下达后的前两个月，组织进行项目招投标及其他准备工作。

项目下达后的第三个月，开始进行人工鱼礁项目施工。

根据工程量、施工条件及以往项目施工经验，本项目施工计划期为 6 个月，施工期避开海洋生物繁殖期，项目施工进度如附表 4 所示。

附表 4　项目施工进度计划

序号	项目名称	工期（月）					
		1	2	3	4	5	6
1	施工准备	■					
2	构件预制		■■				
3	吊运安装			■■■			
4	浮标购置安装					■	
5	竣工验收						■

4 项目申请用海情况

本项目用海类型属于渔业用海中开放式养殖用海，用海方式为人工鱼礁类透水构筑物，申请用海总面积为 10hm^2，申请用海期限为 15 年。人工鱼礁所在用海范围全部为已确权的开放式养殖用海，用海方式为开放式养殖（海底），权属人为本项目建设单位大连××海珍品养殖有限公司。

项目不占用自然岸线及海岛资源。

5 项目用海必要性

5.1 项目建设必要性

5.1.1 是海洋牧场示范区创建的需要和政策导向

随着社会发展，陆地农牧业已逐渐满足不了人们的需求，改善海洋生态环境，进一步调整渔业生产结构，实行部分渔民减船转产，同时在适宜海域建设海洋牧场、发展休闲渔业成为近海渔业发展的趋势。

根据《中国水生生物资源养护行动纲要》中"建立海洋牧场示范区"的部署安排，2007 年中央财政对海洋牧场项目开始予以专项支持，并陆续颁布一系列文件推进海洋牧场示范区建设。2013 年，国务院发布《关于促进海洋渔业持续健康发展的若干意见》明确要求"发展海洋牧场，加强人工鱼礁投放"。2015 年 5 月，《农业部关于创建国家级海洋牧场示范区的通知》（农渔发〔2015〕18 号）提出"以人工鱼礁建设为重点，配套增殖放流、底播、移植等措施，大力发展海洋牧场"。2017 年 10 月，《农业部关于国家级海洋牧场示范区建设规划（2017—2025 年）》（农渔发〔2017〕39 号）明确："到 2025 年，在全国创建区域代表性强、生态功能突出、具有典型示范和辐射带动作用的国家级海洋牧场示范区 178 个；全国累计投放人工鱼礁超过 5 000 万 m^3，形成近海'一带三区'的海洋牧场新格局"。2019 年 9 月，农业农村部办公厅关于《国家级海洋牧场示范区管理工作规范》（农渔发〔2019〕29 号）提出在有关项目和资金安排上对海洋牧场示范区建设予以支持，省级渔业主管部门要积极争取地方政府和有关部门的支持，在功能区划、政策扶持和资金投入等方面加大支持力度；鼓励社会力量投资建设海洋牧场。

海洋牧场是保护和增殖渔业资源、修复水域生态环境的重要手段，是一种生态型渔业生产系统。作为海洋牧场中海洋生态环境的修复工程——人工鱼礁，是人为在海中设置构造物，改善海域生态环境，营造海洋生物栖息良好环境，为水生生物提供繁殖、生长、索饵和庇敌场所，达到保护、增殖和提高渔获量的目的。通过建设人工鱼礁，可以阻止对渔业资源具有强大杀伤力的底拖网作业，营造人工生态系统，提高海域的生产力，是保护和优化海洋生态环境的有的途径之一，符合当前国家政策导向和民生需要。

5.1.2　是改善水生生物资源衰退现状，恢复渔业资源的迫切要求

随着我国人口不断增长，水产品市场需求与资源不足的矛盾日益突出，增殖和合理利用水生生物资源、保护渔业水域生态环境已经成为一项重要而紧迫的任务。

海洋牧场和人工鱼礁的建设，是利用现代科学技术和现代管理理念的新型海洋渔业生产方式。人工鱼礁在迎面流附近产生涌升流，这种涌升流将海洋底层低温而营养丰富的海水带上来，使海洋浮游动植物在人工鱼礁礁体区域内增殖，从而为水生生物提供大量饵料；经过设计的礁体表面成为鱼卵的附着基和孵化器，一定程度提高了幼鱼存活率。人工鱼礁的建设，有利于渔业资源健康繁殖，是养护和增殖水生生物资源、实现渔业资源可持续利用的重要举措，是改善水生生物资源衰退现状，恢复渔业资源的迫切要求。

5.1.3　对恢复海域生态环境，稳定海域生态系统具有积极作用

我国海洋渔业长期采用底拖网作业，使得近海海底的自然鱼礁、海底突起部分和海沟夷为平地，长期遭受底拖网作业区域的海底往往呈平脱化、荒漠化。根据相关研究结论，人工鱼礁投放后，在海流影响下，迎流面附近将产生上升流与滞流，背流面产生背涡流，背涡流的扰动和上升流的涌升，使底泥中营养物质得到释放与充分混合，并被带至中上层，从而促进了浮游生物、底栖生物与附着生物的生长。由于水生植物吸收氮、磷，滤食动物（如贝类）滤食浮游生物，从而一定程度改善了礁体周边水质环境。

另外，由于鱼礁周围海流流速不同，对底质颗粒物的搬运能力也不同。一般在鱼礁底部海流速度较快处的细沙土比较容易被移出，从而鱼礁周围海底的底质的粒度变粗，被海流冲刷出的细沙土又在流速减弱处沉积，从而引起鱼礁周围局部海底形态的改变。人工鱼礁投放所产生的上升流将沉积于底泥的氮营养盐输送至上层，使得鱼礁区的海水营养盐特性由氮限制转变为磷限制，这种变化有利于浮游植物的生长，从而提高了鱼礁区的海洋初级生产力，对恢复海域生态环境，稳定海域生态系统具有积极作用。

5.1.4　有助于调整海洋渔业结构，带动相关产业发展

近年来，人们对海洋水产品的需求不断增加，特别对刺参、鱼、蟹、贝等海珍品的需求与日俱增。辽宁省作为中国北部重要的养殖区，海洋渔业产值占全省农业产值的一半以上，刺参、蟹、鱼、贝等水产品的产量在国内处于领先地位。

日本北海道大学的佐藤修博士研究表明，在没有人工增殖放流的情况下，

1m³ 人工鱼礁渔场比未投礁的一般渔场，平均每年可增加 10kg 渔获量。我国海洋科学工作者对广东南澳岛海域、阳江双山岛海域、浙江朱家尖海域、江苏海州湾海域、辽宁金县满家滩海域等人工鱼礁工程多次科考和调查的资料显示，投放人工鱼礁海域渔获量比未投礁的其他海域渔获量一般增加 1.8 倍以上。

本项目人工鱼礁建设能够提高地区优质海产品产出，带动地区特色海产品养殖发展，为健康、生态型海产品的工业化养殖奠定基础，满足市场和人们对海产品的消费需求。同时人工鱼礁建设会提供鱼礁运输、投放等工作岗位，增加本地区劳动力就业机会，为渔民增收、财政收入开创新的增长点，对保持该地区海洋经济健康、可持续发展，产生重大的意义。

综上所述，项目建设是必要的。

5.2 项目用海必要性

本项目为渔业用海中的开放式养殖用海，主要建设内容为人工鱼礁，用海方式为人工鱼礁类透水构筑物。人工鱼礁是一项海洋生态环境的修复工程，必须在海域中安放才能发挥其生态作用。礁体投放稳定后，能够改善水域生态环境，通过营造流场与庇护所为鱼类提供栖息、索饵和产卵空间，增殖并保护渔业资源，使水产资源得到较好修复。

因此，项目用海是必要的。

6 项目所在海域概况

6.1 自然环境概况

6.1.1 气象与气候

引用金州气象站长期历史统计资料。

6.1.1.1 气温

累年平均气温：10.3℃；

年平均最高气温：14.8℃；

年平均最低气温：6.8℃；

极端最高气温：38.1℃（1972.06.10）；

极端最低气温：−19.0℃（1977.01.02）；

年较差：28.9℃；

8 月累年平均气温：23.8℃；

1 月累年平均气温：−5.0℃。

6.1.1.2 降水

累年平均降水量：599.7mm；

日最大降水量：186.4mm（1980 年 08 月 12 日）；

年最多降水量：708.6mm（1973 年）；

年最少降水量：272.3mm（1999 年）；

夏季平均降水量：395.1mm（占全年 66%）；

冬季平均降水量：35.8mm（占全年 6%）；

累年平均降水日数：70.5d；

夏季平均降水日数：30.4d（占全年 43%）；

秋季平均降水日数：12.7d（占全年 18%）。

6.1.1.3　风况

本区受季风影响，夏季多东南风，冬季多偏北风。累年最多风向为 SSE 向，频率为 18%；其次为 SE 向，频率 10%；E 向风最少，频率仅占有 1%。累年平均风速为 3.7m/s，累年最大风速为 18.7m/s（风向 SES，发生于 1974.08.30）。风向频率统计参见附表 5。

附表 5　风向频率统计（风速 m/s、频率%）

风向		N	NNE	NE	ENE	E	ESE	SE	SSE	S	SSW	SW	WSW	W	WNW	NW	NNW	C
春季	频率	8	5	2	1	1	3	12	19	7	1	1	2	7	9	6	5	13
	最大风速	18	18	12	19	12	14	13	12	10	9	8	12	14	13	20	16	
夏季	频率	4	4	3	2	2	6	16	23	9	2	1	1	3	6	4	3	15
	最大风速	10	8	10	15	20	24	11	10	11	9	8	7	10	9	12	10	
秋季	频率	12	7	3	1	1	2	5	12	8	3	1	1	5	6	4	7	34
	最大风速	14	14	14	12	8	8	9	10	8	10	6	6	10	10	12	15	
冬季	频率	17	12	1	3	0	2	5	7	6	2	2	1	5	6	6	11	14
	最大风速	16	14	10	7	5	7	9	10	9	10	8	9	13	15	12	15	

6.1.1.4　雾

累年平均雾日数：13.0d；

最多年雾日数：19.0d（1975）；

最少雾日数：6.0d（1975）；

夏季平均雾日数：4.8d（占全年 37%）；

秋季平均雾日数：1.4d（占全年 11%）；

春季平均雾日数：3.7d（占全年 28%）；

冬季平均雾日数：3.1d（占全年 24%）；

夏季以平流雾为主，冬季多为辐射雾。

6.1.1.5 相对湿度

多年平均相对湿度为 65%，冬、春季相对湿度较低。

6.1.1.6 雷暴

大连地区雷暴年平均日为 15.5d，一般初日为 4 月下旬，终日为 10 月中、下旬。

6.1.2 海洋水文

6.1.2.1 潮汐

本项目位于渤海湾湾口北侧，金州湾内没有长期潮汐资料，采用××湾长岛临时潮位站 1966 年 7 月至 1967 年 6 月一年潮位资料和金州湾棋盘磨海域 2005 年 4 月 1 日至 2006 年 3 月 31 日一年的潮汐观测资料。

（1）潮汐特征　太平洋潮波由北黄海经渤海海峡口门传入湾内，分别向辽东湾、渤海湾、莱州湾推进。

本项目海域潮汐性质 $\dfrac{H_{K1}+H_{01}}{H_{M2}}=0.76\sim0.83$，属不正规半日潮型。

（2）基准面　金州湾理论最低潮面与 1985 国家高程基准的换算关系见附图 2。

1985 国家高程基准面

1956 黄海高程基准面　　　　　　　　　　39mm

1 460mm　　1 421mm

金州湾理论最低潮面

附图 2　基准面换算关系

（3）特征潮位　以 1985 国家高程基准为起算面，项目区域的主要潮汐特征值为：最高高潮位 1.45m；最低低潮位−2.05m；平均高潮位 0.58m；平均低潮位−0.66m；平均海平面−0.04m；最大潮差 2.60m；平均潮差 1.27m。

6.1.2.2 波浪

本部分内容引自《中国海湾志》（第二册，辽东半岛西部和辽宁省西部海域）××湾波浪资料数据，测波仪海拔高度 28.7m，测波浮标设于测波点 NW 方位 712m 海面，水深 7.5m，测波点海面开阔程度为 120°。

本海区波向不定频率为 40%，N-NE 各向波浪频率之和为 19%，W 向波浪频率为 6%，E 和 NE 向频率皆为 5%，其余各向均为 2% 或 3%。由此表明，N-NNE 和 W 向波浪，对该湾造成影响相对明显。各向平均波高介于 0.1~0.4m 之间，而以 NE 和 NNE 两方位较大。各向最大波高极值见于 NNE 向，达 1.3m 高。N 和 NE 向次之，皆为 0.9m。其余各向均介于 0.3~0.8m

之间。各向波浪平均周期接近，除 NE 向为 3.1s 较大之外，其他诸项均在 2s 左右。据资料统计，4 月平均波高略大，其值为 0.4m，5、7、10 和 11 月四个月均为 0.3m，6、8、9 月三个月均为 0.3m。各月最大波高极值（1.3m）相应周期为 3.4s，见于 1966 年 10 月 27 日 11h，当时风速为 16.3m/s，其风向（N）和波向（NNE）基本一致；其次 4 月和 11 月最大波高亦可达 1.1～1.2m。其余 5 个月，最大波高均在 0.7～0.9m 范围之内。

综上所述，××湾由于掩护条件较好，波浪以风浪为主，波高普遍较小，一般均在 0.5m 左右，而大于 1m 的波高相当少见。从各向波浪频率和出现波高量值来看，N-NE 和 W 诸向属于常浪向，NNE 向为强浪向。

6.1.2.3　海流

为掌握××湾海流状况，国家海洋环境监测中心于 2016 年 6 月对该海域 9 个站进行了观测。观测站位列于附表 6。

附表 6　海域水文、泥沙测验站位坐标

站号	北纬	东经	最小水深（m）
1	39°23′01.37″	121°43′29.12″	7.9
2	39°20′18.84″	121°41′18.90″	9.0
3	39°17′39.06″	121°36′27.24″	9.8
4	39°16′14.76″	121°31′41.28″	6.6
5	39°16′45.60″	121°25′34.80″	8.3
6	39°14′09.00″	121°26′03.78″	8.2
7	39°16′40.98″	121°19′14.34″	11.7
8	39°13′03.30″	121°18′58.80″	13.7
9	39°15′01.02″	121°09′57.78″	20.4

（1）观测日期选择　本次海流观测选择在大潮期间（2016 年 6 月 6～7 日，即农历五月初二至初三）和小潮期间（2016 年 6 月 13～14 日，即农历五月初九至初十），对上述 9 站进行了同步海流周日连续定点观测。

（2）海流观测方法　水深大于 10m 按六点法施测：表层（距海面 1.0m 处）、0.2 倍水深、0.4 倍水深、0.6 倍水深、0.8 倍水深和底层（距海底 1.0m 处）；水深小于 10m 按三点法施测。各层次每小时观测一次，周日内每站共测得 26 组完整海流记录。若遇流向、流速异常，及时复测，并核实实测数据。各测站水深观测与海流观测同步进行。

（3）观测结果

①四验潮站潮汐类型极为相近，均为非正规半日潮港。

②通水沟港潮时滞后于松木岛港潮时约 3min，松木岛港潮时滞后于长岛约 11min，长岛滞后于葫芦套港潮时约 20min。

③本次调查海域介于正规与非正规半日潮流混合区。每日二次涨、落潮流过程的周期有所差异，潮流强度亦不相同，一强一弱。湾内潮流基本上呈往复型，强流都发生于湾内深槽地区，流向大致与海岸线或等深线的走向一致；湾口潮流以旋转流为主；湾外潮流主要受辽东湾潮流影响，以南北向的往复流为主。

④各站、层涨、落潮流主流向的走向大致与等深线或岸线的走向相一致。1 和 3 号站涨、落潮流流向大致呈 ENE—SWS 向；2 和 9 号站涨、落潮流流向大致呈 NE—SW 向；4 号站涨、落潮流流向大致呈 ENE—SW 向；5 和 7 号站涨、落潮流流向大致呈 NNW—SSE 向；6 和 8 号站涨、落潮流流向大致呈 NNE—SSW 向。

⑤各站流速由大到小依次为：9、1、2、8、7、4、3、5 和 6 号站。

⑥各站的涨、落潮流流速随深度增加而有所减小。一般 0.2H 或表层流速最大，0.4H 层、0.6H 层、层 0.8H 层次之，底层流速最小。

⑦除 4 和 9 号站涨潮流流速明显大于落潮流流速外，其余各站涨潮流流速明显小于落潮流流速。

⑧除 5 和 6 号站潮流呈明显的以逆时针方向旋转的旋转流型外，其余各站明显呈往复流型。

⑨××湾湾口处的 5、6、7、8 和 9 号站潮流特征为：高（低）潮时刻前后涨（落）潮流最大，半潮面时刻涨（落）潮流减至最小。××湾湾内的 1、2、3 和 4 号站潮流特征为：高（低）潮时刻后 1～2h 涨（落）潮流最小，至高（低）潮后 4～5h 前后落（涨）潮流达最大。

⑩除 4 号站余流流速略大外，其余各站、层余流流速皆较小。余流流向多集中于 SE—SW 向。

6.1.3 地质地貌与泥沙环境

本章节引用《大连××海珍品养殖有限公司沙坨子外围防波堤工程浅地层剖面测量报告》《大连××海珍品养殖有限公司沙坨子外围防波堤工程岩土工程勘察报告》（国家海洋环境监测中心，2021 年 6 月）相关结论。

（1）××湾概况　××湾位于辽东湾东岸南部，金州城区西北 20km 渤海水域，西至瓦房店市凤鸣岛、西中岛，东至七顶山乡拉树山村葫芦套角，因海湾延伸至普兰店而得名。××湾为溺谷型基岩海湾，大致呈 NE-SW 走向，喇叭状，湾口朝向西南，湾内多岛屿，沿岸有大面积养殖区。本项目位于××湾口沙坨子岛南部约 2.7km 海域。

在大地构造上，本场地所处一级构造单元为中朝准地台胶辽台隆区复州台陷，Ⅳ级构造单元为复州—大连凹陷，倒转背斜构造，褶皱被北东向断裂切割，控制了北北东、北北西的构造格局。大连地区在新构造运动有整体性和间歇抬升的特点。场区内无较大断裂和破坏性地质构造。

（2）水深地形　据 2013 年海图，西沙坨子附近海底地势平坦，位于××湾向浅海平原过渡地带，海图水深 5～6m。

据 2021 年 3 月单波束调查结果，调查海域西北侧分布东西向线状隆起，金州湾理论深度基准面水深 3～5m，疑似为前期投礁形成；东北角局部分布圆丘状缓坡，水深 5.0～5.5m，自北向南缓倾。除此之外，大部分海域地势平坦，水深 5～6m。

（3）表层沉积物粒度

①粒度组成。据 2021 年调查结果，项目海域沉积物组分中，砂含量 12.9%～60.0%，平均 34.0%；粉砂含量 30.5%～62.1%，平均 49.8%；黏土含量 9.5%～25.0%，平均 16.2%。以粉砂、砂为主，黏土含量较低，砾石仅出现于调查区域东北角。

②中值粒径。项目海域沉积物中值粒径 11～77μm，平均 32μm。

6.1.4　工程地质条件

本章节引用《大连××海珍品养殖有限公司沙坨子外围防波堤工程浅地层剖面测量报告》《大连××海珍品养殖有限公司沙坨子外围防波堤工程岩土工程勘察报告》（国家海洋环境监测中心，2021.6）相关结论。

（1）地层　本项目勘察场地范围内主要分布地层有第四系全新统，人工填土（Q_4^{ml}）、第四系全新统海积层（Q_4^m）、第四系全新统海陆交互相冲积层（Q_4^{mc}）、第四系全新统冲洪积层（Q_4^{al+pl}），下伏基岩为寒武系下统毛庄组紫色砂砾岩（Q_{1mz}）。

各地层分述如下（附图 3、附图 4）：

①淤泥质粉质黏土（Q_4^m）：灰黑色，饱和，流塑状态，局部软塑，有机质含量高，具有腥臭味，局部相变为淤泥质黏土、粉质黏土，可见粉土薄层。场区东侧部分钻孔表层为 0.2～0.3m 厚淤泥混砂。本层层厚 11.00～17.00m，层顶标高 −6.54～−5.03mm，层底标高 −23.07～−16.03m。该层于场区普遍分布，南部厚北部薄，厚度在 1.5～16.5m 之间。

②粉质黏土混细砂（Q_4^{mc}）：灰色，很湿，可塑状态，局部软塑，细砂含量 20%～30%，偶见圆砾。揭露层厚 0.80～3.30m，层顶埋深 11.20～17.00m，层顶标高 −23.07～−17.02m，层底标高 −25.87～−20.32m。该层于场区西侧普遍分布，部分钻孔未穿透本层。

钻 孔 柱 状 图

第 1 页 共 1 页

项目名称	大连××海珍品养殖有限公司养殖区沙坨子外围防波堤工程							
项目编号	JYHS-KC-2020-0001				钻孔编号	K10		
孔口高程	-6.08 m	坐标	X= 4349517.59 m		开工日期	2020.3.10	稳定水位深度	m
钻孔深度	16.50 m		Y= 368064.30 m		竣工日期	2020.3.10	测量水位日期	

地层编号	时代成因	层底高程(m)	层底深度(m)	分层厚度(m)	柱状图 1:100	岩土名称及其特征	取样	标贯击数(击)	稳定水位(m)和水位日期
①	Q_4^m					淤泥质粉质黏土:灰黑色,饱和,流塑状态,局部软塑,具有腥臭味,局部相变为淤泥质黏土、粉质黏土,可见粉土薄层。			
		-21.08	15.00	15.00					
①₁	Q_4^{mc}					粉质黏土混细砂:灰色,可塑状态,细砂含量20%~30%。			
		-22.58	16.50	1.50					

勘察单位	大连建研华晟工程科技有限公司	校核		制图	

附图 3 项目海域钻孔 K10 柱状图(2020 年调查结果)

Z1 钻 孔 柱 状 图

工程名称	××国家级海洋牧场示范区人工鱼礁项目地质钻探					勘察单位		丹东金地岩土工程有限公司		
钻孔编号	Z1	坐标	39°16′1.959″ N		钻孔深度	4.00 m		初见水位		m
孔口标高	-5.85 m		121°28′21.651″ E		钻孔日期	2021年06月16日		稳定水位		m

地质时代及成因	层序	层底标高(m)	层底深度(m)	分层厚度(m)	柱状图 1:30	岩 土 描 述	采取率(%)	标准贯入击数 深度(m)	取样 取样编号 深度(m)	备注
									0.00~0.50	
									2 1.00~1.50	
						淤泥质粉质黏土:灰色,饱和,流塑,土质较均,含零星碎贝壳。			3 2.00~2.50	
									3.50~4.00	
Q₄^m	①	-9.85	4.00	4.00						

▼标贯位置   ■岩样位置   ●原状土样位置   ○扰动土样位置   凸水样位置

制图: 校对: 审核: 图号:

附图4 项目海域钻孔 Z1 柱状图(2021 年调查结果)

②粉质黏土混圆砾（Q_4^{al+pl}）：灰黄色、黄褐色，可塑，局部硬塑，干强度中等，韧性中等，圆砾含量 20％～30％，偶见卵石。揭露层厚 0.90～4.40m，层顶埋深 11.00～14.00m，层顶标高－16.03～－20.02m，层底标高－22.37～－17.53m。该层于场区中部及东部普遍分布，部分钻孔未穿透本层。

③细砂（Q_4^{al+pl}）：灰黄色，稍密、中密状态，由长石及石英颗粒组成，局部黏粒含量高，可见中砂薄层。揭露层厚 0.50～3.70m，层顶埋深 13.50～19.80m，层顶标高－25.87～－19.21m，层底标高－27.57～－21.60m。该层于场区普遍分布，各孔均未穿透本层。

（2）土工力学 根据《大连××海珍品养殖有限公司沙坨子外围防波堤工程岩土工程勘察报告》土工试验成果，首先进行归层、检查，删去个别异常值。试验指标按照 Grubbs 法准则进行分层统计，分别提供各指标的最大值、最小值、算术平均值、标准差、变异系数、修正系数、标准值、统计个数等，并提供建议值（附表 7、附表 8）。

附表 7　土的主要物理力学指标建议值表

指标项目		淤泥质粉质黏土	备注
含水率 W（％）		41.89	平均值
湿密度 $\rho 0$（g/cm³）		1.80	平均值
土粒比重 Gs		2.69	平均值
孔隙比 $e0$		1.12	平均值
饱和度 Sr（％）		99.87	平均值
液限 Wl（％）		35.46	平均值
塑限 Wp（％）		21.66	平均值
塑性指数 IP		16.50	平均值
液性指数 IL		1.32	平均值
压缩系数 $a0.1\sim0.2$（MPa⁻¹）		0.76	平均值
压缩模量 ES（MPa）		2.80	平均值
固结系数（10⁻³cm²/s）		7.62	平均值
固结系数（10⁻³cm²/s）	CV	1.33	平均值
	CH	1.19	平均值
渗透系数（10⁻³cm/s）	KV	13.00	平均值
	KV	15.00	平均值

（续）

指标项目		淤泥质粉质黏土	备注
快剪	内摩擦角 φ（度）	5.62	标准值
	黏聚力 C（kPa）	3.26	标准值
固快	内摩擦角 φ（度）	17.70	标准值
	黏聚力 C（kPa）	13.43	标准值

本报告提供的 SPT 试验指标为实测值，分别统计出最大值、最小值、算术平均值、标准值、统计个数等。

附表 8　原位测试成果统计表

序号	岩土名称	测试类型	样本数 n	区间值 min	区间值 max	平均值 φm	标准差 σf	变异系数 δ	修正系数 γs	标准值 φk
①	淤泥质粉质黏土	N	65	1	3	1.68	0.615	0.366	0.785	1.317
①₁	粉质黏土混细砂	N	8	5	7	6.75	0.707	0.113	0.937	5.84
②	粉质黏土混圆砾	N	11	9	11	10.18	0.873	0.086	0.95	9.67
③	细砂	N	12	16	21	19.17	1.697	0.089	0.943	18.17

根据 2021 年 2 站钻孔勘察结果，本场地 4m 以浅深度范围内地层为淤泥质粉质黏土或粉质黏土（附表 9、附表 10）。

淤泥质粉质黏土：灰色，饱和，流塑，土质较匀，含零星碎贝壳。出现于 Z1 孔 0～4m 孔深。

粉质黏土：灰色，饱和，软塑，土质较匀，含零星碎贝壳。出现于 Z3 孔 0～4m 孔深。

土工分析结果显示，2021 年钻孔沉积物样品含水率 31.2%～63.7%，平均 40.0%。根据《建筑地基基础技术规范》（DB21/T 907—2015）（辽宁省地方标准）表 C.0.2-3 查得，淤泥质粉质黏土承载力特征值 $fak=60$kPa。

附表9 2021年钻孔沉积物土工试验表

土样编号	取土深度 (m)	天然状态土的物理性指标										固结		快剪		土分类名称
		含水率 W %	密度 湿 ρ0 g/cm³	密度 干 ρd g/cm³	土粒比重 Gs	孔隙比 e0	饱和度 Sr %	液限 Wl %	塑限 Wp %	塑性指数 Ip %	液性指数 IL	压缩系数 av 0.1~0.2 MPa⁻¹	压缩模量 Es 0.1~0.2 MPa	黏聚力 C kPa	摩擦角 φ 度	分类标准: GB 50021—2001 (2009年版)
Z1-1	0.0~0.5	46.4	1.76	1.20	2.69	1.238	100	32.6	18.6	14.0	1.99	0.826	2.71	4.0	1.8	淤泥质粉质黏土
Z1-2	1.0~1.5	37.6	1.83	1.33	2.68	1.015	99	29.4	17.1	12.3	1.67	0.560	3.60	9.0	3.1	淤泥质粉质黏土
Z1-3	2.0~2.5	63.7	1.70	1.04	2.70	1.600	100	36.0	20.5	15.5	2.79	1.407	1.85			淤泥
Z1-4	3.5~4.0	38.2	1.84	1.33	2.69	1.020	100	29.4	16.8	12.6	1.70	0.727	2.78	8.0	4.5	淤泥质粉质黏土
Z3-1	0.5~1.0	33.6	1.91	1.43	2.67	0.868	100	25.9	15.5	10.4	1.74	0.409	4.57	6.0	4.8	粉质黏土
Z3-2	1.5~2.0	31.2	1.92	1.46	2.68	0.831	100	25.8	15.5	10.3	1.52	0.353	5.19	7.0	5.9	粉质黏土
Z3-3	2.5~3.0	33.6	1.90	1.42	2.69	0.891	100	26.8	15.8	11.0	1.62	0.435	4.35	5.0	6.6	粉质黏土
Z3-4	3.5~4.0	35.8	1.86	1.37	2.70	0.971	100	31.0	17.7	13.3	1.36	0.591	3.34	10.0	4.3	粉质黏土

附表10　2021年钻孔沉积物土工统计表

土层	指标	天然状态土的物理性指标										固结		快剪	
		含水率	密度 湿	密度 干	土粒比重	孔隙比	饱和度	液限	塑限	塑性指数	液性指数	压缩系数	压缩模量	黏聚力	摩擦角
		W	ρ0	ρd	Gs	e0	Sr	Wl	Wp	Ip	IL	av 0.1~0.2	Es 0.1~0.2	C	φ
		%	g/cm³	g/cm³			%	%	%			MPa⁻¹	MPa	kPa	度
淤泥质粉质黏土、粉质黏土	指标个数	8	8	8	8	8	8	8	8	8	8	8	8	7	7
	最大值	63.7	1.92	1.46	2.70	1.600	100	36.0	20.5	15.5	2.79	1.407	5.19	10.0	6.6
	最小值	31.2	1.70	1.04	2.67	0.831	99	25.8	15.5	10.3	1.36	0.353	1.85	4.0	1.8
	平均值	40.0	1.84	1.32	2.69	1.054	100	29.6	17.2	12.4	1.80	0.664	3.55	7.0	4.4
	标准差	10.6	0.08	0.14	0.01	0.254	0	3.5	1.7	1.8	0.44	0.341	1.11	2.2	1.6
	变异系数	0.27	0.04	0.11	0.00	0.24	0.00	0.12	0.10	0.15	0.24	0.51	0.31	0.31	0.37
	标准值	47.2	1.89	1.42	2.69	1.226	100	32.0	18.4	13.7	2.10	0.894	4.30	8.2	5.3

6.1.5 自然灾害

6.1.5.1 台风、大风

大连地区是大风频繁发生的地区，年均≥6级大风日数在渤海一侧为50～80d，项目海域年出现≥8级风频率为0.74%（约2.7d），最大平均风速为30m/s。

（1）台风 台风在热带海洋生成移至东海后，北上至黄海北部或渤海，其中心或边缘影响大连，使之出现狂风暴雨后再向东北方向移向日本海。大连受台风造成风灾自新中国成立以来有记载的共5次。受台风袭击的地区，国民经济遭受严重损失。

（2）大风

寒潮大风：大连地区寒潮降临时，发生阴雨雪和强大北风，同时伴有急剧降温。由于寒潮是北方冷空气南下，造成突然降温及强大的风暴，常给农作物、航海等造成损失及人员伤亡。寒潮风灾较台风带来的风灾对渔民危害尤大，海上作业渔民被冻死现象时有发生。

梯度大风：春秋两季是大连地区冷暖空气交替活动频繁的季节。极地堆积的冷空气向南爆发，与南来暖温空气相遇，使冷暖空气梯度加大，形成大风，造成农作物及人畜伤亡。大连地区由梯度造成的风灾较多。

6.1.5.2 海冰

海冰是我国北方高纬度海区常见的自然现象，每年在本区沿海都有程度不同的冰封现象出现。在辽东湾沿岸一般11月中、下旬到12月上旬见初冰，翌年3月上、中旬消融，冰期98～107d，以1、2月份冰情最重。本区冰期一般2～3个月，初冰日一般为12月上旬，封冻日为12月下旬，解冻日为2月下旬，融冰日为3月上旬，总冰期约3个月，冰情较重期为2月份。沿岸冰厚一般为5～20cm，最厚可达60cm。

根据《海湾志》资料，金州湾初冰日为12月5日，封冻日为12月20日，解冻日为2月22日，融冰日为3月30日，总冰期3个月左右。根据《中国海洋灾害公报》，项目所在金州湾海域也处于海冰覆盖范围内。

6.1.5.3 地震

金州岩石圈断裂，位于金州—普兰店—熊岳一带断续分布，长150km，走向北东，倾向西，倾角40°～80°，航片上线形影响明显，航磁场为北北东向线形负异常突变带、重力梯带。该断裂形成于印支期，燕山期活动强烈，喜山期仍有继承性活动，属压—压剪性断裂。该断裂有关发生的地震自有记载以来共33次，其中金州1855年发生地震Ms为5.5级，1856年Ms为5.25级，1861年Ms为6.0级，均有破坏，其余≥3.0～4.0级地震则很少发生。但近年来一些微小地震亦不时地在该带发生，金州湾处于金州岩石圈深大断裂部位，岩石圈深大断裂有近期活动迹象，故本湾周围的地震活动是应予以重视的。根据国家地震局编制的1∶400万《中国地震烈度区划图》和说明书，金州湾地区地震基本烈度为Ⅶ度。

6.1.6　海洋环境质量现状调查与评价

本项目的海水水质、沉积物、海洋生态及渔业资源现状引用《金普新区七顶山海域春季环境现状调查分析报告（2021年度）》（辽宁省海洋牧场工程技术有限公司，2021年5月）相关结论。海洋生物质量现状引用国家海洋环境监测中心于2018年4月对该海域生物质量现状调查结果。

为了全面掌握项目海域的海洋环境质量现状，2021年3月11—12日辽宁省海洋牧场工程技术有限公司对工程海域进行海洋调查工作，调查内容包括海水水质、海洋沉积物、海洋生态等。共布设18个调查站位，其中18个海水水质调查站位，9个海洋沉积物站位，12个海洋生态站位和渔业资源站位。由大连谱尼测试科技有限公司进行检测，其中底栖生物由青岛谱尼科技有限公司进行检测。调查站位见附表11。

附表11　海水水质、海洋沉积物、海洋生态查站位坐标表

站位	经度	纬度	调查内容
1	121°24′36.439″E	39°20′57.100″N	海水水质、海洋生态
2	121°22′27.528″E	39°19′31.846″N	海水水质、海洋沉积物
3	121°20′13.042″E	39°18′11.639″N	海水水质、海洋沉积物
4	121°21′43.509″E	39°16′48.138″N	海水水质、海洋生态
5	121°23′44.038″E	39°17′48.349″N	海水水质、海洋沉积物、海洋生态
6	121°25′28.777″E	39°19′13.277″N	海水水质、海洋沉积物、海洋生态
7	121°26′35.882″E	39°17′30.742″N	海水水质、海洋沉积物
8	121°24′48.344″E	39°16′11.936″N	海水水质、海洋生态
9	121°23′2.252″E	39°14′59.971″N	海水水质、海洋生态
10	121°24′11.178″E	39°13′40.009″N	海水水质、海洋沉积物、海洋生态
11	121°25′55.181″E	39°14′50.509″N	海水水质、海洋沉积物、海洋生态
12	121°28′2.542″E	39°16′9.778″N	海水水质、海洋生态
13	121°30′43.283″E	39°16′9.090″N	海水水质、海洋沉积物、海洋生态
14	121°29′4.696″E	39°14′40.914″N	海水水质、海洋生态
15	121°26′56.028″E	39°13′4.750″N	海水水质
16	121°30′40.956″E	39°13′27.231″N	海水水质

（续）

站位	经度	纬度	调查内容
17	121°31′57.407″E	39°14′56.090″N	海水水质、海洋沉积物、海洋生态
18	121°33′25.027″E	39°16′19.513″N	海水水质

6.1.6.1 海洋水质质量状况调查与评价

（1）调查项目 水温、pH、悬浮物、化学需氧量（COD_{Mn}）、无机氮（包括硝酸盐、亚硝酸盐、氨氮）、活性磷酸盐、石油类、重金属（Cu、Pb、Zn、Cd、Hg、As）。

（2）调查与分析方法 本项目调查取样与分析方法根据《海洋调查规范》（GB/T 12763—2007）和《海洋监测规范》（GB 17378—2007）的要求执行样品采集后进行分装、预处理、编号记录、保存。各调查项目分析方法见附表12。

附表 12　海水水质质量调查项目分析方法

序号	检测要素	分析方法	检出限
1	水温	海洋监测规范 第4部分 海水分析 水温 表层水温表法 GB 17378.4—2007（25.1）	——
2	pH	海洋监测规范 第4部分 海水分析 pH 计法 GB 17378.4—2007（26）	无量纲
3	化学需氧量	海洋监测规范 第4部分 海水分析 化学需氧量 碱性高锰酸钾法 GB 17378.4—2007（32）	0.15mg/L
4	悬浮物	海洋监测规范 第4部分 海水分析 悬浮物 重量法 GB 17378.4—2007（27）	0.8mg/L
5	氨	海洋监测规范 第4部分 海水分析 氨 次溴酸盐氧化法 GB 17378.4—2007（36.2）	0.000 4mg/L
6	亚硝酸盐	海洋监测规范 第4部分 海水分析 亚硝酸盐 萘乙二胺分光光度法 GB 17378.4—2007（37）	0.000 5mg/L
7	硝酸盐	海洋监测规范 第4部分 海水分析 硝酸盐 锌—镉还原法 GB 17378.4—2007（38.2）	0.012mg/L
8	活性磷酸盐	海洋调查规范 海水化学要素调查 总磷测定 过硫酸钾氧化法 GB/T 12763.4—2007（14）	0.002mg/L
9	汞	海洋监测规范 第4部分 海水分析 汞 原子荧光法 GB 17378.4—2007（5.1）	0.000 007mg/L
10	铜	海洋监测规范 第4部分 海水分析 铜 火焰原子吸收分光光度法 GB 17378.4—2007（6.3）	0.001 1mg/L
11	铅	海洋监测规范 第4部分 海水分析 铅 火焰原子吸收分光光度法 GB 17378.4—2007（7.3）	0.001 8mg/L

（续）

序号	检测要素	分析方法	检出限
12	锌	海洋监测规范 第4部分 海水分析 锌 火焰原子吸收分光光度法 GB 17378.4—2007（9.1）	0.003 1mg/L
13	镉	海洋监测规范 第4部分 海水分析 镉 火焰原子吸收分光光度法 GB 17378.4—2007（8.3）	0.000 3mg/L
14	砷	海洋监测规范 第4部分 海水分析 砷 原子荧光法 GB 17378.4—2007（11.1）	0.00 05 mg/L
15	石油类	海洋监测规范 第4部分 海水分析 油类 紫外分光光度法 GB 17378.4—2007（13.2）	0.003 5mg/L

（3）海水水质评价标准　海水水质调查站位18个，依据《辽宁省海洋功能区划（2011—2020年）》，其中站位1、2位于"长兴岛南部保留区"，区域水质不低于现状水平；站位3～18位于"大连斑海豹自然保护区"，虽然大连斑海豹自然保护区已做出调整，除了站位10、15、16外均不属于大连斑海豹自然保护区内，但仍然执行《海水水质标准》（GB 3097—1997）中的第一类水质标准。

因此，本次海水水质现状评价执行《海水水质标准》（GB 3097—1997）中第一类标准。相应标准限值见附表13。

附表 13　海水水质标准（单位：mg/L）

项目	第一类	第二类	第三类	第四类
SS	人为增加的量≤10		人为增加的量≤100	人为增加的量≤150
pH（无量纲）	7.8～8.5		6.8～8.8	
DO>	6	5	4	3
COD≤	2	3	4	5
无机氮≤	0.20	0.30	0.40	0.50
活性磷酸盐≤	0.015	0.030	0.030	0.045
Hg≤	0.000 05	0.000 2	0.000 2	0.000 5
Cd≤	0.001	0.005	0.01	0.01
Pb≤	0.001	0.005	0.010	0.050
Cu≤	0.005	0.010	0.050	0.050
Zn≤	0.020	0.050	0.10	0.50
As≤	0.020	0.030	0.050	
石油类≤	0.05	0.05	0.30	0.50

（4）评价方法　本次评价采用单因子评价标准指数法对海域水质现状进行评价。

①单项水质评价因子 i 在第 j 取样点的标准指数

$$Si、j = Ci、j/Csi$$

式中：$Ci、j$——水质评价因子 i 在第 j 取样点的实测浓度值，mg/L；

　　　　Csi——水质评价因子 i 的评价标准，mg/L。

②DO 的标准指数

$$PI_{DO} = \frac{|DO_f - DO_j|}{DO_f - DO_s} (DO_j \geqslant DO_s)$$

$$P_i = 10^{-9} \times \frac{DO_j}{DO_s} (DO_j < DO_s)$$

$$DO_f = \frac{468}{31.6 + T}$$

式中：P_i——i 站点的 DO 的标准指数；

　　DO_f——饱和溶解氧浓度，mg/L；

　　DO_j——j 取样点水样溶解氧的实测浓度值，mg/L；

　　DO_s——溶解氧的评价标准，mg/L；

　　T——水温，℃。

③pH 的标准指数

$$PI_{pH} = \frac{|pH - pH_{su}|}{D_s}$$

其中，$pH_{sm} = \frac{pH_{su} + pH_{sd}}{2}$，$D_s = \frac{pH_{su} - pH_{sd}}{2}$

式中：PI_{pH}——pH 的污染指数；

　　　pH——pH 的实测值；

　　pH_{su}——pH 评价标准的上限值；

　　pH_{sd}——pH 评价标准的下限值。

标准指数＞1，表明该水质超过了规定的水质评价标准，不能满足使用功能的要求。

（5）调查结果　按照各站位的执行标准进行评价，结论如下：

站位 1～18 执行《海水水质标准》（GB 3097—1997）中的第一类水质标准；站位 3 和 4 的无机氮出现超标现象，超标率为 8.3％；位 11 和 16 的汞出现超标现象，超标率为 5.6％，以上超标因子能满足海水水质的第二类质量标准要求，其他站位的因子均达到第一类水质标准。根据调查结果，估测海域附近有航道，会有船舶行驶，因此，个别站位汞含量略有超标；海域周边水产品养殖活动较密集，水生生物大量繁殖，增加了无机氮的含量，因此个别站位无机氮超标。总体来说，超标站位距离本项目较远，项目区域水质情况整体较好。

6.1.6.2　海洋沉积物质量状况调查与评价

（1）调查项目　有机碳、硫化物、石油类、总汞、铜、铅、锌、镉。

（2）调查方法　本项目调查取样与分析方法按《海洋调查规范》（GB/T12763—2007）和《海洋监测规范》（GB 17378—2007）等执行。用抓斗式采泥器进行样品采集，用竹刀将样品盛于洁净的聚乙烯袋内，供重金属项目检测用；样品盛于广口瓶，供硫化物、油类和有机碳项目分析用。样品风干后用玛瑙研钵碾细，过筛（油类、有机物过金属筛；重金属项目用尼龙筛），待进一步消解处理。沉积物样品分析方法见附表 14。

附表 14　海洋沉积物质量调查项目分析方法

序号	项目	分析方法	检出限
1	汞	海洋监测规范 第 5 部分 沉积物分析 总汞 原子荧光法 GB 17378.5—2007（5.1）	0.002mg/kg
2	铜	海洋监测规范 第 5 部分 沉积物分析 铜 火焰原子吸收分光光度法 GB 17378.5—2007（6.2）	2.0mg/kg
3	铅	海洋监测规范 第 5 部分 沉积物分析 铅 无火焰原子吸收分光光度法 GB 17378.5—2007（7.1）	1.0mg/kg
4	镉	海洋监测规范 第 5 部分 沉积物分析 镉 无火焰原子吸收分光光度法 GB 17378.5—2007（8.1）	0.04mg/kg
5	锌	海洋监测规范 第 5 部分 沉积物分析 锌 火焰原子吸收分光光度法 GB 17378.5—2007（9）	6.0mg/kg
6	砷	海洋监测规范 第 5 部分 沉积物分析 砷 原子荧光法 GB 17378.5—2007（11.1）	0.01mg/kg
7	石油类	海洋监测规范 第 5 部分 沉积物分析 油类 紫外分光光度法 GB 17378.5—2007（13.2）	3.0mg/kg
8	硫化物	海洋监测规范 第 5 部分 沉积物分析 硫化物 亚甲基蓝分光光度法 GB 17378.5—2007（17.1）	0.3mg/kg

（3）海洋沉积物评价标准　本项目海洋沉积物调查站位 9 个，依据《辽宁省海洋功能区划（2011—2020 年）》，其中站位 2 位于"长兴岛南部保留区"，区域沉积物不低于现状水平；站位 3、5、6、7、10、11、13、17 位于"大连斑海豹自然保护区"，虽然大连斑海豹自然保护区已做出调整，除了站位 10 外均不属于大连斑海豹自然保护区内，但仍然执行《海洋沉积物质量》（GB

18668—2002）中的第一类沉积物标准。

本次海洋沉积物现状评价执行《海洋沉积物质量》（GB 18668—2002）中的一类沉积物标准，相应标准限值见附表15。

附表15　海洋沉积物质量标准

序号	项目	第一类	第二类	第三类
1	汞（$\times 10^{-6}$）$\leqslant$	0.20	0.50	1.00
2	镉（$\times 10^{-6}$）$\leqslant$	0.50	1.50	5.00
3	铅（$\times 10^{-6}$）$\leqslant$	60.0	130.0	250.0
4	锌（$\times 10^{-6}$）$\leqslant$	150.0	350.0	600.0
5	铜（$\times 10^{-6}$）$\leqslant$	35.0	100.0	200.0
6	有机碳（$\times 10^{-2}$）$\leqslant$	2.0	3.0	4.0
7	硫化物（$\times 10^{-6}$）$\leqslant$	300.0	500.0	500.0
8	石油类（$\times 10^{-6}$）$\leqslant$	500.0	1 000.0	1 500.0

（4）评价方法　采用标准指数法。

（5）调查结果　各站位沉积物样品中各监测项目的分析测试结果见附表16。沉积物单因子评价结果见附表16。按照各站位的执行标准进行评价，结论如下：

按照第一类评价标准的9个站位，仅5号站位的石油类超第一类标准，超标倍数为0.16倍，但满足第二类沉积物质量标准，其他站位各项评价因子均符合《海洋沉积物质量》（GB 18668—2002）规定的第一类沉积物质量标准。根据海域调查结果分析，调查海域附近有航道，会有船舶行驶。因此，个别站位石油烃含量超标。总体来说，超标站位距离本项目较远，项目区域沉积物状况整体较好（附表17）。

附表16　沉积物样品分析监测结果（2021年3月）

站位	硫化物（10^{-6}）	石油类（10^{-6}）	有机碳（10^{-2}）	Hg（10^{-6}）	Cu（10^{-6}）	As（10^{-6}）	Pb（10^{-6}）	Cd（10^{-6}）	Zn（10^{-6}）
2	48.7	206	0.88	0.045	26.3	7.99	29.2	0.072	68.4
3	27.3	136	0.79	0.045	25.2	8.12	24.7	0.064	70.7
5	137	579	0.70	0.045	24.0	8.42	31.8	0.200	69.2
6	52.2	313	0.80	0.047	24.3	7.60	18.1	0.094	71.2
7	73.8	294	0.89	0.044	23.0	7.80	22.8	0.110	61.2
10	85.6	326	0.86	0.044	24.6	7.97	29.3	0.250	67.6

（续）

站位	硫化物 (10^{-6})	石油类 (10^{-6})	有机碳 (10^{-2})	Hg (10^{-6})	Cu (10^{-6})	As (10^{-6})	Pb (10^{-6})	Cd (10^{-6})	Zn (10^{-6})
11	36.6	190	0.77	0.051	22.9	7.71	15.3	0.047	61.8
13	21.5	152	0.78	0.043	20.2	7.67	22.9	0.340	56.3
17	7.0	59	0.46	0.029	15.5	5.07	29.7	0.086	91.5

附表 17　调查海区的沉积物标准指数统计结果（2021.3）

站位	硫化物 (10^{-6})	石油类 (10^{-6})	有机碳 (10^{-2})	Hg (10^{-6})	Cu (10^{-6})	As (10^{-6})	Pb (10^{-6})	Cd (10^{-6})	Zn (10^{-6})
2	0.16	0.41	0.44	0.23	0.75	0.40	0.49	0.14	0.46
3	0.09	0.27	0.40	0.23	0.72	0.41	0.41	0.13	0.47
5	0.46	1.16	0.35	0.23	0.69	0.42	0.53	0.40	0.46
6	0.17	0.63	0.40	0.24	0.69	0.38	0.30	0.19	0.47
7	0.25	0.59	0.45	0.22	0.66	0.39	0.38	0.22	0.41
10	0.29	0.65	0.43	0.22	0.70	0.40	0.49	0.50	0.45
11	0.12	0.38	0.39	0.26	0.65	0.39	0.26	0.09	0.41
13	0.07	0.30	0.39	0.22	0.58	0.38	0.38	0.68	0.38
17	0.02	0.12	0.23	0.15	0.44	0.25	0.50	0.17	0.61

6.1.6.3　海洋生物质量状况调查与评价

本项目海洋生物质量现状引用国家海洋环境监测中心于 2018 年 4 月对该海域生物质量现状调查结果。

（1）调查时间　2018 年 4 月。

（2）调查站位　共计 29 个调查站位，见附表 18。本项目论证范围内有 13、14、18、20、21、22，共 6 个站位。

附表 18　生物质量调查站位坐标表（2018 年 4 月）

站号	纬度	经度	调查内容
13	39°14′36″	121°32′28″	海洋生物质量
14	39°12′24″	121°31′17″	海洋生物质量
18	39°14′2″	121°25′20″	海洋生物质量
20	39°12′28″	121°24′27″	海洋生物质量
21	39°19′10″	121°24′55″	海洋生物质量
22	39°17′26″	121°25′45″	海洋生物质量

（3）监测项目　选取海洋生物（包括鱼类、软体类、甲壳类及贝类）进行残毒分析，分析项目包括铜、铅、锌、镉、汞、铬和石油烃，共计7项。

（4）分析测定方法　将样品取其肌肉部分，参照《海洋监测规范》（GB 17378.6—2007）进行实验分析。

（5）调查结果　2018年4月调查海域生物质量检验结果见附表19。

附表19　调查海域生物质量检验测定结果（2018年4月）

站位	种类	铜	铅	锌	镉	总汞	铬	石油烃
O13	大泷六线鱼	0.7	0.05	9.5	0.025	0.049	0.30	4.86
O14	长蛸	5.5	0.06	13.0	0.005	0.011	0.25	3.37
O18	髭缟虾虎鱼	0.4	0.04	9.1	0.073	0.019	0.32	4.07
O20	葛氏长臂虾	28.6	0.04	13.0	0.149	0.007	0.30	5.37
O21	葛氏长臂虾	22.7	0.04	12.7	0.151	0.007	0.30	5.35
O22	班尾刺虾虎鱼	0.4	0.04	6.2	0.019	0.028	0.17	2.62

注：各因子单位（$\times 10^{-6}$）。

（6）评价方法和标准　海洋生物质量评价采用标准指数法。

依据《辽宁省海洋功能区划（2011—2020年）》中的环境管理要求，选择相应标准进行评价。对于贝类（双壳类）采用《海洋生物质量》（GB18421—2001）进行评价，鱼类、甲壳类（除As、石油烃外）采用《全国海岸带和海涂资源综合调查简明规程》（第九篇 环境质量调查）中的标准进行评价，鱼类和甲壳类生物体内的石油烃采用《第二次全国海洋污染基限调查规程》（第二分册）中的标准进行评价。

依据《辽宁省海洋功能区划（2011—2020）》中的环境管理要求，论证范围内的生物质量调查站位全部位于大连斑海豹海洋保护区内，虽然大连斑海豹自然保护区已做出调整，但仍执行第一类海洋生物质量标准。

附表20　生物体内残留物评价标准（湿重 10^{-6}）

生物类别	贝类（双壳类）			软体动物（非双壳类）	甲壳	鱼类
评价标准	《海洋生物质量》（GB 18421—2001）			《全国海岸带和海涂资源综合调查简明规程》《第二次全国海洋污染基线调查技术规程》（第二分册）		
	第一类	第二类	第三类	参考值	参考值	参考值
铜	10	25	50（牡蛎100）	100	100	20
铅	0.1	2.0	6.0	10.0	2.0	2.0

（续）

生物类别	贝类（双壳类）			软体动物（非双壳类）	甲壳类	鱼类
评价标准	《海洋生物质量》（GB 18421—2001）			《全国海岸带和海涂资源综合调查简明规程》《第二次全国海洋污染基线调查技术规程》（第二分册）		
	第一类	第二类	第三类	参考值	参考值	参考值
锌	20	50	100（牡蛎500）	250	150	40
镉	0.2	2.0	5.0	5.5	2.0	0.6
铬	0.5	2.0	6.0	/	/	/
砷	1.0	5.0	8.0	/	/	/
汞	0.05	0.10	0.30	0.3	0.2	0.3
石油烃	15	50	80	20	20	20

（7）评价结论　2018年4月调查海域、海洋生物质量单因子评价结果见附表21、附表22、附表23。

调查海域海洋生物质量评价结果显示：论证范围内的6个站位点，鱼类、甲壳类、软体动物类均满足第一类海洋生物质量标准，项目区域生物质量状态良好。

附表21　调查海域鱼类生物质量单因子评价结果（2018年4月）

站位	种类	铜	铅	锌	镉	总汞	石油烃
O13	大泷六线鱼	0.035	0.025	0.238	0.042	0.163	0.324
O18	髭缟虾虎鱼	0.020	0.020	0.228	0.122	0.063	0.271
O22	斑尾刺虾虎鱼	0.020	0.020	0.155	0.032	0.093	0.175

附表22　调查海域甲壳类生物质量单因子评价结果（2018年4月）

站位	种类	铜	铅	锌	镉	总汞	石油烃
O20	葛氏长臂虾	0.286	0.020	0.087	0.075	0.035	0.358
O21	葛氏长臂虾	0.227	0.020	0.085	0.076	0.035	0.357

附表23　调查海域软体动物类生物质量单因子评价结果（2018年4月）

站位	种类	铜	铅	锌	镉	总汞	石油烃
O14	长蛸	0.055	0.006	0.052	0.001	0.037	0.225

6.2　海洋生态概况

6.2.1　海洋生态现状调查与评价

（1）调查项目　叶绿素a、底栖生物、浮游植物、浮游动物。

（2）调查方法　叶绿素 a。

①叶绿素 a。样品采集表底层水样 500mL。使用孔径 $0.65\mu m$ 的 GF/F 滤膜抽滤 100mL 水样，对折铝箔包裹后－20℃冰箱中保存。

②浮游植物。样品采集使用浅水Ⅲ型浮游生物网自水底至水面拖网采集浮游植物。采集到的浮游植物样品用浓度 5％甲醛固定保存。浮游植物样品经过静置、沉淀、浓缩后换入贮存瓶并编号，处理后的样品使用光学显微镜采用个体计数法进行种类鉴定和数量统计。个体数量 $N\times10^4$ 个/m^3 表示。

③浮游动物。样品采集使用浅水Ⅰ型浮游生物网自底至表垂直拖取采集。所获样品用 5％的甲醛固定保存。浮游动物样品分析采用个体计数法鉴定计数，网按 100％分样计数后换算成全网数量（个/m^3）。浮游动物生物量为浅水Ⅰ型网浮游动物湿重生物量。

④底栖生物。样品采用抓斗式采泥器采集，采样面积均为 $0.1m^2$。将采集到的沉积物样品倒入底栖生物分样筛中，提水冲掉底泥，挑选所有动物，放入标本瓶中，贴上标签，用 5％甲醛溶液固定，运回实验室后用体视显微镜对生物进行鉴定和计数，用天平称重。海洋生态调查项目分析方法见附表 24。

附表 24　海洋生态调查项目分析方法

序号	项目	分析方法
1	叶绿素 a	海洋监测规范 第 7 部分 近海污染生态调查和生物监测 分光光度法 GB 17378.7—2007（8.2）
2	浮游植物	海洋监测规范 第 7 部分 近海污染生态调查和生物监测 浮游生物生态调查 GB 17378.7—2007（5）
3	浮游动物	海洋监测规范 第 7 部分 近海污染生态调查和生物监测 浮游生物生态调查 GB 17378.7—2007（5）
4	底栖生物	海洋监测规范 第 7 部分 海污染生态调查和生物监测 大型底栖生物生态调查 GB 17378.7—2007（6）

（3）评价方法

①采用 Shannon-Weaner 指数测定多样性指数，其计算公式为：

$$H' = -\sum_{i=1}^{s} P_i \log_2 P_i$$

式中：H'——种类多样性指数；

　　　S——样品中的种类总数；

　　　P_i——第 i 种的个体数与总个体数的比值。

②采用 Pielou 均匀度测定生物均匀度，其公式为：

$$J = H'/\log_2 S$$

式中：J——均匀度；

$\quad\quad H'$——种类多样性指数；

$\quad\quad S$——样品中的种类总数。

③丰度（d）应用以下公式计算

$$d = \frac{S-1}{\log_2 N}$$

式中：d——表示丰度；

$\quad\quad S$——样品中的种类总数；

$\quad\quad N$——样品中的生物个体数。

④优势种（Y）应用以下公式计算

$$Y = (n/N) \times f$$

式中：n——该种数量；

$\quad\quad N$——总数量；

$\quad\quad f$——该种出现频率。

本文定义优势度 $Y \geqslant 0.02$ 的种类为优势种。

⑤优势度（D）

$$D = \frac{N_1 + N_2}{NT}$$

式中：D——优势度；

$\quad\quad N_1$——样品中第一优势种的个体数；

$\quad\quad N_2$——样品中第二优势种的个体数；

$\quad\quad NT$——样品中的总个体数。

6.2.1.1　叶绿素 a 调查结果分析（附表 25）

海域叶绿素 a 的平均值为 $0.73\mu g/L$。表层叶绿素 a 最大值为 $2.19\mu g/L$，出现在 5 站位，最小值为 $0.32\mu g/L$，出现在 6 站位。底层叶绿素 a 最大值为 $0.77\mu g/L$，出现在 8 站位；最小值为 $0.07\mu g/L$，出现在 1 站位。表、底层叶绿素 a 平均值分别为 $1.01\mu g/L$ 和 $0.44\mu g/L$，表层叶绿素 a 略高于底层叶绿素 a 浓度。

附表 25　叶绿素 a 调查结果

站位	叶绿素 a（$\mu g/L$）	
	表层	底层
1	0.52	0.07
4	0.75	0.44

（续）

站位	叶绿素 a（μg/L）	
	表层	底层
5	2.19	0.49
6	0.32	0.31
8	1.38	0.77
9	0.80	0.47
10	0.82	0.41
11	0.88	0.63
12	0.66	0.32
13	1.64	0.40
14	0.74	0.53
17	1.45	0.44
平均值	1.01	0.44

6.2.1.2　浮游植物调查结果分析（附表 26）

（1）种类组成　本次调查共检出浮游植物 44 种，其中硅藻 42 种、甲藻 1 种和金藻 1 种。

附表 26　浮游植物种类名录

种类	Species
硅藻	***Bacillariophyta***
小环藻	*Cyclotella* sp.
丹麦细柱藻	*Leptocylindrus danicus*
正盒形藻	*Biddulphia biddulphiana*
菱形藻	*Nitzschia* sp.
尖刺菱形藻	*Nitzschia pungens*
优美旭氏藻矮小变型	*Schroderella delicatula f. schrÖderi*
脆杆藻	*Fragilaria* sp.
布氏双尾藻	*Ditylum brightwellii*
短楔形藻	*Licmophora abbreviata*
中肋骨条藻	*Skeletonema costatum*
角毛藻	*Chaetoceros* sp.
海链藻	*Thalassiosira* sp.

（续）

种类	Species
具槽直链藻	*Melosira sulcata*
洛氏角毛藻	*Chaetoceros lorenzianus*
密联角毛藻	*Chaetoceros densus*
棘冠藻	*Corethron criophilum*
念珠直链藻	*Melosira moniliformis*
琼氏圆筛藻	*Coscinodiscus granii*
丹麦角毛藻	*Chaetoceros danicus*
圆海链藻	*Thalassiosira rotula*
活动盒形藻	*Biddulphia mobiliensis*
虹彩圆筛藻	*Coscinodiscus oculus-iridis*
威利圆筛藻	*Coscinodiscus wailesii*
羽纹藻	*Pinnularia* sp.
透明辐杆藻	*Bacteriastrum hyalinum*
旋链角毛藻	*Chaetoceros curvisetus*
长菱形藻	*Nitzschia longissima*
奇异菱形藻	*Nitzschia paradoxa*
膜状舟形藻	*Meuniera membranacea*
格氏圆筛藻	*Coscinodiscus granii*
柔弱几内亚藻	*Guinardia delicatula*
柔弱角毛藻	*Chaetoceros debilis*
新月菱形藻	*Nitzschia closterium*
星脐圆筛藻	*Coscinodiscus asterromphalus*
窄面角毛藻	*Chaetoceros paradoxus*
粗根管藻	*Rhizosolenia robusta*
短角弯角藻	*Eucampia zodiacus*
加氏星杆藻	*Asterionella kariana*
刚毛根管藻	*Rhizosolenia setigera*
短柄曲壳藻	*Achnanthes brevipes*
诺氏海链藻	*Thalassiosira nordenskiöldii*
斯氏几内亚藻	*Guinardia striata*
甲藻	***Pyrrophyta***

（续）

种类	Species
三角角藻	*Ceratium tripos*
金藻	***Chrysophyta***
小等刺硅鞭藻	*Dictyocha fibula*

（2）生物密度　浮游植物细胞数量平均为 1.47×10^6 个$/m^3$，各站位数量波动范围为 $46.32\times10^4\sim352.58\times10^4$ 个$/m^3$，数量最多的是 13 站位，数量最少的是 8 站位（附表 27）。

附表 27　浮游植物生物密度

站位	密度（$\times10^4$ 个$/m^3$）
1	49.28
4	94.35
5	97.44
6	122.98
8	46.32
9	122.00
10	135.85
11	123.76
12	138.95
13	352.58
14	201.55
17	281.16
平均值	147.19

（3）优势种　调查结果显示，在该海区浮游植物群落中优势种种类为 10 种，主要优势种是小环藻、丹麦细柱藻、正盒形藻、尖刺菱形藻、优美旭氏藻矮小变型、脆杆藻、短楔形藻、中肋骨条藻、角毛藻、具槽直链藻（附表 28）。

附表 28　浮游植物优势种统计

种类名	出现次数	优势度 Y
小环藻	12	0.04
丹麦细柱藻	12	0.09

（续）

种类名	出现次数	优势度 Y
正盒形藻	12	0.02
尖刺菱形藻	12	0.12
优美旭氏藻矮小变型	11	0.06
脆杆藻	11	0.03
短楔形藻	11	0.05
中肋骨条藻	11	0.39
角毛藻	10	0.02
具槽直链藻	6	0.02

（4）浮游植物群落特征　调查海域各站位浮游植物种类数介于14~22种，平均为18种。种类数最多的站位是6站位，最少的是4站位（附表29）。

调查海域各站位浮游植物多样性指数（H'）介于2.23~3.43之间，平均为2.67。多样性指数最高的站位是6站位，最低的是10、11站位。

调查海域各站位浮游植物均匀度指数（J）介于0.52~0.80之间，平均为0.64。均匀度指数最高的站位是1站位，最低的10站位。

调查海域各站位浮游植物丰度指数（d）介于0.70~1.11之间，平均为0.91。均匀度指数最高的站位是6站位，最低的是4站位。

调查海域各站位浮游植物优势度指数（D）介于0.36~0.71之间，平均为0.56。优势度指数最高的站位是17站位，最低的是6站位。

附表29　浮游植物生物多样性结果

站位	种数	多样性指数 H'	均匀度 J	丰度 d	优势度 D
1	15	3.14	0.80	0.80	0.39
4	14	2.56	0.67	0.70	0.52
5	19	2.52	0.59	0.97	0.57
6	22	3.43	0.77	1.11	0.36
8	17	2.43	0.59	0.91	0.67
9	19	2.96	0.70	0.95	0.54
10	20	2.23	0.52	1.00	0.67
11	16	2.23	0.56	0.79	0.70
12	16	2.84	0.71	0.79	0.54
13	20	2.50	0.58	0.93	0.54

（续）

站位	种数	多样性指数 H'	均匀度 J	丰度 d	优势度 D
14	20	2.82	0.65	0.97	0.46
17	22	2.40	0.54	1.04	0.71
平均值	18	2.67	0.64	0.91	0.56

6.2.1.3 浮游动物调查结果分析

（1）种类组成　本次调查共鉴定出浮游动物五大类 21 种，其中桡足类 12 种、浮游幼虫 6 种、毛颚动物 1 种、被囊动物 1 种、端足目 1 种（附表 30）。

附表 30　浮游动物种类名录

种类	Species
桡足类	***Acartia bifilosa***
双毛纺锤水蚤	*Pavacalanus parvus*
小拟哲水蚤	*Centropages tenuiremis*
瘦尾胸刺水蚤	*Oithona similis*
拟长腹剑水蚤	*Calanus sinicus*
中华哲水蚤	*Euterpina* sp.
猛水蚤	*Centropages abdominalis*
腹胸刺水蚤	*Acartia clausi*
克氏纺锤水蚤	*Corycaeus affinis*
近缘大眼水蚤	*Acartia morii*
沃氏纺锤水蚤	*Euterpina acutifrons*
尖额谐猛水蚤	*Labibocera euchaeta*
真刺唇角水蚤	*Acartia bifilosa*
浮游幼虫	***Larva***
桡足类幼体	*Copepods larva*
桡足类无节幼体	*Nauplius larva*
蔓足类蚤状幼体	*Cirripedia larva*
腹足类幼体	*Macrura larva*
双壳类幼体	*Bivalvia larva*
多毛类幼体	*Polychaeta larva*
毛颚动物	***Chaetognatha***
强壮箭虫	*Sagitta crassa*

（续）

种类	Species
被囊动物	***tunicate***
异体住囊虫	*Oikopleura dioica*
端足目	***Amphipoda***
钩虾	*Ampelisca sp.*

（2）密度与生物量分布　调查海域浮游动物平均密度 180.42 个/m³，各站位数量波动范围为 86.25～267.50 个/m³，数量最多的是 1 站位，数量最少的是 6 站位。

调查海域浮游动物生物量平均值为 47.92mg/m³，各站位生物量波动范围为 25.00～150.00mg/m³，生物量最大的是 1 站位，最小的是 6、8、12、14、17 站位（附表 31）。

附表 31　浮游动物生物密度、生物量

站位	密度（个/m³）	生物量（mg/m³）
1	267.50	150.00
4	143.75	87.50
5	176.25	50.00
6	86.25	25.00
8	195.00	25.00
9	193.75	50.00
10	226.25	37.50
11	173.75	37.50
12	127.50	25.00
13	196.25	37.50
14	157.50	25.00
17	221.25	25.00
最小值	86.25	25.00
最大值	267.50	150.00
平均值	180.42	47.92

（3）优势种　调查结果显示，在该海区浮游动物群落中优势种种类为 8 种，主要优势种有双毛纺锤水蚤、小拟哲水蚤、瘦尾胸刺水蚤、拟长腹剑水

蚤、中华哲水蚤、猛水蚤、桡足类幼体和桡足类无节幼体（附表 32）。

附表 32　浮游动物优势种统计

种类名	出现次数	优势度 Y
双毛纺锤水蚤	12	0.32
小拟哲水蚤	12	0.08
瘦尾胸刺水蚤	12	0.04
拟长腹剑水蚤	12	0.13
中华哲水蚤	12	0.15
猛水蚤	12	0.03
桡足类幼体	12	0.10
桡足类无节幼体	11	0.07

（4）群落特征　调查海域各站位浮游动物种类数介于 9～16 种，平均为 13 种。种类数最多的站位是 10、17 站位，最少的是 14 站位。

调查海域各站位浮游动物多样性指数（H'）介于 2.28～3.43 间，平均为 2.84。多样性指数最高的站位是 4 站位，最低的是 11 站位。

调查海域各站位浮游动物均匀度指数（J）介于 0.66～0.93 之间，平均为 0.78。均匀度指数最高的站位是 4 站位，最低的是 11 站位。

调查海域各站位浮游动物丰度指数（d）介于 1.15～2.01 之间，平均为 1.61。均匀度指数最高的站位是 17 站位，最低的是 14 站位。

调查海域各站位浮游动物优势度指数（D）介于 0.26～0.72 之间，平均为 0.48。优势度指数最高的站位是 11 站位，最低的是 4 站位（附表 33）。

附表 33　浮游动物生物多样性结果

站位	种数	多样性指数 H'	均匀度 J	丰度 d	优势度 D
1	14	3.08	0.81	1.68	0.41
4	13	3.43	0.93	1.75	0.26
5	12	2.98	0.83	1.54	0.37
6	10	2.55	0.77	1.47	0.57
8	12	2.88	0.80	1.51	0.35
9	12	2.86	0.80	1.51	0.39
10	16	2.89	0.72	2.00	0.59
11	11	2.28	0.66	1.40	0.72

（续）

站位	种数	多样性指数 H'	均匀度 J	丰度 d	优势度 D
12	13	2.89	0.78	1.80	0.47
13	12	2.67	0.74	1.51	0.59
14	9	2.61	0.82	1.15	0.56
17	16	3.00	0.75	2.01	0.45
平均值	13	2.84	0.78	1.61	0.48

6.2.1.4　底栖生物调查结果分析（附表 34）

（1）种类组成　本次调查共检出底栖生物 18 种，其中软体动物 11 种，占总种类的 61%；节肢动物 4 种，占总种数的 22%；环节动物 2 种，占总种数的 11%；多孔动物 1 种，占总种数的 6%。

附表 34　底栖生物种类名录

种类	Species
软体动物	***Mollusca***
秀丽织纹螺	*Nassarius festivus*
箭头卷管螺	*Etrema subauriformis*
帝王卷螺螺	*Turbonilla aulica*
日本镜蛤	*Dosinia japonica*
黄裁判螺	*Inquisitor flavidula*
腰带螺	*Cingulina cingulata*
纵肋织纹螺	*Nassarius variciferus*
丽小笔螺	*Mitrella bella*
布尔小笔螺	*Mitrella burchardi*
红带织纹螺	*Nassarius succinctus*
薄荚蛏	*Siliqua pulchella*
节肢动物	***Arthropoda***
异足倒颚蟹	*Asthenognathus inaequipes*
日本浪漂水虱	*Cirolana japonensis*
沟纹拟盲蟹	*Typhlocarcinops canaliculata*
伍氏拟厚蟹	*Helicana wuana*
环节动物	***Annelida***
长吻沙蚕	*Glycera chirori*

（续）

种类	Species
锥唇吻沙蚕	*Glycera onomichiensis*
多孔动物	***Porifera***
寄居蟹皮海绵	*Suberites domuncula*

（2）生物密度与生物量分布　调查海域底栖生物平均生物密度 75.00 个/m²，各站位数量波动范围为 0.00～180.00 个/m²，数量最多的是 5 站位，数量最少的是 12 站位。

调查海域底栖生物生物量平均值为 6.45g/m²，各站位生物量波动范围为 0.00～15.47g/m²，生物量最大的是 9 站位，最小的是 12 站位（附表 35）。

附表 35　底栖生物生物密度、生物量

站位	生物密度（个/m²）	生物量（g/m²）
1	80.00	1.63
4	60.00	4.24
5	180.00	7.18
6	60.00	5.51
8	80.00	13.37
9	140.00	15.47
10	40.00	7.83
11	120.00	5.41
12	0.00	0.00
13	80	10.86
14	20	5.03
17	40	0.87
最小值	0.00	0.00
最大值	180.00	15.47
平均值	75.00	6.45

（3）优势种　根据生物密度及出现频次，底栖生物优势种有 4 种，分别为秀丽织纹螺、箭头卷管螺、黄裁判螺和帝王卷蝾螺（附表 36）。

附表 36　底栖生物优势种统计

种类名	出现次数	优势度 Y
秀丽织纹螺	6	0.17
箭头卷管螺	4	0.03
黄裁判螺	4	0.03
帝王卷蝶螺	3	0.03

（4）底栖生物群落特征　调查海域各站位底栖生物种类数介于 0~5 种，平均为 3 种。种类数最多的站位是 5 站位，最少的是 12 站位。

调查海域各站位底栖生物多样性指数（H'）介于 0.00~2.00 之间，平均为 1.26。多样性指数最高的站位是 13 站位，最低的是 12、14 站位。

调查海域各站位底栖生物均匀度指数（J）介于 0.00~1.00 之间，平均为 0.79。均匀度指数最高的站位是 4、6、10、13、17 站位，最低的是 12、14 站位。

调查海域各站位底栖生物丰度指数（d）介于 0.00~1.50 之间，平均为 0.93。均匀度指数最高的站位是 13 站位，最低的是 12、14 站位。

调查海域各站位底栖生物优势度指数（D）介于 0.00~1.00 之间，平均为 0.71。优势度指数最高的站位是 10、14、17 站位，最低的是 12 站位（附表 37）。

附表 37　底栖生物生物多样性结果

站位	种数	多样性指数 H'	均匀度 J	丰度 d	优势度 D
1	3	1.50	0.95	1.00	0.75
4	3	1.58	1.00	1.26	0.67
5	5	1.88	0.81	1.26	0.67
6	3	1.58	1.00	1.26	0.67
8	3	1.50	0.95	1.00	0.75
9	4	1.66	0.83	1.07	0.71
10	2	1.00	1.00	1.00	1.00
11	3	1.46	0.92	0.77	0.83
12	0	0.00	0	0	0
13	4	2.00	1.00	1.50	0.50
14	1	0.00	0	0	1.00
17	2	1.00	1.00	1.00	1.00
平均值	3	1.26	0.79	0.93	0.71

6.3 渔业资源现状调查与评价

2021 年 3 月份的调查，未调查到鱼卵、仔稚鱼。

6.3.1 自然资源概况

6.3.1.1 岛礁资源

经调查，项目所在海域岛礁资源丰富。共有岛礁 21 处，其中沿岸岛屿 11 处、近岸岛屿 10 处，具体名称统计见附表 38。

根据卫星影片和现场踏勘发现，项目周边的 21 个海岛中部分海岛面积很小，且岛上无植物生长，高潮时礁盘淹没、低潮时礁盘露出，由于海岛相关资料记载很少且本项目建设对其不构成影响，因此本章节不对海岛进行一一介绍，仅选择其中 8 个距离项目较近或已经开发建设的海岛进行具体介绍。

附表 38　本项目附近岛礁资源统计表

序号	岛名	位置	序号	岛名	位置
沿岸岛屿			近岸岛屿		
1	玉兔岛	NE 7.44km	12	范家坨子	SE 15.79km
2	西沙坨子岛	NE 2.76km	13	万年船岛	S 3.14km
3	空坨子	E 8.34km	14	偏坨子	S 5.51km
4	南坨子	E 10.79km	15	石线岛	S 5.25km
5	汗坨子	E 10.49km	16	石线南岛	S 5.42km
6	鸭蛋坨子	E 10.61km	17	底星岛	S 6.54km
7	干岛子	E 12.85km	18	东咀岛	S 7.32km
8	鹿鸣岛	SE 11.05km	19	西蚂蚁岛	S 7.19km
9	青坨子	SE 12.84km	20	东蚂蚁岛	S 6.70km
10	打连岛子	N 9.35km	21	西大坨子	S 3.05km
11	线麻坨岛	N 8.84km			
合计：21 个岛					

（1）西沙坨子岛　西沙坨子岛为距离人工鱼礁区域最近且已开发建设的海岛，位于项目东北侧 2.76km 处。

西沙坨子岛，位于渤海东岸、辽东半岛西岸，处于××湾口、钓鱼咀南海域，距北侧的兔岛 4.5km，距东侧的空坨子岛 6.4km，距南侧的西大坨子岛 5.2km，距大陆最近点（辽宁省大连市金州区七顶山镇葫芦套屯）7km，坐标范围为东经 121°30′29″—121°30′37.7″，北纬 39°17′13.2″—39°17′19.3″。西沙坨子岛为无居民海岛，在行政区划上属于辽宁省大连市金普新区。

西沙坨子岛原貌呈新月形，东北-西南走向，长 294m，宽 97m，海岸线长约 700m，海岸线以上面积约 14 230m²，周边低潮高地面积约 26 000m²。海岛地势整体上中部高于四周，最高海拔 9.8m。海岛自然地貌类型上属于侵蚀剥蚀残丘。岛上出露的基岩主要由石英砂岩、石英砂夹页岩构成，属于元古界细河群桥头组地层。海岛表层为风化层，风化程度较强，土壤发育，主要为石英岩类上发育的棕壤性土。岛上土层较薄，主要分布在海岛顶部及岩石缝中。植被密集，主要为禾本草丛，以毛芦苇等居多。

（2）玉兔岛　玉兔岛位于人工鱼礁项目东北侧 7.44km 处，目前已进行开发建设。

玉兔岛，位于××湾南部海域，距陆地 3.89km，属七顶山满族乡。因远眺岛形似兔得名。长 1.36km，宽 0.23km，陆地面积 0.31km²，海拔 34.8m。地势西高中低，西北部海岸陡峭。东北岸边有大面积滩涂，滩涂中部有一沙岗，退大潮时人可步行出岛。有居民 5 户，14 人，耕地 14.4hm²，有淡水源。以渔业为主兼营农业，盛产扇贝、鱼、虾、蟹等，建有扇贝海产品养殖场。

（3）空坨子　空坨子岛位于人工鱼礁项目东侧 8.34km 处。

空坨子岛，位于渤海东岸、辽东半岛西岸、××湾东侧、钓鱼咀南海域，距大陆最近点（辽宁省大连市金州区七顶山镇葫芦套屯）772m，地理坐标为 121°34′44.4″E，39°15′45.7″N。因岛体西南腰部有无数小岩洞而得名。当地人又称其为“孔坨子”。该岛属于孤岛。在《全国海岛名称与代码》（HY/T 119—2008）中的代码为 210200000921。

空坨子岛，大体呈菱形，南北长 520m，东西宽 375m，岸线长 1 401m，面积 93 497m²，最高点高程 52.6m。海岛整体地貌类型属于圆顶状侵蚀低丘。地势呈中间高、四周低。岛上出露的基岩主要由灰黑色、灰白色厚层结晶灰岩构成，属古生界奥陶系下统治里组地层。海岛表层为风化层，发育土壤。海岛上土层较薄、贫瘠，主要为片岩类棕壤性土。岛顶部出露基岩。岛上植被主要以草本植物为主，只有在海岛东北侧分布有小片稀疏的灌木植被。

空坨子岛岸线类型主要包括沙质岸线和基岩岸线两种类型。海岛的北部较为陡峭，南侧相对平缓，中间最高，南侧最低。岛的东南侧向陆水动力条件相对较弱，发育有砂砾质海滩，海滩上侧多为粗砾砂及贝壳等堆积物，坡度较陡；海滩下侧较上侧平缓，滩面分布大量磨圆度较好的卵石，其下为平坦的岩滩。在海岛的东北侧砂砾滩消失，地貌类型主要以海蚀崖、海蚀台地地貌为主。在海岛的北端发育有一处海蚀穹及大量的海蚀穴。海岛东南侧也分布大量海蚀穴。

截至 2008 年 5 月海岛现场调查时，在岛的东南侧建有房屋、亭子等旅游设施。海岛对面的大连孔坨岛海珍品有限公司建有小型码头，从码头乘小型船只便可登岛进行旅游观光。海岛周围礁石附近还具有丰富海参资源可供开发利用。岛上最高处建有航标，为附近航行船只提供指示作用。

(4) 打连岛子　打连岛子位于人工鱼礁北侧 9.35km 处。

打连岛子，在辽宁省瓦房店市区西南 56km 渤海海域，距大陆最近点 21.5km，形似褶裙，长 550m，宽 90m，面积 0.05km²，海拔 34.5m，由花岗岩构成，无植被，东部有礁群。

(5) 线麻坨岛　线麻坨岛位于人工鱼礁北侧 8.84km 处。

线麻坨岛，在辽宁省瓦房店市区西南 67km 渤海海域，距大陆最近点云台山 2.2km，岛上野生线麻植物，岛呈椭圆形，长 350m，宽 100m，面积约 0.035km²，海拔 44m，由花岗岩构成。

(6) 鹿鸣岛　鹿鸣岛位于人工鱼礁东南侧 11.05km 处，目前已进行开发建设，为已开发无居民海岛。

该岛位于北纬 $39°11'29.3''$、东经 $121°34'13''$，面积 757 622.4m²，岸线长度 3 744.5m，最高点高程 96.7m，距大陆最近距离 1.35km。岛上建有堆放生产物资和生活物资的厂房、看海小屋、养殖场和育苗室、旅游度假村，岛上建有大港和小港两个码头，有种植玉米等农作物的耕地，周边有底播养殖和周边养殖。目前，该岛的主要用途为交通运输、渔业、旅游娱乐、仓储、农林业。岛的物质类型为基岩，植被覆盖为草丛、乔木、灌木。

(7) 西蚂蚁岛　西蚂蚁岛位于人工鱼礁南侧 7.19km 处。

西蚂蚁岛，位于金州湾北部海域，距陆地 9.32km，属大连市金州区大魏家镇。因岛呈细长状，窄处低平，形似蚂蚁得名。海岛呈东南—西北走向，长 2.75km，宽 0.44km，陆地面积 1.21km²，海拔 54.6m。地质属古生界奥陶、寒武系地层。北高南低，地势较平，周围海水清澈，暗礁罗列，水深 5～10m，平均流速 1 节。

(8) 东蚂蚁岛　东蚂蚁岛位于人工鱼礁南侧 6.70km 处。

东蚂蚁岛，位于金州湾北部海域，距陆地 7.83km，属金州区大魏家镇。因在蚂蚁岛东侧，岛形似蚂蚁得名。东南—西北走向，长 1.65km，宽 0.61km，陆地面积约 1.064km²，海拔 85m。

6.3.1.2　渔业资源

(1) 渔业资源　××湾海域自然条件优越，水域理化条件好，饵料充分，渔业资源比较丰富。常见游泳动物有 60 多种，其中鱼类 56 种、甲壳类 7 种，藻类主要有海带、紫菜、石花菜。渔业捕捞以湾外海域作业为主，捕捞方式主要为张网（定制网）、刺网和拖网。××湾周边海域主要渔业生物资源有刺参、

杂色蛤、扇贝、文蛤、鹰爪虾、小黄鱼、梭鱼、青鳞鱼、斑鲦、孔鳐、日本
鳀、鲅、鲈、梅童鱼类、白姑鱼、皮氏叫姑鱼、黑鲷、绵鳚、蓝点马鲛、鰕
虎鱼类、大泷六线鱼、鲬、高眼鲽、石鲽、舌鳎类、绿鳍马面鲀、对虾、日本
鲟等。

(2) 海水养殖业　　××湾海湾面积 530km², 滩涂面积 208km², 是辽宁省
海水养殖的重要海湾。湾内水深、温度、盐度、海流、风浪等条件, 对海洋生
物的养殖非常有利, 滩涂底质类型齐全, 浅海生态类型复杂, 是多种海洋动植
物栖息、繁育的场所。目前, 湾内的滩涂、浅海多已开辟为水产养殖区, 主要
养殖品种包括海参、虾、扇贝、蛤等。其中普兰店湾、簸箕岛和复州湾沿岸主
要为海参、虾养殖, 普兰店湾内存在部分海面养殖扇贝。本项目用海区域周边
为青岛村、七顶山村、大魏家村的海域养殖区, 主要养殖品种有海参、对虾、
杂色蛤等。其中青岛村养殖区滩涂养殖 1 000hm², 海参养殖 400hm², 产海
参、虾 400t, 贝类 1 000 t, 产值 8 800 万元。七顶山村养殖区养殖面积
1 500hm²。年产海参、虾 700t, 贝类 1 300t, 产值 15 000 万元。

6.3.1.3　盐业资源

普兰店湾海水盐度高, 海水浓度为 3.3 波美度, 平均含盐量 30.12‰, 远
远高于黄海的平均含盐量 (18.30‰), 周围没有海水污染源, 海水制盐利用价
值高。

××湾沿岸滩涂宽阔, 自然坡降 0.4‰; 底质类型为砂质粉砂和黏土质粉
砂, 粒径范围 0.001~0.125mm, 黏土含量高, 质地细腻, 渗透性差, 有机质
含量低, 冻结深度 0.85m, 允许承载力 1.0kg/cm², 地震烈度为 7 度, 符合建
设海水蒸发池和晒盐池的地基要求。

××湾年平均气温 10.3℃, 年蒸发量 1 670.3mm; 年降水量 588.2mm,
雨量集中在 7、8 两个月。湾内潮汐、波浪、海流动力较弱, 海洋自然灾害发
生频率低, 海洋工程投资较小。××湾集中了适合海洋盐业生产的全部自然条
件, 湾内沿岸滩涂均可发展海洋盐业生产, 是我国重要的传统盐资源基地。

6.3.1.4　航道及锚地

××湾具有天然深水航道, 风浪掩护和泊稳条件好, 湾内的海岸地质条件
和水深条件有利于发展地方支线港口。根据《大连港总体规划 (2018—2035
年)(送审稿)》(交通运输部规划研究院, 2021.3), 普湾航道规划航道等级
为 0.5 万 t 级, 有效宽度为 150m, 设计底高程为 -10.5m, 为人工航道。普
湾航道西北侧分布着普湾一般货轮锚地和普湾危险品锚地。本项目不占用普湾
航道和普湾锚地用海范围, 与普湾航道最近距离约 618m, 与普湾危险品锚地
距离 4.18km, 与普湾一般货轮锚地距离 5.2km。

6.3.1.5 旅游资源

金州区渤海海滨旅游资源丰富，是一个以观赏山、海、礁、岛地貌奇观等自然风光为特色，以滨海疗养、渡假、风光游览为主要内容的海滨旅游胜地。××湾渤海一侧主要有拉树山旅游渡假景区、长岛子旅游渡假村、石河旅游渡假村，旅游区依山傍海，风景秀丽，岛礁各具特色，景色诱人绮丽。

6.3.1.6 大连斑海豹国家自然保护区

本节引用《大连临空产业园填海造地工程对斑海豹和斑海豹保护区影响报告》（辽宁省海洋水产科学研究院，2011年7月）中相关结论。

大连斑海豹国家自然保护区位于辽东半岛西部海域，保护区总面积67.227 5万 hm^2，包括核心区27.849万 hm^2、缓冲区27.16万 hm^2、实验区12.218 5万 hm^2，主要保护对象为国家二级保护野生动物斑海豹。本项目用海范围未进入斑海豹保护区范围内，最近距离约1.6km。

（1）斑海豹海上调查（2003年） 为了解辽东湾北部海域斑海豹随流冰的分布情况，于2003年2月10～16日及2月20～26日期间，沿流冰边缘进行斑海豹海上观察，仅在2月20日发现4头斑海豹。

2月末至3月份，辽东湾北部的流冰会随风和海流南下，辽东湾北部沿岸、保护区北部海域长兴岛西北沿岸水域漂浮的流冰上有时可以见到当年出生的幼斑海豹，因西风较强或潮流影响，流冰被推挤到岸边，幼斑海豹容易在沿岸搁浅。该时期，一些流冰可抵达及滞留在金州湾和普兰店湾湾内，流冰上也偶有发现当年生的斑海豹，流冰附近往往有成年斑海豹伴随。当流冰融化后，斑海豹分散在辽东湾沿岸觅食。3～5月份在保护区南部核心区的虎平岛附近水域有上百头斑海豹栖游，落潮后上岸滩休息。

（2）虎平岛周边水域调查结果（2005年、2006年和2011年） 分别于2005年、2006年和2011年对虎平岛及附近水域的斑海豹进行了观察。

2005年度调查期间，在西砖石附近的暗滩上几乎每天可观察到斑海豹，斑海豹数量在4月2～6日出现1次高峰；然后4天左右没有发现斑海豹，在12日至16日出现斑海豹数量的最大为54头，4天后斑海豹又出现一个小高峰。从斑海豹数量的日变化可以初步地看出，斑海豹在虎平岛周围海域停留的时间比较短，如果假设3次斑海豹数量多的时期为3个不同斑海豹小群体，每年在该海域逗留过的斑海豹数量应在100头以上。

2006年的观察发现，在虎平岛东、西砖石的两处礁石沙滩范围内，斑海豹主要在西砖石的暗滩上休息，在东砖石及附近海面基本上在1～5头之间。斑海豹数量变化与2005年的结果相似。本年度3月底和4月中旬各出现一次斑海豹的日数量高峰，且间隔半个月之久，考虑到冬季辽东湾的鱼类品种和数量较少，该海域受人类干扰较多，另外，斑海豹开始逐渐离开渤海，初步认为这是两个斑海豹的群体。2006 年经过并逗留调查区域的斑海豹超过 150 头。5 月 7 日以后在调查海域已经见不到斑海豹。

2011 年进行了 28 次观察，结果与 2005 年和 2006 年的调查没有太大的变化。

（3）蚂蚁岛周边水域调查结果（2010 和 2011 年）　2010 年对蚂蚁岛周边斑海豹的调查，乘船到半拉坨子上使用高倍望远镜对目标进行观察，从观察点到目标位置在 200m 内。3 月初金州湾仍然有海冰和流冰，上岸点附近也有流冰，斑海豹数量较少，3 月中旬后，金州湾海冰基本融化，该处的斑海豹数量显著增加，3 月底至 4 月中旬该处的斑海豹每日在 100 多头，5 月下旬后斑海豹数量逐渐减少。

2011 年的观察从 3 月 2 日起，观察人员仍然在半拉坨子上使用望远镜对目标进行观察，对斑海豹的观察通常为一天。本年度最大日观察的斑海豹数量达 248 头，比 2010 年的观察数据增加一倍以上。调查发现，此处上岸点的斑海豹在清明节之前，几乎没有受到任何干扰，整个白天几乎都在滩上，但随着本海区渔民作业季节的开始，渔船通过该处时（通常在早上 8 时左右），斑海豹会离开滩面，一天的时间滩上难以见到斑海豹。

6.4　开发利用现状

6.4.1　社会环境概况

本节引用《2020 年大连市国民经济和社会发展统计公报》（大连市统计局，2021 年 5 月）的相关内容。

6.4.1.1　行政区划

大连市：大连市是我国 15 个副省级城市之一、全国 5 个国家社会与经济发展计划单列市之一。是我国东北地区的金融中心、航运中心，也是东北亚国际航运中心，东北地区最大的港口城市。大连地处辽东半岛最南端，现辖 2 个县级市（瓦房店市、庄河市）、1 个县（长海县）和 7 个区（中山区、西岗区、沙河口区、甘井子区、旅顺口区、金州区、普兰店区）。另外，还有金普新区、保税区、高新技术产业园区 3 个国家级对外开放先导区，以及长兴岛临港工业区和花园口经济区等。截至 2020 年户籍人口 601.6 万人。

金普新区：大连金普新区位于辽宁省大连市中南部，2014 年 6 月获得国务院批复成为我国第十个、东北三省唯一一个国家级新区。它的范围包括大连市金州区全部行政区域和普兰店市部分地区共同组成的，总面积 2 299km²。2013 年，常住人口 158 万人，地区生产总值 2 751.7 亿元，分别占大连市的 22.8% 和 36.0%。新区地理区位优越，战略地位突出，经济基础雄厚，具备带动东北地区等老工业基地全面振兴、深化东北亚区域合作的基础和条件。

6.4.1.2 经济发展概况

2020 年，全年地区生产总值 7 030.4 亿元，比 2019 年增长 0.9%。其中第一产业增加值 459.2 亿元，增长 3.2%；第二产业增加值 2 815.2 亿元，增长 4.3%；第三产业增加值 3 756.0 亿元，下降 2.5%。

2020 年大连全年农林牧渔及服务业总产值 916.6 亿元，比 2019 年增长 2.8%。全年粮食种植面积 26.8 万 hm^2，比 2019 年增加 0.5 万 hm^2。地方水产品产量 226.5 万 t，增长 2.4%。粮食总产量 128.5 万 t，蔬菜及食用菌总产量 174.6 万 t，水果总产量 180.4 万 t。猪、牛、羊禽肉产量 84.4 万吨，禽蛋产量 26.6 万 t，奶产量 5.6 万 t。

2020 年全年全部工业增加值 2 327.2 亿元，比 2019 年增长 3.7%。规模以上工业增加值增长 3.8%。规模以上工业中，分控股类型看，国有控股企业增加值下降 5.4%；民营控股企业增加值增长 19.6%；外商控股企业增加值下降 4.1%。分门类看，采矿业增加值下降 21.2%，制造业增加值增长 4.7%，电力、热力、燃气及水生产和供应业增加值下降 5.3%，石化工业增加值增长 12.4%，装备制造业增加值增长 2.7%，农产品加工业增加值下降 3.3%。

全年规模以上工业产品销售率 98.2%。其中国有控股企业产品销售率 98.79%；民营控股企业产品销售率 98.58%；外商控股企业产品销售率 97.03%。

全年资质以上建筑业总产值 821.9 亿元，比 2019 年增长 11.9%。其中公有制企业 267.3 亿元，增长 12.7%；非公有制企业 554.6 亿元，增长 11.1%。资质以上建筑业企业 2020 年新签订工程合同额 1 064.8 亿元，比 2019 年增长 31.7%。

6.4.1.3 资源和环境

全年人工造林面积 0.13 万 hm^2，其中荒山造林 0.1 万 hm^2，人工更新 66.7hm^2，退化林分修复 266.67 万 hm^2；完成农村"四旁"植树 203 万株；森林抚育 3 333.3 万 hm^2；育苗面积 2 172.7hm^2，生产苗木 1.6 亿株。森林覆盖率 41.5%，林木绿化率 50%。

全年新建各类农村饮水安全巩固提升工程 14 项，完成水土流失治理面积 1.3 万 hm^2，治理河道长度 14km，除险加固小型水库 9 座。

全年规模以上工业综合能源消费量 4 006.9 万 t 标准煤，比 2019 年增长 40.8%。能源加工转换效率 90.3%，比 2019 年提高 3.7 个百分点。重点耗能工业企业原油加工单位综合能耗比 2019 年提高 1.2%，电厂火力发电标准煤耗提高 0.5%，吨钢综合能耗下降 2.3%，吨水泥综合能耗下降 0.8%。规模以上工业发电量 581.1 亿 kWh，比 2019 年增长 2.8%，其中核能发电量 327.0 亿 kWh，下降 0.1%。

全年市区空气中二氧化硫（SO_2）、二氧化氮（NO_2）、可吸入颗粒物（PM_{10}）和细颗粒物（$PM_{2.5}$）年平均浓度分别为 $10\mu g/m^3$、$25\mu g/m^3$、$50\mu g/m^3$、$30\mu g/m^3$，均符合国家二级标准（GB 3095—2012）。空气质量指数（AQI）二级以上（优良）天数 332 天，其中一级（优）天数 137 天。

在用地级以上城市集中式饮水水源地碧流河水库、英那河水库各评价指标均值均达到地表水 Ⅱ 类标准，各断面水质均符合相应考核目标要求。全年优良海水水质占比 99.1%。区域声环境昼间平均等效声级为 53.2 分贝，功能区声环境监测点次达标率昼间为 95.1%、夜间为 77.4%。

6.4.1.4　交通状况

大连市 2020 全年公路货物周转量 262.3 亿 t/km，水运货物周转量 1 507.4亿 t/km，民航货物周转量 0.7 亿 t/km。公路旅客周转量 25.5 亿人/km，水运旅客周转量 1.5 亿人/km，民航旅客周转量 60.9 亿人/km。全年沿海港口货物吞吐量 3.3 亿 t，比 2019 年下降 8.8%；集装箱吞吐量 511 万标箱，下降 41.7%。拥有集装箱班轮航线 99 条，其中外贸航线 86 条、内贸航线 13 条。全年空港旅客吞吐量 858.8 万人次，比 2019 年下降 57.2%；纯货邮吞吐量 12.3 万 t，下降 29.2%。大连国际机场全年航班起降 8.3 万架次；航线总数达到 255 条，其中国内航线 233 条，国际和地区航线 22 条，与 123 个国内外城市通航。

6.4.2　海域使用现状

项目周边海域海洋开发与利用活动主要为渔港、普湾航道和锚地以及海水养殖。

本项目所在海区为良好的水产品养殖区，适合贝类和海珍品养殖，养殖分布十分密集。项目所在的后海湾及周边海域海水养殖主要形式为围海养殖和底播养殖，其中围海养殖主要分布在项目北侧海域，底播养殖主要分布在项目南侧、西侧和东侧海域。本项目西侧为青岛村、七顶山村、大魏家村的海域养殖区，主要养殖品种有海参、对虾、杂色蛤等。其中青岛村养殖区滩涂养殖 $1\ 000hm^2$，海参养殖 $400hm^2$，产海参、虾 400t，贝类 1 000t，产值8 800万元。七顶山村养殖区养殖面积$1\ 500hm^2$。年产海参、虾 700t，贝类 1 300t，产值15 000万元。

××湾具有天然深水航道，风浪掩护和泊稳条件好，湾内的海岸地质条件和水深条件有利于发展地方支线港口。在××湾内，现在正在建设的有瓦房店市炮台镇的松木岛港和普湾新区的三十里堡港。此外，分布在普兰店湾两岸的部分临港产业也利用该航道运输产品和原料,比如松木岛船厂、三十里堡船用柴油机厂等。项目附近分布的渔港位于东南侧,由西到东分别为蚂蚁岛渔港、荞麦山渔港、王家渔港、拉树山屯渔港及拉树山渔港5处。

6.4.3 海域使用权属现状

项目所在海域周边养殖活动较为密集,主要形式为围海养殖和底播养殖。项目单位大连××海珍品养殖有限公司所属的确权养殖海域包括24处围海养殖和3处底播养殖,其海域使用权证书编号和确权面积见附表39。

项目周边其余围海养殖主要分布在项目北侧海域;底播养殖主要分布在项目南侧、西侧和东侧海域。项目周边养殖确权情况见附表39、附表40。

附表39 大连××海珍品养殖有限公司海域使用权情况一览表

序号	海域使用权证书编号	养殖面积(hm²)
围海养殖		
1	2019D21021318741	26.809 9
2	2019D21021318910	24.616 5
3	2019D21021318814	24.711 6
4	2019D21021318807	24.449 9
5	2019D21021318849	25.934 8
6	2019D21021319039	24.509 9
7	2019D21021318766	23.989 2
8	2019D21021318779	24.927 9
9	2019D21021319078	19.047 6
10	2019D21021318934	19.131 8
11	2019D21021319043	22.056 3
12	2019D21021318731	24.712 6
13	辽2017金普新区不动产权第01930051号	29.957
14	2019D21021318979	24.997 9
15	2019D21021319018	7.824 6
16	辽2017金普新区不动产权第01930052号	27.121 1
17	辽2017金普新区不动产权第01930054号	19.755 4
18	辽2017金普新区不动产权第01930050号	19.946 2
19	2019D21021319058	22.404 2
20	2019D21021319085	22.966 4
21	2015D21021319224	26.428 1

（续）

序号	海域使用权证书编号	养殖面积（hm²）
围海养殖		
22	辽2017金普新区不动产权第01930055号	25.632 2
23	2019D21021318969	24.846 1
24	2019D21021319062	24.918 8
底播养殖		
25	2019D21021318876	148.319 6
26	2019D21021319000	141.609 4
27	2015D21021301930	290.766 3

附表40　项目周边养殖情况一览表

序号	养殖业主	养殖面积（hm²）	养殖类型
1	大连壹桥海参股份有限公司	14.81	围海养殖
2	大连壹桥海参股份有限公司	13.56	围海养殖
3	大连壹桥海参股份有限公司	25.49	围海养殖
4	大连壹桥海参股份有限公司	12.25	围海养殖
5	大连壹桥海参股份有限公司	22.13	围海养殖
6	大连壹桥海洋苗业股份有限公司	28.6	围海养殖
7	大连壹桥海参股份有限公司	18.71	围海养殖
8	大连壹桥海参股份有限公司	24.05	围海养殖
9	大连壹桥海洋苗业股份有限公司	21.57	围海养殖
10	大连壹桥海参股份有限公司	29.19	围海养殖
11	姜玲	169	底播养殖
12	张立伟	169	底播养殖
13	陈德林	169	底播养殖
14	于敏	291.222	底播养殖
15	于鹏	296.213 3	底播养殖
16	廖冬梅	296.213 3	底播养殖
17	周庆国	228.807 5	底播养殖
18	安静华	97.133 3	底播养殖
19	安靖涛	146.386	底播养殖
20	安静华	97.133 3	底播养殖
21	安靖波	99.4	底播养殖
22	杨永强	67.933 3	底播养殖

（续）

序号	养殖业主	养殖面积（hm²）	养殖类型
23	李同生	298.653 3	底播养殖
24	大连蚂蚁岛海产有限公司	519.44	底播养殖
25	大连蚂蚁岛海产有限公司	192.250 7	底播养殖
26	大连蚂蚁岛海产有限公司	204.495 9	底播养殖
27	大连玉兔岛度假村有限公司	234.963 2	底播养殖
28	大连玉兔岛海珍品有限公司	265.668 9	底播养殖
29	大连玉兔岛海珍品有限公司	244.006 8	底播养殖
30	徐振毅	94.140 7	底播养殖
31	大连玉兔岛海珍品有限公司	281.20	底播养殖
32	大连玉兔岛海珍品有限公司	275.777 7	底播养殖
33	大连海川建设集团有限公司	133.35	底播养殖
34	大连玉兔岛海珍品有限公司	506.49	底播养殖
35	大连玉兔岛海珍品有限公司	506.49	底播养殖
36	大连顺天海川农业发展有限公司	62.992 3	底播养殖
37	顺天海川企业集团有限公司	88.982 3	底播养殖
38	大连玉兔岛海珍品有限公司	85.787 8	底播养殖
39	大连富海建筑工程有限公司	45.468 9	底播养殖
40	大连玉兔岛度假村有限公司养殖用海	70.406 4	底播养殖
41	大连玉兔岛海珍品有限公司	85.270 1	底播养殖
42	大连玉兔岛海珍品有限公司	91.434 7	底播养殖
43	杨长海	23.691 5	围海养殖
44	王丽华	23.515 6	围海养殖
45	张秋	20.251 3	围海养殖
46	杨长海	13.840 8	围海养殖
47	刘华	21.12	围海养殖
48	朱忠维	13.279 8	围海养殖
49	朱忠维	19.365	围海养殖
50	朱忠维	24.610 5	围海养殖
51	柳玉凤	12.113 9	围海养殖
52	李华新	13.156 6	围海养殖
53	杜文华	18.094 7	围海养殖
54	王晓琪	12.808 9	围海养殖
55	王晓琪	12.777 8	围海养殖

（续）

序号	养殖业主	养殖面积（hm²）	养殖类型
56	张万宁	20.625 6	围海养殖
57	张万宁	13.101 8	围海养殖
58	姚凯	14.804 1	围海养殖
59	阎其万	27.635 4	围海养殖
60	阎其万	27.822 1	围海养殖
61	阎其万	27.799 5	围海养殖
62	张丽杰	27.135 3	围海养殖

7　项目用海合理性分析

7.1　用海选址合理性分析

7.1.1　选址在区位和社会条件的合理性分析

本项目选址位于普兰店湾湾口北侧、西沙坨子岛西南侧，该处海域水流通畅，自然海珍品和藻类资源丰富，且海水盐度、水质、水温适宜，是理想的海珍品苗种繁育和海底流放增殖场所。大连××海珍品养殖有限公司在西沙坨子附近海域拥有近1 333余公顷的天然海洋牧场，所生长海参几乎接近野生海参品质，并拥有自主品牌———祉麟海参。本项目所在海域周边分布着大量围海养殖和底播养殖，人工鱼礁的建设与当地产业结构和实际需要相协调，能够提高本地区优质海产品产出，推进海水养殖产业化进程。

本项目所在区域西侧七顶山海域在2021年以前已经开始进行人工鱼礁建设，根据资料搜集，本项目西北侧已投放人工石料礁体约10.8万 m³，人工鱼礁稳定性较好，未发现鱼礁滑移、倾覆冲淤等现象。通过对鱼礁区其他增殖对象鱼类、蟹和海螺等进行每年限量采捕。可见，已投人工鱼礁区对海参、鱼类等海珍品的增殖养护效果显著。

2021年3月工程区域进行的海洋环境现状调查结果显示，项目附近的水质、沉积物、生态及生物质量状况较好。本项目礁区与已建人工鱼礁区域的海底地形地貌和潮流流速等海域条件基本一致，本项目人工鱼礁的选址海域可以为海洋生物提供良好的栖息环境，改善和恢复渔业资源。综上所述，本项目选址与区位和社会条件相适宜。

7.1.2　选址区域的自然资源、生态环境条件适宜性分析

（1）生态条件　项目海域水流平缓，潮流畅通，水中氧、盐含量丰富适宜，水质清新无污染；浮游生物丰富，食物新鲜、营养充足，无重大工农业污

染源，适合海珍品生长。根据水质现状评价结果显示调查海域海水中 pH、悬浮物、化学需氧量（COD_{Mn}）、活性磷酸盐、石油类、重金属（Cu、Pb、Zn、Cd、As）等均能满足所在海域海洋功能区对海水水质的质量标准要求，选址区域水生态条件总体较好，适宜投放人工鱼礁。由于周边存在大量养殖，人工鱼礁投放后能够具有较好的增殖和养护效果。

（2）水深　根据《辽宁省人工鱼礁建设技术指南》（DB21/T 1960—2012）（以下简称《指南》）："根据真光层深度、对象生物栖息的适宜深度等，确定鱼礁投放的水深（指低潮位下水深）。建议沿岸以增养殖型为主的鱼礁投放水深在 2~30m。"

本项目人工鱼礁位于沙坨子南部，除西北侧分布建成鱼礁而呈线状隆起外，海底地势整体平坦，项目区域理论最低潮面为 -6.5~-6.0m，本项目所选区域较其他部分稍深。由于项目所在区域周边之前已进行过礁体投放，考虑到水深及投放空间需求，确定本项目选址位置。

（3）地基承载力　礁体重量触底面积之间的数量关系达到最优匹配时，可以最大限度减少礁体的下陷，且有限的下陷使礁体具有良好的抗滑移性。黏聚力通常代表底质颗粒相互黏结在一起的强度大小，一般可以用黏粒含量的多少（颗粒直径<0.075mm 的粉砂粒径）来表征，考虑地质条件，为减缓礁体沉降，礁体设计时要考虑礁体总重和底质承载力之间的平衡。

根据《大连某某海珍品养殖有限公司沙坨子外围防波堤工程浅地层剖面测量报告》和《大连某某海珍品养殖有限公司沙坨子外围防波堤工程岩土工程勘察报告》有关结论，本项目选址区淤泥质粉质黏土承载力特征值为 $fak = 60kPa$。根据礁体设计，每个单体礁混凝土为 1.265 3m^3，$1m^3$ 的混凝土平均重量为 2.5t，则单个礁体重量约为 3.16t，单体礁单层平铺压力约为 3.9t/m^2，即 39kPa，小于本选址海域海底表层沉积物的表面承载能力 60kPa。本选址海域能够满足人工鱼礁投放所需的承载力条件，适于本海域鱼礁投放。为防止礁体投放后在短期内沉降，可以考虑礁体增设底板来增加承重，以满足底质的承载要求，并保留较大冗余量。

（4）地质条件　根据《大连××海珍品养殖有限公司沙坨子外围防波堤工程浅地层剖面测量报告》和《大连××海珍品养殖有限公司沙坨子外围防波堤工程岩土工程勘察报告》，本项目附近范围主要分布地层有第四系全新统人工填土（Q_4^{ml}）、第四系全新统海积层（Q_4^{m}）、第四系全新统海陆交互冲积层（Q_4^{mc}）、第四系全新统冲洪积层（Q_4^{al+pl}），下伏基岩为寒武系下统毛庄组紫色砂砾岩（Q_{1mz}）。本场地 4m 以浅深度范围内地层为淤泥质粉质黏土/粉质黏土，相关统计数据见附表 41、附表 42。

本项目所在区域西侧七顶山海域在 2021 年以前已经开始进行人工鱼礁建设,目前为止人工鱼礁稳定性较好,未发现鱼礁滑移、倾覆冲淤等现象。本项目礁区与已建人工鱼礁区域的海底地形地貌和潮流流速等海域条件基本一致,预选区域地势平坦,相比较而言,西侧水深稍深,更有利于人工鱼礁建设。

另外,根据《大连××海珍品养殖有限公司沙坨子外围防波堤工程浅地层剖面测量报告》和《大连××海珍品养殖有限公司沙坨子外围防波堤工程岩土工程勘察报告》有关结论,本区域淤泥质粉质黏土承载力特征值为 $fak=60kPa$,经计算,单体礁单层平铺压力约为 $3.9t/m^2$,即 $39kPa$,小于本选址海域海底表层沉积物的表面承载能力 $60kPa$。本选址海域能够满足人工鱼礁投放所需的承载力条件。

综上所述,本项目区域地质条件满足人工鱼礁投放要求。

附表 41　原位测试成果统计表

地层编号	岩土名称	测试类型	样本数 n	区间值 min	区间值 max	平均值 φm	标准差 σf	变异系数 δ	修正系数 γs	标准值 φk
①	淤泥质粉质黏土	N	65	1	3	1.68	0.615	0.366	0.785	1.317
①1	粉质黏土混细砂	N	8	5	7	6.75	0.707	0.113	0.937	5.84
②	粉质黏土混圆砾	N	11	9	11	10.18	0.873	0.086	0.95	9.67
③	细砂	N	12	16	21	19.17	1.697	0.089	0.943	18.17

附表 42　沙坨子南部海域补充工程钻探各项指标统计表

土层	指标	含水率 W	密度 湿 $\rho0$	密度 干 ρd	土粒比重 Gs	孔隙比 e0	饱和度 Sr	液限 Wl	塑限 Wp	塑性指数 Ip	液性指数 IL	压缩系数 av 0.1~0.2	压缩模量 Es 0.1~0.2	黏聚力 C	摩擦角 φ
		%	g/cm³				%	%	%			MPa⁻¹	MPa	kPa	度
淤泥质粉质黏土、粉质黏土	指标个数	8	8	8	8	8	8	8	8	8	8	8	8	7	7
	最大值	63.7	1.92	1.46	2.70	1.600	100	36.0	20.5	15.5	2.79	1.407	5.19	10.0	6.6
	最小值	31.2	1.70	1.04	2.67	0.831	99	25.8	15.5	10.3	1.36	0.353	1.85	4.0	1.8
	平均值	40.0	1.84	1.32	2.69	1.054	100	29.6	17.2	12.4	1.80	0.664	3.55	7.0	4.4
	标准差	10.6	0.08	0.14	0.01	0.254	0	3.5	1.7	1.8	0.44	0.341	1.11	2.2	1.6
	变异系数	0.27	0.04	0.11	0.00	0.24	0.00	0.12	0.10	0.15	0.24	0.51	0.31	0.31	0.37
	标准值	47.2	1.89	1.42	2.69	1.226	100	32.0	18.4	13.7	2.10	0.894	4.30	8.2	5.3

根据规范:《建筑地基基础技术规范》DB21/T 907—2015(辽宁省地方标

准）查表，淤泥质粉质黏土承载力特征值 $fak=60\mathrm{kPa}$（附表 43）。

附表 43　淤积和淤积质土承载力特征值表

天然含水量 w（%）	35	40	45	50	55	65	75
fak	75	70	65	55	50	40	30

注：据《建筑地基基础技术规范》（DB21/T 907—2015）。

（5）冲淤　人工鱼礁区域内部及周边外海建设前总体处于冲刷状态。其中鱼礁内部冲刷强度 0.02～0.11m/年，鱼礁工程区域的周边外海东部冲刷强度 0.08～0.12m/年，南部冲刷强度达 0.02～0.05m/年，北部冲刷强度达 0.02～0.06m/年，西部强度 0.02～0.04m/年。

通过数值模拟，人工鱼礁建设后，总体上工程周边的冲淤态势与工程前一致，除部分区域冲刷强度略有增加外，其余大部分区域较渔礁修建前冲刷强度减弱，在距本渔礁工程区域外围 1.0～1.2km 以外区域，渔礁建成前后的冲淤强度变化已基本不超过 0.01m/年。根据礁体设计并结合周边已投礁区经验，本区域人工鱼礁投放后稳定性较好，不易发生变形和位移，可以进行投放。

（6）风浪　项目海域处于北半球中纬度地带，属于海洋性特点的大陆季风性气候，季风明显。本区域在不考虑全年主导风向静风的情况下，春季以 SSE 向风为主，频率为 8.56%，其次为 NW，频率为 7.2%，最大风速出现在 NW 向；夏季以 SE、SSE 向风为主，频率分别为 14.04%、11.91%，最大风速出现在 ESE 向；秋季以 SE、SSE 和 NNW 向风为主，频率分别为 9.62%、9.39%和9.39%，最大风向出现在 NNW 向；冬季以 NNW 和 NW 向为主，分别为 12.73%和 11.81%。

根据海域波浪要素统计结果，海区不定频率为40%，N-NE 各向波浪频率之和为 19%，W 向波浪频率为 6%，E 和 NE 向频率皆为 5%，其余各向均为 2%或 3%。由此表明，N-NNE 和 W 向波浪，对该湾造成影响较明显。各年内平均波高介于 0.1～0.4m 之间，而以 NE 和 NNE 两方位较大。各向最波高极值见于 NNE 向，达 1.3m 高。N 和 NE 向次之，为 0.9m。其余各向均介于 0.3～0.8m 之间。

根据礁体设计并结合周边已投礁区经验，本项目单体礁可以承受 20t 以上水流的冲击力不发生变形、断裂。项目附近涨落潮最大水流速在 0.25～0.3m/s，礁体最大可抗水流流速为 7m/s，大于渤海湾一般风暴潮流速，人工鱼礁投放后受风暴潮影响相对较小，稳定性较好，不易发生变形和位移。鉴于该区域风浪较大，累年最大风速达到为 18.7m/s（风向 SES，发生于1974.08.30），建议建设单位在购买礁体时选择更耐冲击的材质，在投放过程中充分考虑风向，从而保证礁体安全稳定。

（7）渔业资源分布适宜性　本项目所处普兰店湾外湾为良好的水产品养殖区，适合各种贝类和海珍品养殖。本项目用海区域周边为青岛村、七顶山村、大魏家村的海域养殖区，主要养殖品种有海参、对虾、杂色蛤等。其中青岛村养殖区滩涂养殖面积 1 000hm²，海参养殖 400hm²，产海参、虾 400t，贝类 1 000t，产值 8 800 万元。七顶山村养殖区养殖面积 1 500hm²。年产海参、虾 700t，贝类1 300t，产值 15 000 万元。本项目所处区域渔业资源丰富，适合人工鱼礁投放。

（8）水文条件　本鱼礁工程所处的沙坨子临近南向海域，介于正规与非正规半日潮流混合区，潮流大致处于 E—W 向往复流区域，渔礁区域涨落潮最大流速为 0.25～0.30m/s。普兰店湾由于掩护条件较好，波浪以风浪为主，波高普遍较小，一般均在 0.5m 左右，而大于 1m 的波高较为少见，项目海域潮流适宜人工鱼礁投放。

7.2　选址区域的安全与环境风险合理性分析

本项目所在区域功能定位及海域管理要求为保持区域自然岸线与岛礁资源，协调与优化海洋保护与海洋渔业发展，保护重要渔业水产种质资源。人工鱼礁的建设不占用自然岸线及岛礁资源，有利于渔业资源的健康繁殖，与地方经济发展利益相一致，不存在国家权益损失问题。

项目建设不与水利、海上开采、航道、港区、锚地、海底管线等功能区相冲突，本项目运营期无污染物产生，施工过程通过交通管控和风险防范可以规避船舶碰撞事故的发生，不存在潜在的、重大的安全风险。项目区域理论最低潮面为−6.5～−6.0m，礁体投放高度不超过 2m，该区域往来渔船规模较小，船舶吃水深度不超过 4m，且在鱼礁四周安放警示浮标，鱼礁不会对船舶通行造成干扰；该区域一般冰年的冰厚不超过 0.5m，偏重冰年超过 0.5m，但是一般不会超过 1.0m，投放礁体不会由于海冰结冻遭到损坏。

综上所述，项目选址区域不存在重大安全及环境风险隐患。

7.3　选址区域与周边其他用海活动的适宜性分析

项目所在的西沙坨子岛西侧海域主要用海方式为海水养殖，本项目为渔业用海，通过投放人工鱼礁，可以为水生生物提供躲避的场所，使海洋生物在人工鱼礁附近增殖，有利于渔业资源的健康繁育；人工鱼礁的引入有助于改善水质，对维持、恢复、改善海洋生态环境和生物多样性具有积极作用。综上所述，本项目与周边用海活动是相适宜的。

7.4　选址区域与海洋产业发展的适应性分析

根据《产业结构调整指导目录（2019 年）》，本项目人工鱼礁为鼓励类，项目建设有助于改善水生生物资源衰退现状，恢复海域自然环境，稳定海域生态系统，符合指导目录中鼓励类对农业林业产业的要求。

本项目符合《农业部关于创建国家级海洋牧场示范区的通知》中提出的"以人工鱼礁建设为重点，配套增殖放流、底播等措施在全国沿海创建一批区域代表性强、公益性功能突出的国家级海洋牧场示范区"要求。

本项目所处的位置为西沙坨子岛西南侧，该区域主要发展海水养殖业，人工鱼礁的建设与当地产业结构和实际需要相协调，能够提高本地区优质海产品产出，带动特色海产品养殖发展，为健康、生态型海产品的工业化养殖奠定基础。人工鱼礁建设还会提供鱼礁运输、投放等工作岗位，增加本地区劳动力就业机会，为渔民增收、财政收入开创新的增长点。项目建成后，一定程度可以推进海水养殖产业化进程，推进当地海洋牧场建设，保持该地区海洋经济健康、可持续发展。

综上所述，本项目选址符合国家和地方的产业规划及海洋牧场发展规划，与该区域的海洋产业发展是相适应的。

7.5 用海方式和平面布置合理性分析

7.5.1 项目用海方式的合理性分析

本项目建设内容为人工鱼礁，用海方式为透水构筑物，礁体的框架式结构有利于水体交换，减少礁区受流场冲刷影响，增强鱼礁稳定性，同时有利于水生生物生长栖息。

人工鱼礁类透水构筑物的用海方式虽然会对直接占用的海底养殖区并对部分海底海域造成一定的破坏，但人工鱼礁为底栖生物提供了良好的栖息空间，具有良好的增殖和养护功能，一定程度上提高海域生物多样性，改善海域的生态环境。项目建设造成的养殖区生物资源损失远小于对整个区域的生物资源的增加量，有利于区域的生态和环境保护。综上所述，项目透水构筑物的用海方式是合理的。

7.5.2 项目平面布置合理性分析

人工鱼礁选择单孔立方体框架生态礁，单体礁大小为 $1.5m \times 1.5m \times 1.5m$，单体礁体积为 $3.375m^3$。12 960 个单体礁采用网格状矩阵式布局形成 40 个单位礁，每个单位礁由 324（18×18）个单体礁构成。单位礁边长为 $50m \times 50m$ 的正方形，单位礁之间间距为 100m，单体礁之间距离为 1.35m。基于项目区域理论最低潮面为 $-6.5 \sim -6.0m$ 及人工鱼礁增殖效果、施工难度考虑，单位礁内单体礁均采用平铺投放布局方式，投放高度不超过 2m。投放后，鱼礁顶部与水面距离较大，在理论最低潮面时，不会影响船只航行安全。

根据《人工鱼礁建设技术规范》(SC/T 9416—2014):

①对于Ⅱ型、Ⅲ型鱼礁生物,人工鱼礁场与天然礁的间距应在1 000m以上。

②对于Ⅰ型和Ⅱ型鱼礁生物,单位鱼礁的间距不应超过200m;对于Ⅲ型鱼礁生物可适当扩大单位鱼礁的间距。

③沿岸以增养殖为主的鱼礁投放适宜水深为2～30m,其他类型鱼礁适宜水深为100m以内,最好设置于10～60m。

④对于Ⅰ型和Ⅱ型鱼礁生物,要求鱼礁内部结构复杂,配置时应以多个小型单体鱼礁为主,按照一定排列方式组合配置,鱼礁投影面积与鱼礁设置范围面积比例以5%～10%为宜;对于Ⅲ型鱼礁生物,要求鱼礁有足够的高度,配置时应以中型或大型鱼礁组合配置为主,礁体顶端岛水面最低水位(潮位)距离应不妨碍船舶的航行。

⑤一般对于以鱼礁为主要栖息场的对象生物(Ⅰ型和Ⅱ型鱼礁生物),单体鱼礁结构尽量复杂且应具有2m以下大小空隙;对于表、中层对象生物(Ⅲ鱼礁生物),以鱼礁流场环境能够影响到表中层水域为原则,礁体高度应为水深的1/10,礁体宽度需满足下式要求:

$$\frac{B_u}{\nu} > 10^4$$

式中:B——礁体宽度,单位为m;

u——水体流速,单位为m/s;

v——水体黏滞系数,单位Pa·s。

合理性分析:

①本项目主要针对Ⅰ型和Ⅱ型鱼礁生物,以增养殖为主。根据现状分析,本项目附近1km内不存在天然礁,距离项目最近的天然礁为西沙坨子岛,在鱼礁区东北侧2.76km,符合在1 000m以上间距要求。

②本项目单位礁间距为100m,符合单位鱼礁的间距不应超过200m的要求。

③本项目区域理论最低潮面为-6.0～-6.5m,采用平铺投放布局方式,投放高度不超过2m,符合沿岸以增养殖为主的鱼礁投放适宜水深为2～30m的要求。

④项目人工鱼礁区域总面积为75hm²,礁体投影面积为1.5×1.5×12 960＝2.916hm²,鱼礁投影面积与鱼礁设置范围面积比例为3.9%,略小于要求的5%～10%。配置时以多个小型单体鱼礁为主,单体礁间距为1.35m,符合单体鱼礁结构具有2m以下大小空隙的结构要求。

综上所述，本项目充分考虑人工鱼礁在海底的流场效应，保证人工鱼礁区水体交换和通透性良好，符合《人工鱼礁建设技术规范》（SC/T 9416—2014）的相关技术要求，项目平面布置合理。

7.6 用海面积合理性分析

7.6.1 申请用海面积情况

本项目用海类型为渔业用海中开放式养殖，建设内容为人工鱼礁，用海方式为人工鱼礁类透水构筑物，申请用海总面积为 $10hm^2$，项目建设不占用海岛资源及自然岸线。

7.6.2 用海面积合理性分析

（1）用海面积合理性　《海籍调查规范》5.4.1.4 要求，"以废船、堆石、人工块体及其他投弃物形成的人工鱼礁用海，以被投弃的海底人工礁体外缘顶点的连线或主管部门批准的范围为界"。根据《大连市金普新区七顶山街道海域××人工鱼礁建设方案》（辽宁省海洋牧场工程技术研究中心，2021.5），本项目人工鱼礁选择单孔立方体框架生态礁，单体礁大小为 $1.5m \times 1.5m \times 1.5m$，12 960 个单体礁采用网格状矩阵式布局形成 40 个单位礁，每个单位礁由 324（18×18）个单体礁构成，单位礁边长为 $50m \times 50m$ 的正方形，单位礁之间间距为 $100m$，单体礁之间间距为 $1.35m$。本项目用海面积为 40 个单位礁的实际占海面积，用海面积为：$50m \times 50m \times 40 = 10hm^2$。综上所述，本项目用海面积是合理的。

（2）减少用海面积可能性　本项目海域理论最低潮面为 $-6.5 \sim -6.0m$，人工鱼礁单位礁高度为 $1.5m$ 左右，考虑到往来渔船通行安全，本项目人工鱼礁只能采用平铺投放布局方式，不能采用叠加投放，因此 12 960 个单体礁采用平铺的方式组成 40 个单位礁，用海面积为 $50m \times 50m \times 40 = 10hm^2$。单位礁之间留有 $100m$ 的安全间距，单体礁之间留有约 $1.35m$ 的距离误差，符合规范要求的单位礁间距小于 $200m$，单体礁间距小于 $2m$ 的空隙要求，因此没有减少用海面积的可能性。

7.6.3 宗海图绘制及面积计算

根据《海籍调查规范》和《海域使用面积测量规范》，国家海洋环境监测中心承担了本项目海域使用测量及宗海图绘制工作。

1. 宗海图的绘制方法

（1）宗海界址图的绘制方法　利用建设单位提供的设计图纸、数字化地形图等作为宗海界址图绘制的基础数据。在 CAD2014 界面下，形成有地形图、项目用海布置图等为底图，以用海界线形成不同颜色区分的用海区域。

（2）宗海位置图的绘制方法　采用 1∶5 万海图作为宗海位置图的底图，

并填上《海籍调查规范》要求的其他海籍要素，形成宗海位置图。

2. 宗海界址点确定依据　本项目宗海界址点的选定依据以下材料：

（1）《大连市金普新区七顶山街道海域××人工鱼礁建设方案》（辽宁省海洋牧场工程技术研究中心，2021年5月）。

（2）大连××海珍品养殖有限公司底播养殖（国海证2015D21021301930号）海域使用权证书（附表44）。

附表44　本项目宗海界址点确定依据、界定方法和参照规范情况统计

用海单元	界址点编号	确定依据	界定方法及参照《海籍调查规范》条款
人工鱼礁	1-2-3-4 5-6-7-8 9-10-11-12 …… 127-158-159-160	大连市金普新区七顶山街道海域××人工鱼礁建设方案	参照第《海籍调查规范》5.4.1.4要求，"以废船、堆石、人工块体及其他投弃物形成的人工鱼礁用海，以被投弃的海底人工礁体外缘顶点的连线或主管部门批准的范围为界"

3. 宗海界址点坐标及面积计算方法

（1）宗海界址点坐标及宗海面积的计算方法　根据数字化宗海界址图上所载的界址点CGCS2000平面坐标，利用测量专业的坐标换算软件，将各界址点的平面坐标换算成以高斯投影1.5度带、121.5°为中央子午线的CGCS2000大地坐标。本次宗海面积计算用海面积量算在AutoCAD软件中进行。

（2）宗海面积的计算结果　通过在AutoCAD软件中进行面积量算，本项目透水构筑物用海总面积为$10hm^2$。

4. 面积合理性分析综合结论　综上所述，本项目用海面积严格执行国家有关法律法规和设计标准，能够满足功能需要；项目界址点（线）的确定符合《海籍调查规范》（HY/T 124—2009）的要求，项目用海面积是合理的。

7.6.4　用海期限合理性分析

本项目用海类型为渔业用海，建设内容为人工鱼礁，项目申请用海期限为15年。根据《中华人民共和国海域使用管理法》第四章第25条，海域使用权最高期限按照用途规定养殖用海为15年。

通过权属调查，本项目人工鱼礁所在用海范围全部为已确权的开放式养殖用海，权属人即为本项目的建设单位大连××海珍品养殖有限公司，证书号为2015D21021301930，用海期限为2015年1月23日至2030年1月22日。考虑到用海区域和主体整体统一性，建议人工鱼礁用海期限首次申请调整至2030年1月22日，调整后用海期限与原开放式养殖用海期限一致。

根据《中华人民共和国海域使用管理法》的第26条规定：海域使用权期

限届满，海域使用权人需要继续使用海域的，应当至迟于期限届满前 2 个月向原批准用海的人民政府申请续期。建设单位可根据实际情况，选择人工鱼礁区和开放式养殖用海区一起申请续期用海。

综上所述，经论证，项目用海申请年限调整至 2030 年 1 月 22 日。

8 海域使用对策措施

8.1 区划实施对策措施

8.1.1 落实用海管制要求

海洋功能区划是海域使用管理的科学依据，是实现海域合理开发和可持续利用的重要途径。海洋功能区划管理主要包括：海洋功能区划四级编制管理；海洋功能区划两级审批管理；海洋功能区划实施情况的跟踪、评价和监督管理；海域使用规划和重点海域使用调整计划的编制、审批和实施；协调相关区划、规划与海洋功能区划的关系，参与其他相关部门区划、规划的编制和审查。就本项目用海而言，主要考虑协调相关区划、规划与海洋功能区划的关系。

海洋功能区划是海域使用的基本依据，海域使用权人不能擅自改变经批准的海域位置、海域用途、面积和使用期限。海洋产业的发展必须符合海洋功能区划和海域开发利用与保护总体规划的要求，以保护海洋资源和海洋功能为前提，按照中央和省的有关法律、法规和政策开发利用海洋，对违反规定造成海洋污染和破坏生态环境的行为，应追究法律责任。海洋开发活动要实施综合管理、统筹规划，资源的开发不得破坏海洋生态平衡。

根据前节分析，本项目位于《辽宁省海洋功能区划》（2011—2020 年）中的大连斑海豹海洋保护区，由于斑海豹保护区于 2017 年 8 月进行了范围调整，保护区范围调整后，工程用海未进入大连斑海豹海洋保护区范围内，最近距离约 1.6km。本项目与《辽宁省海洋功能区划》（2011—2020 年）对该海域的功能定位不发生冲突。本项目用海须按照《海域使用管理法》《海洋环境保护法》和海洋功能区划的要求，制定严格的各项管理制度和管理对策，执行海洋使用可行性论证制度、环境评价制度和环境监测制度，做好海洋环境保护和安全维护工作，保证工程对海洋环境的影响最小。同时，也要采取相应的措施，防止其他功能区对规划区所在海域功能区的损害。

8.1.2 落实用海方式控制要求

根据海洋功能区划要求的生态和环境保护要求，明确所在区域用海的管控要求，以海域为载体，充分发挥项目所在海域的自然资源和环境条件，优化施工方案和运营期污染物控制措施，达到消减对海域自然资源和环境条件的影响、维护海洋功能健全的目的。

在用海方式管理制度中，要求针对本项目用海方式，制定积极的环境监测制度。海域使用单位或个人应当按海洋功能及主管部门批复确定的用途使用海域。不得从事与规定和要求不符的其他开发活动。海洋行政主管部门将对不按功能区划实施的海洋开发利用和治理保护项目，按照海洋功能区划进行调整、整治、限定和取缔。

加强项目管理，切实落实各项海洋环境和生态保护措施、各项风险防范对策措施，自觉主动做好用海区及周边海域使用资源环境状况监控工作，以保证本项目施工过程中不影响周边海洋功能区。

8.2　开发协调对策措施

本项目施工期，在确定的每个投礁点用塑料浮子做好标记，以保证在投礁过程中准确到位。运输船应准确投放到每个标记点位。

确保运输船的安全操作，避免跑冒滴漏现象对周围养殖造成影响。运输船的运输路线应避开养殖区，尤其是海面养殖区。

项目实施单位应参照《辽宁省海域使用补偿办法》的要求，落实与周边项目用海的协调，维护当地社会稳定，确保本项目顺利实施。

切实落实海洋环境监测计划，重点对工程周边海域的水质进行监测，并以此为依据判断工程建设是否对周边海洋环境产生影响。如果产生影响，应及时与相关利益者进行协调，避免矛盾及纠纷发生。

8.3　风险防范对策措施

为了减轻自然风险事故对项目以及周边海域造成的不利影响，应加强风险防范与应急预警工作。主要采取以下措施应对环境风险：

（1）设置专门的安全管理机构，配备专职安全管理人员，建立、健全安全生产责任制和安全卫生管理体系。

（2）建立、健全并严格执行各种安全规章制度，加强安全卫生监察。加强对伤亡事故、财产损失及事故隐患的预防、控制和处理。

（3）认真做好安全教育和技术培训工作。包括思想教育、安全技术知识教育和典型事故教育，通过三级教育、特种作业教育和经常性的安全教育，保障作业安全。

（4）对于企业负责人及安全管理人员也应参加当地安全监督管理部门、港口管理部门举办的安全培训教育，并取得相应的证书。

（5）制定防台、防汛、重特大事故应急预案，必须从组织、相关责任、配备相应的设备设施及进行必要的演练四个方面加以落实。

（6）遵照交通部颁布的《水上水下通航安全管理规定》（交通运输部令

2019 年第 2 号），在本海域进行施工作业前，必须按规定申报办理有关许可证书，并办理航行通告等有关手续。工程开工前，应对施工海域及船舶作业的水上、水下及岸边障碍物等进行实地勘察，制定防护性安全技术措施。

（7）按海事部门要求，在施工海域设置水上警示浮标和红色警示灯。参与施工的船舶必须按有关规定在明显处昼夜显示规定的信号标志，保持通讯畅通。

（8）严格执行颁布的各类工程船舶施工安全技术措施，制定防台、防碰撞、防走锚、防高空坠落、防溺水、防火等措施，确保船舶设备和海上作业人员的安全。工程船舶如遇大风、雾天、超过船舶抗风等级或能见度不良时，应停止作业，并检查密闭全部舱口。施工现场 24h 配备机动艇值班、巡视。当风力达到 7 级以上，工程船舶应停止作业；超过 8 级以上，工程船舶撤离现场。

（9）船舶污水的管理成为污染防治的首要问题。船舶必须事先经海事部门对其排污设备实施铅封，严禁船舶油污水排海，统一进行陆域回收委托有资质单位处理。

（10）在施工过程中为防止海上溢油事故发生，施工单位应设置专门溢油应急组织机构，设置专人负责溢油事故发生时第一时间对污染海域进行污染措施控制，并逐级上报海事部门。

8.4 监督管理对策措施

8.4.1 用海监督对策

实施海域使用监控与管理旨在实现海域资源的合理开发利用，维护海域国家所有权和海域使用权人的合法权力，建立"有序、有度、有偿"的海域使用新秩序，实现海洋生态环境和海域资源的可持续利用。

1. 国家海域使用管理政策要求

（1）根据法律法规和海洋行政主管部门的要求，主动向主管机关报告海域使用情况和所使用海域自然资源、自然条件和环境状况。当所使用海域的自然资源和自然条件发生重大变化时，应及时报告海洋行政主管部门。

（2）根据《中华人民共和国海域使用管理法》和《关于调整海域、无居民海岛使用金征收标准的通知》等有关法律法规和文件的规定，按时缴纳海域使用金。并根据（国海发［2002］23 号）文件的通知要求，在规定时间内到批准用海的海洋行政主管部门办理海域使用权登记，办理海域使用权证书的有关事宜。且应严格按照批准的海域面积进行涉海工程建设，不得擅自改变用海范围和海域用途。

（3）加强政策协调落实，依法行政是保证项目实施的重要措施。项目建设用海单位应着眼于发展的关键领域，及时跟踪及消化与项目建设用海功能定位及发展方向有关的经济和社会政策以及相应的法规，组织制定区域建设的管理办法，加强与各项政策和其他相关规划间的衔接协调，及时沟通协调解决问题，减少和克服摩擦，确保项目的实施。

（4）实行政府主导下的规划先行战略。国内外经验表明，要持续稳定的发展，就必须要有科学合理的布局，走规划先行之路。不论采取哪种方式，都要进行科学的规划，合理利用岸线和海洋资源。海洋资源和岸线都是不可再生资源，用一点，少一点。只有实施科学发展观，才能促进可持续发展，才能符合国家的宏观政策；要严格按照消防安全标准确定装置之间的安全间距，必须通过科学的布局规划，节约用地。

2. 保护海域环境的管理要求　为了及时了解和掌握用海建设项目施工结束后及运营期间所在区域的海域环境质量发展变化情况，建设单位必须定期委托有资质的环境监测部门对区域内用海建设项目的施工质量、环境影响减缓措施的落实情况进行监控，同时也要对工程区内用海建设项目所在区域的环境质量进行监测。

3. 项目实施管理要求　本项目所在海域的资源环境条件、周边社会经济条件、区位条件及行业发展条件等均给规划区海洋资源的开发利用创造了有利的自然条件。在工程具体实施过程中，不但应遵从国家的相关宏观调控政策，遵守《中华人民共和国海域使用管理法》及海洋环境保护法等相关法律法规的要求，而且应严格按照相关宏观规划和专题规划的管理要求扎实推进各项具体工作。同时应与毗邻陆域的发展方向和功能定位相协调。

8.4.2　用海面积控制

海域使用面积的监控是实现国有资源有偿、有度、有序使用的重要保障。加强海域使用面积监控可以防止海域使用单位和个人采取少审批、多占海，非法占用海域资源，造成海域使用金流失现象的发生；同时可以防止用海范围超出审批范围造成的海域资源不合理利用，造成海洋资源的浪费、环境的破坏以及引发用海矛盾等现象的发生。因此，进行用海的海域使用面积监控是非常必要的。

8.4.3　环境管理计划

（1）环境保护管理机构　项目单位应设立内部环境保护管理机构，由项目单位主要负责人及专业技术人员组成，专业负责环境保护工作，实行定岗定员、岗位责任制，负责项目施工期的环境保护管理，保证施工期环保设施的正常运行、各项环境保护措施的落实。

②为了有效的保护项目所在区域的环境质量，切实保证本报告提出各项施

工期环境保护措施的落实，针对本项目施工期环境管理，项目建设单位还应成立专门小组，负责监督施工单位对各项环境保护措施的落实情况，并且配合海洋行政主管部门对项目施工期环境保护工作实施监督、管理和指导。

（2）环境管理制度

①建设单位应建立完善的环境管理体系，健全内部环境管理制度，加强日常环境管理工作，实行全过程环境管理，杜绝污染工序和污染事故的发生。

②加强项目环境管理制度，根据本报告提出的环境保护措施和对策，项目单位应制定切实可行的环境保护行动计划，将环境保护措施分解落实到具体机构（人）；做好环境教育和宣传工作，提高各级施工管理人员和具体施工人员的环境保护意识，加强员工对环境污染防治的责任心，自觉遵守和执行各项环境保护的规章制度，定

附图 5　环境保护管理机构框图

期对环境保护设施进行维护和保养，确保环境保护设施的正常运行，防止污染事故的发生；加强与海洋行政主管部门的沟通和联系。

（3）环境管理机构的主要职责

①与海洋行政主管部门保持密切联系，及时了解国家、地方与本项目有关的环境保护法律、法规和其他要求，及时向海洋行政主管部门反映与项目施工有关的污染因素、存在的问题、采取的污染控制对策等，听取海洋行政主管部门的意见和建议，配合海洋行政主管部门贯彻各项环保政策和法规。

②及时将国家、地方与本项目环境保护有关的法律、法规和其他要求向项目单位负责人汇报，及时向施工单位有关机构、人员进行通报，组织人员进行环保教育和技术培训，提高施工及环保人员的环境意识和专业水平。

③根据本报告提出的各项环保措施，编制详细的环保措施落实计划，明确环境影响、环境保护措施、落实责任机构（人）等，并将该环境保护计划以书面形式发放给相关人员，以便于各项措施的落实；制定并组织实施环境监测计划。

④负责制定、落实和监督执行有关环保管理规章制度，负责实施环境保护控制措施、管理污染防治设施；对配备的防污设施进行检查，建立资料档案，为今后改进防污设施的工艺技术提供依据。

⑤除执行建设及施工单位主管领导的各项有关环保工作的指令外，还应接受当地海洋环境主管部门的检查监督，定期和不定期地上报各项环保管理工作的执行情况，为区域环境整体控制服务。

⑥协调工程及周边区域内有关部门和区外有关单位在环境保护方面的

工作。

8.4.4 人工鱼礁的维护与管理

（1）定期检查礁体构件连接和整体稳定性情况。对于发生倾覆、破损、埋没、逸散的鱼礁，应采取补救和修复措施，以保证鱼礁功能的正常发挥；对于移位严重的鱼礁，应及时处理，以防止影响海域其他功能的发挥。

（2）定期检查礁体，对于礁体表面缠挂的网具、有害附着生物以及其他有害入侵生物，应采取措施及时清除，保证对象生物的良好栖息环境。

（3）定期监测礁区的水质，收集礁区内对海域环境有危害的垃圾废弃物。

（4）建立鱼礁档案，对鱼礁的设计、建造、使用过程中出现的问题及时进行详细的记录。鱼礁投放完毕后，鱼礁建设单位应及时将礁型、礁群平面布局示意图、礁区边角和中心位置的经纬度等材料报渔业与交通主管部门备案。

（5）对于不同性质、不同投资主体的鱼礁应采用不同的管理方式。由政府投资建设的人工鱼礁，由相关县级以上渔业行政主管部门制定行政管理办法，相关渔政管理部门组织实施；由企业投资参与建设的人工鱼礁，由相关县级以上渔业行政主管部门与特定企业共同制定相关的管理规定。

（6）鱼礁区增值放流对象生物应以当地优势种为主，且符合国家与地方的增殖放流管理规定，增殖放流规程按 SC/T9401 的规定执行。在资源增值型、渔获型和休闲型鱼礁附近适当放流增值对象生物。增殖放流量应根据鱼礁区物理化学环境、饵料生物环境和主要对象生物特征估算的生态容量来确定。

（7）根据鱼礁类型和对象生物特点，选择和制定生产安全、环境友好、科学合理的采捕方式。

9 生态用海建设方案

本项目为人工鱼礁，由于目前没有专门针对人工鱼礁类项目的生态用海技术指南，本章节参考《围填海工程生态建设技术指南》的相关要求编写。本项目用海内容不涉及围填海，因此主要针对人工鱼礁透水构筑物建设提出生态用海方案。

9.1 生态建设必要性
9.1.1 生态建设需求分析

本项目建设内容为人工鱼礁，用海方式为人工鱼礁类透水构筑物，不进行围填海建设，结合项目特点和所在海域自然情况，本项目生态建设需求主要考虑以下几点：

（1）项目是否符合相关产业政策。

（2）人工鱼礁用海布置是否具有优化的可能性。

（3）施工期及运营期的污染防控措施。

（4）人工鱼礁自身生态优势。

9.1.2　生态建设目标

根据《产业结构调整指导目录（2019年）》，人工鱼礁属于鼓励类产业，礁体投放有助于增殖水生生物资源，恢复和改善海域自然环境，符合指导目录中鼓励类对农业林业产业的要求。另外，根据近期国家出台的系列海洋牧场相关文件，政府部门在有关项目和资金安排上对海洋牧场示范区建设予以支持，鼓励社会力量投资建设海洋牧场。本项目的建设符合国家产业政策和行业发展趋势。

结合人工鱼礁特点，本项目的生态建设方案和目标主要为人工鱼礁用海布置方案优化、施工期污水和固废污染防治、生态用海监测能力建设以及人工鱼礁自身生态优势。

9.2　生态建设方案

9.2.1　用海布置方案优化

本项目海域理论最低潮面为$-6.5 \sim -6.0$m，人工鱼礁单位礁高度为1.5m，考虑到往来渔船通行安全，本项目人工鱼礁只能采用平铺投放布局方式，不能叠加投放。

12 960个单体礁采用平铺的方式组成40个单位礁，用海面积为50m×50m×40＝10hm²。单位礁之间留有100m的安全间距，单体礁之间留有约1.35m的距离误差，符合《人工鱼礁建设技术规范》（SC/T 9416—2014）中要求的单位礁间距小于200m，单体礁间距小于2m的空隙要求。为了保证礁体投放过程不至于碰撞损坏，本项目单体礁之间、单位礁之间间距符合相关规范要求且取值适中，出于安全考虑用海布置合理，没有减少用海面积的可能性。

9.2.2　污水和固废的排放与控制

人工鱼礁位于大连西沙坨子西南侧，所在海域总体环境质量良好。本项目不设供水系统，施工船用水为桶装水。施工过程中，严禁船舶向海域排放生活污水、生活垃圾以及施工废弃物，作业船舶产生的污水和固废垃圾统一收集，运至指定区域集中处理。船舶含油污废水委托有资质单位负责回收处理，不得排海。项目建设单位成立相应环保部门负责督促和监管。

9.2.3　生态用海监测能力建设

参照《人工鱼礁资源养护效果评价技术规范》及《人工鱼礁建设技术规范》，根据工程特征，在工程区内布设监测站位，制定环境监测计划，进行水质、沉积物和生态和水文监测工作。本项目严格按照《建设项目海洋环境影响跟踪监测技术规程（国家海洋局　2002 年 4 月）》、《近岸海域环境监测规范（HJ 442—2008）》和《近岸海域环境监测点位布设技术规范（HJ730—2014）》的规定，制定环境监测计划，监测项目、方法及频率。监测工作由建设单位负责委托具有海洋环境监测资质的单位承担，监测方法按《海洋监测规范》规定进行。并接受各级海洋行政主管部门的监督。站位布设见附表 45，监测计划如下：

（1）水质环境质量监测计划

监测站位：布设 9 个水质监测站位。

监测项目：悬浮物、DO、pH、无机氮、石油类、磷酸盐、COD。

监测频率：施工期间，每个季度采样监测一次；各工程完工后一个月进行施工期监测最后一次采样。营运期每年监测一次（春季或秋季）。

（2）沉积物环境质量监测计划

监测站位：布设 5 个监测站位。

监测项目：pH、硫化物、石油类、有机碳、重金属（包括铜、铅、锌、镉、砷、总汞）和底质粒度。

监测频率：施工期间，每年采样监测一次；各工程完工后一个月进行施工期监测最后一次采样。营运期每两年监测一次。

（3）海洋生态环境监测计划

监测站位：布设 6 个监测站位。

监测项目：叶绿素 a、浮游动物、浮游植物、底栖生物、游泳生物、鱼卵、仔鱼、附着生物。

监测频率：施工期间，每年春、秋季各采样监测一次；各工程完工后一个月进行施工期监测最后一次采样。营运期每年监测一次（春季或秋季）。

（4）海洋水文监测计划

监测范围：人工鱼礁投放区。

监测项目：海流、水深、水温、盐度、透明度和冲淤情况。

监测频率：营运期每年监测一次。

附表 45　监测站位坐标表

站位	东经	北纬	调查项目
1	121°27′51.956″	39°16′31.699″	水质、沉积物、生态
2	121°28′25.327″	39°16′32.935″	水质

（续）

站位	东经	北纬	调查项目
3	121°27′49.484″	39°16′04.199″	水质、沉积物、生态
4	121°29′03.951″	39°16′33.244″	水质
5	121°28′26.949″	39°16′05.358″	水质、沉积物、生态、水文
6	121°29′04.801″	39°16′05.976″	水质
7	121°27′49.403″	39°15′36.279″	水质、沉积物、生态
8	121°28′27.409″	39°15′36.588″	水质、生态
9	121°29′06.032″	39°15′37.824″	水质、沉积物、生态

9.2.4　人工鱼礁自身生态优势

相关研究结论表明，人工鱼礁是一项海洋生态环境的修复工程，礁体投放稳定后，能够改善近海水域生态环境，通过营造流场与庇护所为鱼类提供栖息、索饵和产卵场所，增殖并保护渔业资源，使水产资源得到较好修复。

人工鱼礁投放后，背涡流的扰动和上升流的涌升，可以使底泥中营养物质得到释放与混合，并被带至中上层，促进了浮游生物、底栖生物与附着生物的生长。水生植物吸收氮、磷，滤食动物（如贝类）滤食浮游生物，一定程度上改善了水质环境。人工鱼礁投放所产生的上升流将沉积于底泥的氮营养盐输送至上层，使得鱼礁区的海水营养盐特性由氮限制转变为磷限制，这种变化有利于浮游植物的生长，从而提高了鱼礁区的海洋初级生产力。另外，鱼礁底部海流速度较快，海底处的细沙土比较容易被移出，从而鱼礁周围海底的底质粒度变粗，被海流冲刷出的细沙土又在流速减弱处沉积，一定程度改善鱼礁周围局部底质环境。另外，人工鱼礁的投放，能够一定程度阻止违规的底拖网作业，为鱼类提供安全的栖息、索饵和产卵场所，有效地保护鱼类幼体，提高成活率，增殖与保护渔业资源。

综上所述，人工鱼礁一定程度上可以使渔业资源得到增殖，海洋生态环境得到改善，其本身就是一项海洋生态环境修复工程。

9.3　生态建设方案可行性论证

本项目主要建设内容为人工鱼礁，用海方式为透水构筑物，结合项目特点和所在海域自然情况，运营期项目本身不产生污染物排放及环境风险，因此本项目的生态建设目标主要为作业船舶的污染物排放监管以及环境监测能力建设。本项目施工期制定了有效的污染物处理方案，污水和固废能够得到有效的处理和控制，不直接排海；制定的监测计划能够有效地对工程周边海域生态状况进行及时监控，尽可能地减小对周边海域环境影响，在经济技术上是可行的。综上所述，本项目生态建设方案可行。

9.4　生态建设监管措施与建议

在人工鱼礁施工过程及投放完成后，要建立起切实有效的监测机制，并上报农业农村局备案。

案例二
大连××投资有限公司围海养殖项目

花园口经济区所辖海域拥有丰富的滩涂和海洋资源。其中滩涂面积 40km²、浅海面积 80km²、海岸线 38.4km。经济区所辖海域拥有优良的自然、地理环境，非常适合海水养殖业的发展。特别是在明阳湾附近海域，湾内沿岸以围海养殖海参为主。湾内浅滩主要养殖四角蛤蜊、缢蛏、菲律宾蛤仔，明阳湾外主要养殖毛蚶。据统计，花园口经济区所辖海域内，围海养殖总面积为 791.389 9hm²。底播养殖，养殖总面积为 4 392.74hm²。

根据已掌握的花园口明阳湾及周边海域环境现状资料，该海域的水质环境质量满足二类海水水质标准，沉积物环境质量满足一类沉积物质量标准，符合国家有关部门对开展食用水产品养殖的相关要求。

为充分利用该区域海洋空间资源，扩大公司海水增养殖产业规模，完善养殖层次、突出优势品种布局，大连××投资有限公司决定新征部分养殖用海。

为配合大连××投资有限公司规模化养殖计划的实施，根据《中华人民共和国海域使用管理法》规定，大连××投资有限公司委托国家海洋环境监测中心承担大连××投资有限公司围海养殖项目的海域使用论证工作。

1 项目用海基本情况

1.1 项目用海建设内容

1.1.1 项目名称、投资主体和用海位置

(1) 项目名称：大连××投资有限公司围海养殖项目。

(2) 投资主体：大连××投资有限公司。

(3) 用海位置：项目拟选址于大连花园口经济区明阳湾东侧海域。

1.1.2 项目建设内容、规模和投资情况

本项目拟通过围堰的形式建设海参养殖池一座，根据工程设计围堰总长度为 2 058m，围海面积 21.654 9hm²，预计年产量 29t，年产值 286 万元。项目总投资估算为 319 万元，施工期为 1 个月。

1.2 平面布置和主要结构、尺度

本项目围海工程的平面布局主要结合工程区自然地理条件、用海现状及项目自身对养殖面积的需求来确定。项目围海面积 21.654 9hm²，主要建设内容为围堰修筑。项目新建围堰总长度 2 058m，底宽 23.5m，顶宽 5.5m，高程 4m。

围堰结构形式采用土砂心斜坡堤。堤身为回填土分层压实，回填土外侧斜坡面铺设两层土工布，外设 0.6m 混合倒滤层，0.3m 二片石垫层，护面为0.4m 干砌块石护面，下设 200～300kg 大块石支撑棱体。回填土内侧铺设一层土工布，一层土工膜，外设 0.6m 混合倒滤层，护面为 0.4m 摆放 100～150kg 块石护面，下设 100～150kg 块石支撑棱体。围堰结构断面图见附图 6。

1.3　施工方案、工程量和进度安排

（1）材料供应　本项目施工主要材料是围堰修筑所用的土石，本工程所需土石来自附近山体，此土源储量丰富，可满足本工程需求。

（2）施工方法　根据本工程特点，采用陆上"端进法"施工。采用陆上自卸车直接对标抛填的方法。用自卸汽车运送堤心土，用装载机平整堤顶，用压路机分层碾压。抛填时使用坡肩边标控制堤顶宽度和方向。

陆上理坡乘低潮时进行，沿防波堤轴线每隔 5m 为一个断面，测量设点挂线后人工配合长臂挖掘机自上而下理坡。

每一施工段堤心土抛填验收完成后，及时进行外坡土工布、倒滤层、垫层及护面干砌块石施工，以防止波浪冲刷。倒滤层、垫层块石采用陆上直接推填的施工工艺，护脚棱体块石采用长臂挖掘机陆上抛填。内坡受波浪作用小，可待外坡护面做好后再做，具体施工方法与外坡相同。

（3）工程量　本工程围堰土石方量约为 10.81 万 m^3。

（4）施工进度　根据工程量、施工能力、资金投入情况，预计施工期约为1 个月。

1.4　项目申请用海情况

（1）项目用海方式　根据《海域使用分类体系》，项目用海一级类为围海用海。

（2）项目用海面积　该项目申请用海总面积为 21.654 9hm^2。

（3）项目用海期限　项目申请用海期限 15 年。

1.5　项目用海必要性

1.5.1　项目建设必要性

辽宁省是东北唯一的沿海省份，海洋是辽宁在振兴东北老工业基地中得天独厚的自然优势。其中的渔业已经成为农业经济的支柱产业。辽宁的渔业经济具有发展快、效益好、新兴化、势头猛、科技含量高、外资贸易介入、对外合作领域广等特点，后发优势和对相关产业的拉动作用强，是国民经济增长最快的领域之一。辽宁省海洋与渔业厅做出"加快实施全省渔业倍增发展计划，大力发展水产养殖业，突出抓好水产加工业，通过积极引进国内外资金、设备和管理经验，提高水产品加工的技术水平，实现水产品二次增值"的重要批示，

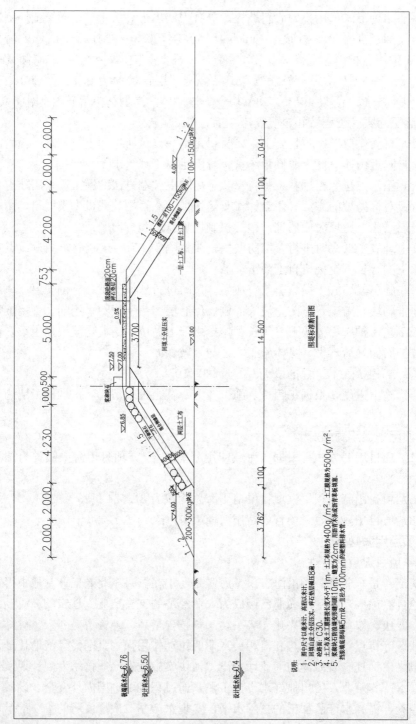

附图6　围堰断面图

围堤标准断面图
极端高水位 6.76
设计高水位 5.50
设计低水位 0.4
说明：
1. 图中尺寸以毫米计，高程以米计。
2. 回填山皮土分层压实，碎石垫层碾压8遍。
3. 砼路面：C30。
4. 土工布及土工膜搭接长度不小于1m，土工布规格为400g/m²，土工膜规格为500g/m²。
5. 浆砌块石防浪墙变形缝间距10m，缝宽为2cm，用沥青木条或沥青麻板填塞。
挡浪墙底部每隔5m设一直径为100mm的硬塑料排水管。
回填土分层压实
两层土工布
一层土工布，一层土工膜
200~300kg块石
100~150kg块石

附图6　围堰断面图

在全省范围内得到了迅速贯彻与落实。

近几年，海参被加工成多种保健食品，更是受到了国内外消费者的欢迎。近年来，国内开始大规模养殖海参，养殖地主要集中在辽宁大连和山东东部沿海。海参的养殖方式包括围堰养殖、虾池养殖、底播等。底播增殖方式由于与海参的天然生长方式相似，因此最适合海参的生长。但是，由于这一养殖方式对海洋的水质、底质、水温等条件要求比较高，适宜养殖的海域有限，产量也受到限制。为满足市场对海参需求的增长，围堰养殖方式大规模兴起，在这种方式下养殖的海参生长期短、产量高，经济效益十分明显。

项目建成以后将带动当地旅游业、海产品加工贸易的发展，提高本区的经济水平，并且在促进水产资源保护和利用的同时，也可以安排弃捕转产的农民就业，有效和稳定地提高当地农民的收入，改变当地相对落后的面貌。

1.5.2　项目用海必要性

花园口经济区所辖海域拥有丰富的滩涂和海洋资源。其中滩涂面积 40km^2、浅海面积 80km^2、海岸线 38.4km。经济区所辖海域拥有优良的自然、地理环境，非常适合海水养殖业的发展。特别是在明阳湾附近海域。湾内沿岸以围海养殖海参为主，湾内浅滩主要养殖四角蛤蜊、缢蛏、菲律宾蛤仔，明阳湾外主要养殖毛蚶。据统计，花园口经济区所辖海域内，围海养殖总面积为 791.389 9hm^2。底播养殖，养殖总面积为 4 392.74hm^2。

根据已掌握的花园口明阳湾及周边海域环境现状资料，该海域的水质环境质量满足二类海水水质标准，沉积物环境质量满足一类沉积物质量标准，符合国家有关部门对开展食用水产品养殖的相关要求。为充分利用该区域海洋空间资源，扩大公司海水增养殖产业规模，完善养殖层次、突出优势品种布局，大连××投资有限公司决定新征部分养殖用海。

海参多栖息于水深 3~15m 的海藻繁茂、风浪冲击小、水流缓慢、透明度较大、无大量淡水注入的海区。幼小者生活在浅水底，个体较大者生活在深水底。养殖池水深对刺参成活率、生长速度、养殖产量都有很大影响。若水位太浅，水温、盐度等理化指标变化过快，尤其是夏季易导致水温过高，超过刺参耐温上限，造成刺参死亡。另外，水位太浅还使池底光线太强，不利于刺参的栖息。因此，一般要求水深应在 1.5m 以上，最好 2~3m。由于海参需要生活在一定水深的海里，因此海参养殖只能在海水交换能力较好的海域进行。

综上所述，项目用海是必要的。

2 项目所在海域概况

2.1 自然环境概况

2.1.1 气象特征

本区属北温带湿润大陆性季风气候。由于受黄海影响，又兼有海洋气候特点，四季分明，雨热同季。春季气温低，回升慢，春风大，蒸发快；夏季雨量集中，气温高；秋季气温偏高，下降缓慢；冬季雨雪稀少，当寒潮侵袭时出现短时间严寒天气。本次引用庄河气象站 2001—2009 年气象观测资料。

2.1.1.1 气温

该区年平均气温为 8.8℃；最高月平均气温为 23.6℃，发生在 8 月份；极端最高气温为 36.0℃，发生在 1983 年 6 月 14 日。最低月平均气温为－6.0℃，极端最低气温为－26.6℃，发生在 1960 年 1 月 26 日。

2.1.1.2 降水

年平均降水量为 796.0mm，年最大降水量为 1 149.5mm（1964 年），年最小降水量为 688.8mm（1984 年）。降水多集中在 6～8 月份，占全年总降水量的 65%，其中尤以 7 月份为最好，约占全年总降水量的 28.9%。日最大降水量为 151.6mm（1967 年 7 月 29 日），月最大降水量为 543.3mm（1963 年 7 月）。日降水量≥25mm 的年平均降水日数为 9.3d。

2.1.1.3 相对湿度

根据庄河降水资料统计分析，平均相对湿度为 70%，7 月份平均相对湿度最大，为 88%，2 月份平均相对湿度最小，为 57%。最小相对湿度的变化趋势基本与平均相对湿度的年变化一致，夏季较大，秋冬季较小。

2.1.1.4 风

年平均风速为 3.4m/s；常风向为 NW，频率为 9.7%；次常风向为 NE，频率为 9.6%；强风向为 ENE，最大风速为 24m/s；次强风向为 NW，最大风速为 23m/s。全年 6 级以上的大风日数平均为 43.7d，最多年份为 76d（1980 年），最少年份为 3d（1975 年），其中以 4 月份出现的日数为最多，平均为 6.5d。8 级以上的大风日数平均为 11.7d，最多年份为 56d（1965 年），最少年份为 1d（1975 年）。

2.1.1.5 雾

本区雾全年都可发生，庄河能见度小于 1km 的年平均雾日数为 43.4d。年最多雾日数为 73d，出现在 1977 年。年最少雾日数为 27d，出现在 1959 年，月平均雾日数以 7 月份最多，为 8.3d。

2.1.2　海洋水文

2.1.2.1　潮汐

本海域位于黄海北部海岸，其潮波系统系太平洋潮波进入中国近海后，北上绕过朝鲜湾后，形成的北黄海潮波系统。北黄海潮波系统在山东高角外有一个 M_2 分潮无潮点，同潮时线绕无潮点按逆时方向旋转，潮差从无潮点向四周增大。

本海区无长期验潮资料，在花园口东北约 38km 的黑岛楼上海边曾建临时验潮站，该站于 1990 年 6 月 2 日起进行了短期潮位观测，现据实测潮位资料统计得到潮位特征值（附表 46），潮位以 85 国家高程基准起算，基准面及换算关系见附图 7。根据大连新港与黑岛楼上相关求得设计水位（附表 47）。

附图 7　潮位起算面关系图

附表 46　实测潮位特征值

最高潮位	2.99m
平均高潮位	1.79m
平均潮位	0.09m
平均低潮位	−1.8m
最低潮位	−2.6m
平均潮差	3.60m
最大潮差	6.29m
最小潮差	1.14m

附表 47　设计水位特征值

设计高水位	2.27m
设计低水位	−2.83m
极端高水位	3.53m
极端低水位	−4.98m

2.1.2.2　波浪

本海区没有长期实测波浪资料，1990 年 7～9 月曾在拟建庄河电厂黄家圈港址东南距岸约8km的海域采用美国ENDECO"956"型测波系统进行为期3个月的短期波浪观测（测波浮标处水深为－8.15m，坐标为 $39°37'15''N$，$123°16'30''E$）。据该临时站7～9月实测波浪资料统计：常浪向为 S 向，频率为29.8%；次常浪向为 SSW 向，频率为20.6%；强浪向为 S 向，实测最大波高 H_{max} 为3.6m，对应平均周期 $\bar{T}$ 为5.9s；实测最大平均周期 $\bar{T}$ 为9.9s，其对应最大波高 H_{max} 为1.3m。无浪频率为0.8%。上述结果仅能代表7～9月的波浪情况。对于全年的波况，可借大鹿岛海洋站的长期测波资料说明。大鹿岛海洋站北面靠近陆地，南面朝向黄海，对于东至西南向的波浪具有良好的代表性，对于本海区外海的波浪情况也有一定的参考性。

据大鹿岛海洋站，1964—1982年资料统计，全年常波向为 SE 向，频率为10.6%；强波向为 S 向，最大实测波高为4.0m，无浪频率为13.4%。

花园口南部海域，东面25km处有石城列岛为屏障，南部25km外有里长山群岛掩护，这些方向的波浪都不大。而在东至东南方向水域开阔，风区长度在200km以上，是主要的波浪作用方向。据大鹿岛海洋站和临时站的测波资料分析，计算得到本区域重现期为50年一遇以及25年一遇设计高水位时的主要波要素（附表48、附表49）。

附表 48 50 年一遇波要素

波 向	水深（m）	$H_{1\%}$（m）	$H_{5\%}$（m）	$\bar{T}$（s）
E—SE	$-6\sim-5$	4.0	3.4	6.8
	-3	3.9	3.4	6.8
SW—WSW	-6	3.3	2.8	6.1
	-3	3.2	2.8	6.1

附表 49 25 年一遇波要素

波 向	水深（m）	$H_{1\%}$（m）	$H_{5\%}$（m）	$\bar{T}$（s）
ESE	-3	3.19	2.77	7.9
WS	-3	2.35	2.0	5.5

2.1.2.3 潮流

北黄海的大部分海区受日潮流影响较小，为规则半日潮流。东起鸭绿江口西至石城岛，K 值均在0.5以内，属规则半日潮流区；由此向西至渤海海峡附近，K 值基本在0.5～1.5之间，属不规则半日潮流区。整个北黄海海区，K 值的变化趋势，大致是自东向西递增。

根据 2008 年实测资料，本海区海流特征如下：

（1）本次调查海域的浅水区属于非正规半日潮流，深水区属于正规半日潮流。每日二次涨、落潮流过程的周期有所差异，潮流强度亦不相同，一强一弱。实测最大涨潮流流速为 74cm/s 和 52cm/s。

（2）该区潮流因受岸形和海底地形的制约，各站、层涨落潮流的主流向的走向大致呈 SW—NE 向。

（3）各站的涨、落潮流强度随深度增加而有所减弱，表层流速最大，中层次之，底层流速最小。

（4）各站涨潮流流速明显大于落潮流流速，而涨、落潮流历时基本相当。

（5）该区的潮流明显呈旋转流型。

（6）该区潮波以前进波特征为主要表现形式，即高、低潮时刻前后涨、落潮流流速达最大；半潮面时刻前后涨、落潮流流速达最小，并发生转流。

（7）浅水区余流流速明显大于深水区余流流速；大潮期余流流速明显大于小潮期的余流流速。各站余流流向较为一致，多介于 SSW—SW 向。最大余流发生在大潮期间，流速达 12.9cm/s，流向 241°。

2.1.3　地质地貌

2.1.3.1　地质构造

本区构造属纬向构造的阴山构造带与新华夏构造第二巨型隆起带中段的交接复合部位。北黄海为辽东隆起向海自然延伸部分。其基底主要由前震旦纪和震旦纪变质岩组成。自太古代鞍山运动以来，约在 25 亿年前后形成东西向的复杂褶皱，以鞍山群城子坦组地层为骨架形成原始陆核；自下元古代时起伴随区域性拗陷而接受沉积形成辽河群地层；燕山期地台活化，伴有大面积花岗岩及花岗斑岩、流纹岩等酸性岩浆岩侵入；第四纪以来，受老构造格局的制约而表现为差异性抬升，长期以来在内、外力作用下，形成低缓的剥蚀—侵蚀低丘及微波起伏的绵延开阔的剥蚀平原（台地），在丘间形成带状冲积平原及冲洪积谷地、坡洪积扇裙等。

周围地层相对比较简单，地层为太古界鞍山群城子坦组，岩性主要为深灰色混合质黑云角闪斜长片麻岩、黑云二长片麻岩、角闪斜长片麻岩夹细粒斜长角闪岩、黑云变粒岩、浅粒岩及磁铁石英岩，局部夹大理岩薄层。

新构造运动表现为间歇性差异抬升为背景，目前尚无活动断层的资料记载。

2.1.3.2　陆域地形地貌

花园口经济区陆域地形较为复杂，总体上南低北高。最高点可达 130m

以上，最低不足 10m，区内高差为 120m。坡度小于 5%，主要集中在中南部，北部山体坡度较大，局部可达 45%。按照形态成因原则，可分为构造剥蚀型的侵蚀—剥蚀高丘、剥蚀低丘，剥蚀型的剥蚀平原（台地），剥蚀—堆积型的坡洪积扇裙、冲洪积谷地，堆积型的冲积平原、冲海积平原和海积平原。

剥蚀平原（台地）（I_{3-1}）：属于低丘地貌的外延地段，地势微起伏，坦缓开阔。坡度小于 5°～8°，冲沟较发育，切割深度 3～5m，除个别处基岩裸露外，地表系残坡积含碎石黏土、亚黏土。

坡洪积扇裙（I_{4-1}）：主要分布在剥蚀平原前缘或坡麓地带，河谷两侧。其形状不规则，面积不大。多被冲涮切割支体破碎。表面物质由亚黏土、亚砂土和砂碎石组成。

冲积平原（I_{5-1}）不对称地分布于河流两岸，多呈带状，表面平坦，微向海倾斜，高出河床 1～2m。由亚黏土、亚砂土、粉细砂、中粗砂和砂砾石组成。

海积平原（I_{5-4}）：呈带条状沿岸断续分布，其范围较小，相对高度为 2～3m，地势平坦，微向海倾斜，表层岩性为灰黑色淤泥质亚黏土夹粉砂薄层，下伏灰白色砂砾层。

2.1.3.3 海岸与潮间带地貌

海岸与海湾，该区海岸属岬湾型淤泥质岸，兼有基岩岸和淤泥岸的共同特征。由于受 NE 和 SW 两组断裂系控制，岸线呈 NE—SW 走向，沿岸有突出的岬角、凹入的海湾及岛屿，并分布海蚀崖、岩脊滩以及多级海岸阶地等地貌形态。岬湾相间，岸线曲折是区内岸线的主要特征。

潮间带地貌，潮间带系指大潮平均高潮位与最低低潮位之间的海岸堆积体，为海陆结合部，具有海洋与陆地的某些共同特征。潮滩沿岸分布，涨潮时有水，退潮时出露，宽 2 000～3 000m，海湾处最宽达 4 000m，滩面坡度为 1.27‰。潮滩底质以粉砂为主，局部海湾分布黏土质粉砂。受水流结构和沉积机理在不同潮滩段的差异作用，潮滩底质、微地貌、生物组合等潮滩横向分带性明显。

2.1.3.4 海底地貌

该区处于黄海内陆架的临岸海区，海底地貌类型主要为水下浅滩和浅海堆积平原。0～10m 等深线的范围内宽 10km，地势平坦，形态单调，平均坡度为 2′52″，底质主要由黏土质粉砂组成。

2.1.3.5 海岸线分布情况

为考察岸线类型分布，收集了该区 1995 年 1∶50 000 海图和 2010 年的高清卫星遥感资料。其中1995年海图采用了1980年版1：50 000地形图地貌版资料。该区域岸线划分主要基于1995年海图记载的岸线类型划分，并结合2010年高清卫星遥感资料反映的岸线类型变化完成的。

工程附近岸线以岬湾相间为主要特征，并有碧流河口的三角洲发育。本区的海岸线主要为人工岸线，是1995年以前建设盐田形成的，且在2003年已经被大规模回填形成现在花园口经济区，部分岸线主要集中在明阳湾和碧流河口内。自然岸线中以基岩海岸和淤泥质海岸相间分布。基岩海岸出现在明阳湾两翼岬角位置，人工开发较少；而原淤泥质海岸则保留很少，多被开发成盐田或养殖用地，只在明阳湾东西两翼岬角内部有所保留。

2.1.3.6　海域冲淤历史及现状分析

为考察该区域的冲淤历史及现状，收集了该区1952年及1966年刊行的海图、2010年的水深测量资料，与1968年、1993年、2002年、2010年的高清卫星遥感资料。其中，1952年海图采用1933—1936年日版海图的水深，记载了1936年之前某个时间的水深，为叙述方便，此处标记为1936年水深；1966年海图采用1960年测量数据，此处标记为1960年水深。

通过比较1968年、1993年、2002年、2010年的岸线位置，以及1936年、1960年、2010年的等深线位置，可以获得该区域的冲淤历史及现状。

该区域岸线以岬湾相间为主要特征，并有碧流河口的三角洲发育。1968年以来的岸线变化，除明阳湾顶因图像目视解译误差变化较大外，其余各地的变化很小，说明岸线受冲淤影响而改变很小。

1936年以来，明阳湾及碧流河口的水深及水下地形整体变化比较小。在1936年、1960年及2010年，明阳湾湾口及以东海域的等深线分布较疏，近平行于海岸分布，说明水下地形自陆向海变化平缓。至碧流河口，0m等深线折向海洋，远离海岸，与其他等深线密集分布，向海凸起，说明碧流河口水下三角洲的存在。三角洲顶部多位于0m等深线上下，地形平缓；而在三角洲外缘，等深线密集，水深增加，水下地形较陡峭。

1936—1960年，明阳湾口及其相邻外海的水深增大，0、2m、5m和10m等深线向岸移动，说明此时为冲蚀环境。同时在碧流河三角洲顶缘，水深增大，0m等深线向岸移动，表现为冲蚀；而在10m等深线附近，水深稍有增大，10m等深线向岸移动，为冲蚀环境；在2m、5m等深线附近，水深变浅，等深线向海移动，表现为淤积。总体来说，碧流河口三角洲坡度较小的顶缘及前缘向岸移动，坡度较大处向海移动，表现为冲蚀环境下的沉积物自三角洲顶缘向下搬远。

1960—2010年，明阳湾口及其相邻外海的水深变浅，0和2m等深线向海移动，水深变浅，说明为淤积环境。但在明阳湾与碧流河口的中间海域，因高丽城渔港的疏浚，2m、5m等深线呈狭条状向岸凸起。

2.1.4 工程地质条件

大连理工大学土木建筑设计研究院有限公司于2010年5月15日至6月7日对该区域开展了工程地质勘察。编制了《花园口经济区港口与海岸工程岩土工程勘察报告》，本文引用该专题报告内容说明本区域的工程地质情况。本次勘察共布设钻孔30个，其中控制孔兼取样孔8个，一般孔兼取样孔7个，原位测试钻孔15个。

2.1.4.1 地层

钻孔揭露深度内勘察场地分布的主要地层为：第四系全新统海相堆积层（$Q_4{}^m$）、海陆混合相堆积层（$Q_4{}^{mc}$）及新太古界岩层（Ar）。

根据岩土层的工程特性及分布规律，自上而下分为：

(1) ①$_1$淤泥·淤泥质粉质黏土（$Q_4{}^m$） 灰色、灰黑色，流塑，含贝壳碎屑，局部夹粉细砂薄层，有腥臭味。

该层分布较普遍，在本次勘察的29个钻孔中有分布，层厚0.50～16.00m，平均层厚7.85m，层顶高程－10.91～4.36m，平均层顶高程－1.01m。

(2) ①$_2$粉质黏土（$Q_4{}^m$） 灰色，软塑、流塑，局部夹粉细砂薄层，局部为黏土。

该层在本次勘察的11个钻孔中有分布，层厚1.90～11.40m，平均层厚4.98m，层顶高程－21.48～－1.24m，平均层顶高程－11.71m。

(3) ①$_3$粉土（$Q_4{}^m$）

灰色，中密，湿、很湿，局部为粉砂。

该层在本次勘察的11个钻孔中有分布，层厚0.70～4.50m，平均层厚2.28m，层顶高程－14.40～2.25m，平均层顶高程－6.80m。

(4) ①$_4$粉质黏土（$Q_4{}^{mc}$） 黄色、灰色、灰绿色、灰黑色，可塑，局部软塑。含铁质氧化物，夹粉土、粉砂薄层，局部为黏土。

该层分布较普遍，在本次勘察的20个钻孔中有分布，层厚0.70～29.50m，平均层厚10.85m，层顶高程－43.58～－4.24m，平均层顶高程－17.25m。

(5) ①$_5$粉质黏土（$Q_4{}^{mc}$） 灰黄色、黄褐色、灰色、灰黑色，硬塑、坚硬，局部硬可塑。土质较均匀，含少量铁质氧化物。局部为黏土。

该层在本次勘察的4个钻孔中有分布，层厚3.60～21.50m，平均层厚11.90m，层顶高程－29.51～－15.44m，平均层顶高程－22.88m。

(6) ①$_6$中粗砂砾（$Q_4{}^{mc}$） 灰色、黄色，标贯实测击数为16～35击，中密、密实，饱和。大于0.25mm颗粒含量60%～70%，含少量砾石，粒径

2～5mm。

　　该层在本次勘察的 14 个钻孔中有分布，层厚 1.00～18.80m，平均层厚 6.32m，层顶高程−39.38～−7.56m，平均层顶高程−25.53m。

　　(7) ①$_7$粉砂（Q$_4$^{mc}）　灰色、黄色，标贯实测击数为 30～38 击，密实，饱和。大于 0.075mm 颗粒含量 60%～70%，含少量砾石，粒径 2～5mm。

　　该层在本次勘察的 6 个钻孔中有分布，层厚 6.00～12.00m，平均层厚 8.94m，层顶高程−46.48～−30.48m，平均层顶高程−42.45m。

　　(8) ②$_1$全风化片麻岩（Ar）　灰褐色、灰黄色、灰绿色，结构、构造已风化不清晰，岩芯呈砂粒状，局部混强风化岩块。根据《岩土工程勘察规范（2009 年版）》第 3.2.2 条评价，该层岩体完整程度极破碎，为极软岩，岩体基本质量等级为Ⅴ级。

　　该层在本次勘察的 7 个钻孔中有分布，层厚 0.60～2.30m，平均层厚 1.33m，层顶高程−34.90～0.05m，平均层顶高程−19.27m。

　　(9) ②$_2$强风化片麻岩（Ar）　黄色、黄褐色，可见粒状变晶结构、片麻状构造，节理裂隙发育，岩芯呈碎块状，岩石碎片手可折断，干钻不易钻进。根据《岩土工程勘察规范（2009 年版）》第 3.2.2 条评价，该层岩体完整程度破碎，为软岩，岩体基本质量等级为Ⅴ级。

　　该层在本次勘察的 7 个钻孔中有分布，揭露层厚 0.90～1.40m，平均层厚 1.10m，层顶高程−24.22～−0.95m，平均层顶高程−13.58m。

　　(10) ②$_3$中风化片麻岩（Ar）　灰色，粒状变晶结构、片麻状构造，节理裂隙较发育，岩芯呈短柱状、柱状，锤击不易击碎。根据《岩土工程勘察规范（2009 年版）》第 3.2.2 条评价，该层岩体完整程度较破碎、较完整，为较软岩，岩体基本质量等级为Ⅳ级。

　　该层仅在本次勘察的 1 个钻孔（B6）中有分布，揭露层厚 2.00m，层顶高程 1.88m。

2.1.4.2　水文地质

　　勘探深度内，场区地下水类型为孔隙水，主要赋存于①$_6$中粗砾砂层、①$_7$粉砂层中，水质成分受海水影响。

2.1.5　海洋环境质量现状

2.1.5.1　水文动力环境质量现状调查与评价

　　(1) 海流观测时间和站位布设　为了掌握工程海域海流的变化情况，采用我单位于 2008 年 8 月 26～27 日（小潮期）和 2008 年 9 月 1～2 日（大潮期）对工程海域进行的 4 个站位同步海流周日连续定点观测数据，并于 2010 年 6 月 13～14 日（大潮期）对工程海域进行了 2 个点位的补充观测。观测站位示

于附表 50。

附表 50　海流、悬沙调查站位坐标表

序号	北纬	东经	项目
1	39°28′16.80″	122°38′51.00″	海流、悬沙
2	39°27′52.20″	122°39′7.02″	海流、悬沙
3	39°29′25.50″	122°40′41.30″	海流
4	39°29′1.87″	122°42′8.88″	海流、悬沙
补1	39°25′38.21″	122°35′42.40″	海流、悬沙
补2	39°25′11.00″	122°36′25.83″	海流、悬沙

海流观测共分三层：表层（距海面 0.5m）、中层（水深之半）和底层（距海底 0.5m）。各层次每小时观测一次，周日内每站共测得 25 组完整海流记录。各测站水深观测与海流观测同步进行。海况观测包括风速和风向，每 3h 观测一次，时间定为 2、5、8、11、14、17、20 和 23 时。

（2）潮流资料分析计算方法　海流观测资料均按《海洋调查规范－海洋水文规范》（GB/T 18134—2007）和国家海洋局《海滨观测规范》（GB/T 14914—2006）进行分析计算。首先，对实测资料绘制流速、流向曲线图，摘取整点流速、流向值，然后利用整点流速、流向资料进行潮流调和和分析，给出潮流调和常熟计算成果和余流结果，从而可用于预报当地任意时刻潮流。最后，根据交通部《海港水文规范》（JTJ213—98）有关公式计算出最大可能流速、流向。

（3）海流分析　a. 实测流场分析。本次调查海域每日二次涨、落潮流过程的周期有所差异，潮流强度亦不相同，一强一弱。该区潮流因受海岸线和海底地形的制约，各站、层涨落潮流主流向的走向均大致呈 SW—NE 向。

b. 平均涨落潮流速、流向。根据调查结果，各站涨潮流流速明显大于落潮流流速，而涨、落潮流历时基本相当。

c. 垂线平均流速。各站的涨、落潮流强度随深度增加而有所减弱。表层流速最大，中层次之，底层流速最小。

d. 潮位至潮流的关系。该区潮流具有较明显的前进波特征，即高潮时刻前后潮流流速最大，随着潮位下降，涨潮流逐渐减弱，至高潮后 4h 左右涨潮流最小；尔后，随潮位下降而转为落潮流，并逐渐增强，至低潮时刻前后落潮流增至最大。此后，随着潮位的上涨，落潮流开始逐渐减弱，至低潮后 4h 前后落潮流减至最小；之后，开始转为涨潮流，流速又逐渐增强，至高潮时流速增至最大。至此完成了一个潮汐周期的循环。每日有两个这样的潮流过程，一强一弱，周而复始。

（4）潮流分析　本区海流主要由潮流和风海流组成，其中潮流占绝对优势。与潮流相比，平均季风生成的平均风海流其方向随季风变化，通常以"余流"形式表示。

a. 潮流调和分析。潮流调和分析按《海洋调查规范》（GB12763—2007）中标准方法进行，分析结果表明，主太阴半日分潮流 M_2 是本海区的优势分潮流。因此，各测站 M_2 分潮流的椭圆长轴走向决定了本海区潮流的主流向。

b. 潮流性质。该海区的浅水区属于非正规半日潮流，深水区属正规半日潮流区。

c. 潮流运动形式。鉴于本区太阴半日潮流占绝对支配地位，因此可以用 M_2 分潮流的椭圆率 ε（短半轴比长半轴）来判别潮流运动形式。

通过分析，该区的潮流呈旋转流型。

d. 大潮平均最大潮流和最大可能潮流。据《港口工程技术规范》JTJ 213—98 中规定，对于规则半日潮流海区和不规则半日潮流海区大潮期间的潮流平均最大流速及可能最大潮流流速矢量进行计算，计算结果表明，各测站大潮平均最大潮流与最大可能潮流是一致的。平均最大潮流强的站、层其最大可能潮流亦强。流速由表层至底层逐渐递减，且各水层流向与其所对应的 M_2 分潮流椭圆长轴的走向基本一致。

e. 大潮期间潮流水质点平均最大运移距离及最大可能运移距离。据交通部《港口工程技术规范》JTJ 213—98 中规定，对于规则半日潮流海区和非半日潮流海区大潮期间的潮流水质点平均最大运移距离矢量进行计算（附表51、附表52）。计算结果如下：

附表 51　各站潮流水质点平均最大运移距离（距离 m；方向度）

站号	层　次					
	表　层		中　层		底　层	
	距离	方向	距离	方向	距离	方向
1	6 119	246	5 774	251	5 220	249
2	6 617	240	5 934	242	5 052	239
3	6 010	247	5 621	250	5 192	247
4	5 380	251	5 118	230	3 594	14

（续）

站号	层 次					
	表 层		中 层		底 层	
	距离	方向	距离	方向	距离	方向
补1	9 210	38	8 482	40	7 740	40
补2	10 445	50	9 432	47	7 954	50

附表52　各站潮流水质点最大可能运移距离（距离 m；方向度）

站号	层 次					
	表 层		中 层		底 层	
	距离	方向	距离	方向	距离	方向
1	13 720	251	12 407	257	10 968	255
2	13 690	244	12 420	247	10 880	248
3	13 700	253	12 402	257	11 103	251
4	12 899	246	10 238	232	6 724	22
补1	15 387	39	14 379	45	13 378	45
补2	18 007	48	16 703	46	14 080	53

（5）余流　根据调查结果，浅水区的测站余流流速大于深水区的测站余流流速；大潮期的余流流速大于小潮期的余流流速。最大余流发生在大潮期间 3 号站的表层，流速达 12.9cm/s，流向 241°。各站、层余流流向比较分散。余流场在很大程度上受海面风场支配，平均余流随季风而有季节变化。故而，上述余流仅能代表观测期间的余流分布。

（6）小结

a. 本次调查海区浅水区属于非正规半日潮流，深水区属正规半日潮流海区，虽每日二次涨、落潮流过程的周期大致相同，但潮流强度却不等，一强一弱。

b. 该区潮流因受海岸线和海底地形的制约，涨、落潮流主流向的走向均大致呈 SW—NE 向。

c. 该区潮流以旋转型为主，且按逆时针方向旋转。

d. 各站潮流具有较明显的前进波特征，即高、低潮位时刻流速最大，半潮面时刻流速最小。

e. 各站的涨潮流流速明显大于落潮流流速。

f. 各站的涨、落潮流强度随深度增加而有所减弱。表层流速最大，中层次之，底层流速最小。

　　g. 浅水区分余流流速大于深水区余流流速；大潮期余流流速大于小潮期余流流速。各站余流流速较小，余流流向较为分散。

2.1.5.2　悬浮泥沙现状调查

　　（1）悬沙采样与计算方法　悬沙样品采集与测流同步进行，采用我单位于 2010 年 6 月 13～14 日（大潮期）在花园口海域所设 2 个站位（补 1♯、补 2♯）及 2008 年 8 月 26～27 日（小潮期）和 2008 年 9 月 1～2 日（大潮期）所设 3 个站位（1♯、2♯、4♯）的调查数据，采样站位见附图 8 和附表 53；整点分表、中、底三层采集，采样间隔 1h，每站采样 25 组（75 个样品），共采集样品 300 个，每个样品采集量为 1 000mL，选用 0.45μm 孔径的滤膜过滤，重量法计算，计算公式：

$$SPM = \frac{W_g - W_空 - \Delta W}{V}$$

　　式中：SPM 为悬浮体浓度；W_g 为带样品滤膜质量；$W_空$ 为水样滤膜质量；ΔW 为空白校正滤膜校正值；V 为过滤样品水的体积。

　　（2）悬沙含量统计结果

　　小潮期各站悬沙含量分析：

　　a. 1♯站小潮期悬沙含量分析：

　　1♯站小潮悬沙含量分析统计结果见附表 53，悬沙含量过程曲线见附图 8。由附表 53 可见 1♯站小潮期悬沙含量最大值为 49.89mg/dm³（8：00），最小值为 20.56mg/dm³（20：00），平均值为 34.06mg/dm³。由附图 8 可见悬沙含量与潮位变化的相关性极差。

　　b. 2♯站小潮期悬沙含量分析　2♯站小潮悬沙含量分析统计结果见附表 54，悬沙含量过程曲线见附图 9。由附表 54 可见 2♯站小潮期悬沙含量最大值为 67.56mg/dm³（14：00），最小值为 14.89mg/dm³（3：00），平均值为 32.18mg/dm³。由附图 9 可见潮位极低时悬沙含量较高。

　　c. 4♯站小潮期悬沙含量分析

　　4♯站小潮悬沙含量分析统计结果见附表 55，悬沙含量过程曲线见附图 10。由附表 55 可见 4♯站小潮期悬沙含量最大值为 49.89mg/dm³（7：00），最小值为 16.56mg/dm³（0：00），平均值为 28.33mg/dm³。由附图 10 可见落潮初时悬沙含量较高。

　　大潮期各站悬沙含量分析：

　　a. 1♯站大潮期悬沙含量分析：

　　1♯站大潮悬沙含量分析统计结果见附表 56，悬沙含量过程曲线见附图 11。由附表 56 可见 1♯站大潮悬沙含量最大值为 442.83mg/dm³（8：00），最小值为 53.83mg/dm³（20：00），平均值为 141.91mg/dm³。由附图 11 可见水位极低时悬沙含量很高。

b. 2♯站大潮期悬沙含量分析：

2♯站大潮悬沙含量分析统计结果见附表 57，悬沙含量过程曲线见附图 12。由附表 57 可见 2♯站大潮期悬沙含量最大值为 473.33mg/dm³（17：00），最小值为 41.83mg/dm³（0：00），平均值为 130.61mg/dm³。由附图 12 可见水位极低时悬沙含量相对很高。

c. 4♯站大潮期悬沙含量分析

4♯站大潮悬沙含量分析统计结果见附表 58，悬沙含量过程曲线见附图 13。由附表 58 可见 4♯站大潮期悬沙含量最大值为 118.83mg/dm³（17：00），最小值为 41.33mg/dm³（0：00），平均值为 66.61mg/dm³。由附图 13 可见水位较低时悬沙含量相对较高。

d. 补 1♯站大潮期悬沙含量分析

补 1♯站大潮期悬沙含量分析统计结果见附表 59，悬沙含量过程曲线见附图 14。由附表 59 可见补 1♯站大潮期悬沙含量最大值为 218.25mg/dm³（18：00 底层），最小值为 21.25mg/dm³（21：00 表层），平均值为 90.35mg/dm³。由图可见潮落末时段及潮涨初时段悬沙含量相对较高，潮涨末时段、涨憩、及潮落初时段悬沙含量相对较低。

e. 补 2♯站大潮期悬沙含量分析

补 2♯站大潮期悬沙含量分析统计结果见附表 60，悬沙含量过程曲线、悬沙含量分布及悬沙含量极均值统计见附图 15。由附表可见补 2♯站大潮期悬沙含量最大值为 113.25mg/dm³（18：00 底层），最小值为 1.75mg/dm³（2：00 表层），平均值为 40.98mg/dm³。由附图 15 可见潮位落憩时段及潮涨初时段悬沙含量相对较高，潮涨末时段、涨憩、及潮落初时段悬沙含量相对较低。

附表 53　1♯站小潮期悬沙含量分析统计

序号	时间	水深（m）	中层（mg/dm³）
1	2008-8-26/17：00	4.5	29.22
2	18：00	3.7	26.56
3	19：00	3.4	36.22
4	20：00	2.9	20.56
5	21：00	2.1	22.22
6	22：00	1.8	41.22
7	23：00	1.9	38.89
8	0：00	2.1	25.56

（续）

序号	时间	水深（m）	中层（mg/dm³）
9	1：00	2.7	34.89
10	2：00	3.5	46.56
11	3：00	4.4	26.89
12	4：00	5.0	31.56
13	5：00	5.5	41.56
14	6：00	5.5	48.89
15	7：00	5.2	42.56
16	8：00	4.8	49.89
17	9：00	4.0	45.56
18	10：00	3.2	26.89
19	11：00	2.7	43.89
20	12：00	2.1	26.56
21	13：00	1.9	37.56
22	14：00	2.2	28.22
23	15：00	2.7	30.56
24	16：00	3.3	24.56
25	2008-8-27/17：00	3.7	24.56
序号	极均值统计	水深	中层
1	最大值	5.50	49.89
2	最小值	1.80	20.56
3	平均值	3.39	34.06

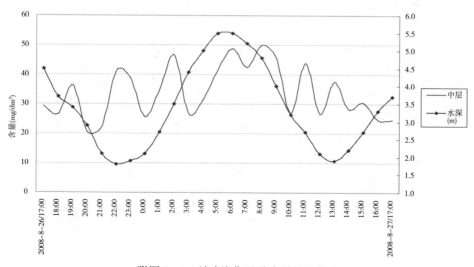

附图 8　1♯站小潮期悬沙含量过程曲线

附表54 2#站小潮期悬沙含量分析统计

序号	时间	水深（m）	中层（mg/dm³）
1	2008-8-26/17：00	5.8	22.89
2	18：00	5.7	17.89
3	19：00	5.1	20.22
4	20：00	4.4	18.56
5	21：00	3.9	34.22
6	22：00	3.4	44.56
7	23：00	3.4	51.56
8	0：00	3.6	26.89
9	1：00	3.9	29.22
10	2：00	5.2	32.89
11	3：00	6.2	14.89
12	4：00	7.0	28.56
13	5：00	7.5	40.22
14	6：00	7.7	26.22
15	7：00	7.3	21.89
16	8：00	6.9	33.56
17	9：00	6.0	37.56
18	10：00	5.0	23.89
19	11：00	4.1	28.89
20	12：00	3.8	21.56
21	13：00	3.8	42.56
22	14：00	4.0	67.56
23	15：00	4.2	34.56
24	16：00	4.9	39.89
25	2008-8-27/17：00	5.5	43.89
序号	极均值统计	水深	中层
1	最大值	7.70	67.56
2	最小值	3.40	14.89
3	平均值	5.13	32.18

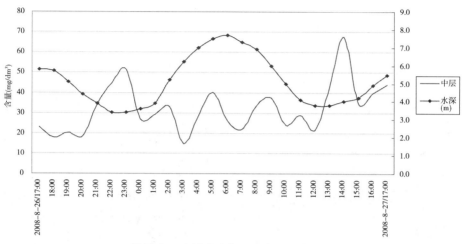

附图 9　2♯站小潮期悬沙含量过程曲线

附表 55　4♯站小潮期悬沙含量分析统计

序号	时间	水深（m）	中层（mg/dm³）
1	2008-8-26/17：00	6.2	21.22
2	18：00	6.1	18.89
3	19：00	5.7	44.56
4	20：00	5.1	28.56
5	21：00	4.8	35.22
6	22：00	4.3	29.56
7	23：00	4.2	29.89
8	0：00	4.6	16.56
9	1：00	5.1	23.89
10	2：00	6.0	28.89
11	3：00	6.7	20.22
12	4：00	7.4	29.56
13	5：00	7.8	25.56
14	6：00	7.9	22.89
15	7：00	7.9	49.89
16	8：00	7.0	25.89
17	9：00	6.3	26.56

（续）

序号	时间	水深（m）	中层（mg/dm³）
18	10：00	5.6	25.89
19	11：00	5.0	25.56
20	12：00	4.5	21.56
21	13：00	4.6	32.89
22	14：00	4.7	16.89
23	15：00	5.2	35.22
24	16：00	5.7	42.22
25	2008-8-27/17：00	6.0	30.22
序号	极均值统计	水深	中层
1	最大值	7.90	49.89
2	最小值	4.20	16.56
3	平均值	5.78	28.33

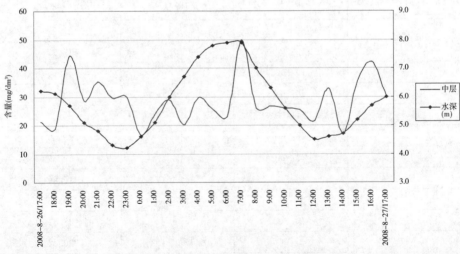

附图10　4♯站小潮期悬沙含量过程曲线

附表56　1♯站大潮期悬沙含量分析统计

序号	时间	水深（m）	中层（mg/dm³）
1	2008-9-1/10：00	5.7	84.33
2	11：00	5.3	92.33

（续）

序号	时间	水深（m）	中层（mg/dm³）
3	12：00	4.6	55.83
4	13：00	3.5	56.33
5	14：00	2.5	55.33
6	15：00	1.4	442.83
7	16：00	0.8	330.83
8	17：00	1.0	303.33
9	18：00	1.5	54.83
10	19：00	2.8	112.33
11	20：00	3.8	75.83
12	21：00	4.8	54.33
13	22：00	5.0	53.83
14	23：00	5.0	61.83
15	0：00	4.3	89.83
16	1：00	3.5	132.33
17	2：00	2.5	135.33
18	3：00	1.3	279.33
19	4：00	0.7	235.33
20	5：00	0.6	226.33
21	6：00	1.2	255.83
22	7：00	2.0	134.33
23	8：00	3.5	74.33
24	9：00	4.7	64.33
25	2008-9-2/10：00	5.0	86.33
序号	极均值统计	水深	中层
1	最大值	5.70	442.83
2	最小值	0.60	53.83
3	平均值	3.08	141.91

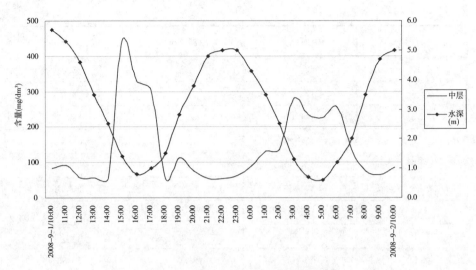

附图11   1♯站大潮期悬沙含量过程曲线

附表57   2♯站大潮期悬沙含量分析统计

序号	时间	水深（m）	中层（mg/dm³）
1	2008-9-1/10：00	8.6	72.83
2	11：00	8.1	52.33
3	12：00	7.1	98.33
4	13：00	6.0	70.33
5	14：00	4.8	114.33
6	15：00	3.2	190.83
7	16：00	2.5	459.33
8	17：00	2.5	473.33
9	18：00	3.5	218.83
10	19：00	4.8	148.33
11	20：00	6.2	70.83
12	21：00	7.5	74.33
13	22：00	7.9	66.83
14	23：00	7.6	60.83
15	0：00	6.9	41.83
16	1：00	5.8	59.33
17	2：00	4.5	108.33

（续）

序号	时间	水深（m）	中层（mg/dm³）
18	3：00	3.3	86.83
19	4：00	2.5	185.33
20	5：00	2.1	159.33
21	6：00	2.8	118.33
22	7：00	4.2	77.33
23	8：00	6.0	112.83
24	9：00	7.2	68.33
25	2008-9-2/10：00	7.9	75.83
序号	极均值统计	水深	中层
1	最大值	8.60	473.33
2	最小值	2.10	41.83
3	平均值	5.34	130.61

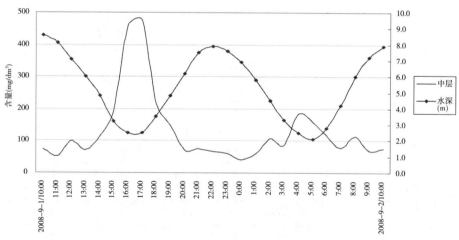

附图 12　2♯站大潮期悬沙含量过程曲线

附表 58　4♯站大潮期悬沙含量分析统计

序号	时间	水深（m）	中层（mg/dm³）
1	2008-9-1/10：00	8.4	48.33
2	11：00	7.9	44.33
3	12：00	7.0	106.33

（续）

序号	时间	水深（m）	中层（mg/dm³）
4	13：00	6.1	42.33
5	14：00	5.1	81.33
6	15：00	3.9	85.33
7	16：00	3.4	108.83
8	17：00	3.2	118.83
9	18：00	3.9	76.33
10	19：00	5.1	76.83
11	20：00	6.3	60.83
12	21：00	7.2	55.83
13	22：00	7.7	54.33
14	23：00	7.6	52.33
15	0：00	6.9	41.33
16	1：00	5.9	48.83
17	2：00	4.8	47.83
18	3：00	3.8	66.83
19	4：00	3.2	79.83
20	5：00	3.1	77.83
21	6：00	3.3	73.83
22	7：00	4.7	66.33
23	8：00	6.2	51.83
24	9：00	7.1	49.33
25	2008-9-2/10：00	7.9	49.33
序号	极均值统计	水深	中层
1	最大值	8.40	118.83
2	最小值	3.10	41.33
3	平均值	5.59	66.61

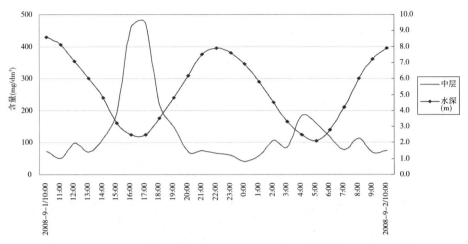

附图 13　4♯站大潮期悬沙含量过程曲线

附表 59　1♯站大潮期悬沙含量分析统计

区位：花园口　　潮汐：大潮　　站号：1♯　　坐标：39°25.681′N；122°35.243′E

序号	日期时间	潮位（m）	表层悬沙（mg/dm³）	中层悬沙（mg/dm³）	底层悬沙（mg/dm³）	平均悬沙（mg/dm³）
1	2010-6-13/9：00	6.1	35.80	40.60	56.60	44.33
2	10：00	6.1	79.40	87.00	88.20	84.87
3	11：00	5.7	80.60	93.00	104.60	92.73
4	12：00	4.9	85.00	122.20	137.80	115.00
5	13：00	3.9	83.25	124.25	146.75	118.08
6	14：00	2.9	100.75	121.75	128.25	116.92
7	15：00	2.0	118.25	123.25	132.25	124.58
8	16：00	1.7	66.75	71.25	106.25	81.42
9	17：00	1.8	110.75	98.25	90.25	99.75
10	18：00	2.4	209.75	214.75	218.25	214.25
11	19：00	3.4	85.75	94.75	119.75	100.08
12	20：00	4.2	59.25	64.25	72.25	65.25
13	21：00	4.7	21.25	24.75	27.25	24.42
14	22：00	4.8	32.25	50.75	61.25	48.08
15	23：00	4.5	67.25	62.75	56.25	62.08
16	0：00	3.9	39.25	47.25	50.25	45.58
17	1：00	3.1	51.25	54.75	77.25	61.08
18	2：00	2.2	83.75	93.75	99.25	92.25

（续）

序号	日期时间	潮位（m）	表层悬沙（mg/dm³）	中层悬沙（mg/dm³）	底层悬沙（mg/dm³）	平均悬沙（mg/dm³）
19	3：00	1.6	132.75	146.25	160.75	146.58
20	4：00	1.3	130.75	132.25	139.75	134.25
21	5：00	1.6	59.75	78.25	83.25	73.75
22	6：00	2.6	144.75	189.75	197.25	177.25
23	7：00	4.0	62.25	76.25	83.25	73.92
24	8：00	5.3	39.75	28.25	30.75	32.92
25	2010-6-14/9：00	6.0	26.75	28.75	32.75	29.42

序号	极均值统计	本站悬沙（mg/dm³）	表层悬沙（mg/dm³）	中层悬沙（mg/dm³）	底层悬沙（mg/dm³）	平均悬沙（mg/dm³）
1	最大值	218.25	209.75	214.75	218.25	214.25
2	最小值	21.25	21.25	24.75	27.25	24.42
3	平均值	90.35	80.28	90.76	100.02	90.35

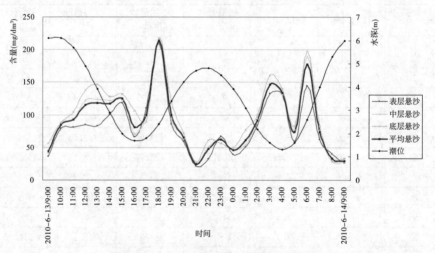

附图 14　1♯站大潮期悬沙含量过程曲线

附表 60　2♯站大潮期悬沙含量分析统计

区位：花园口　　　潮汐：大潮　　　站号：2♯　　　坐标：39°25.185′N；122°36.606′E

序号	日期时间	潮位（m）	表层悬沙（mg/dm³）	中层悬沙（mg/dm³）	底层悬沙（mg/dm³）	平均悬沙（mg/dm³）
1	2010-6-13/9：00	10.5	8.83	18.83	20.50	16.06
2	10：00	10.4	21.83	25.83	28.17	25.28

（续）

序号	日期时间	潮位（m）	表层悬沙（mg/dm³）	中层悬沙（mg/dm³）	底层悬沙（mg/dm³）	平均悬沙（mg/dm³）
3	11：00	10.0	42.50	74.50	86.17	67.72
4	12：00	9.2	49.25	62.75	90.75	67.58
5	13：00	8.2	40.75	47.75	83.25	57.25
6	14：00	7.2	27.75	37.75	47.75	37.75
7	15：00	6.3	30.75	29.25	64.75	41.58
8	16：00	6.0	42.25	71.75	91.75	68.58
9	17：00	6.2	81.75	87.75	90.75	86.75
10	18：00	6.8	74.25	102.25	113.25	96.58
11	19：00	7.7	48.75	50.25	72.25	57.08
12	20：00	8.5	26.25	28.25	35.75	30.08
13	21：00	9.0	21.75	23.25	30.25	25.08
14	22：00	9.2	17.75	24.75	25.75	22.75
15	23：00	8.9	11.75	21.25	25.25	19.42
16	0：00	8.2	9.25	11.75	16.25	12.42
17	1：00	7.4	12.25	21.25	24.25	19.25
18	2：00	6.5	1.75	5.25	6.75	4.58
19	3：00	5.9	6.75	12.75	27.75	15.75
20	4：00	5.7	20.25	48.75	63.75	44.25
21	5：00	6.0	46.75	80.75	87.25	71.58
22	6：00	6.9	38.75	63.75	77.75	60.08
23	7：00	8.3	26.25	31.25	37.25	31.58
24	8：00	9.6	15.75	17.75	50.25	27.92
25	2010－6－14/9：00	10.4	11.75	18.75	22.25	17.58

序号	极均值统计	本站悬沙（mg/dm³）	表层悬沙（mg/dm³）	中层悬沙（mg/dm³）	底层悬沙（mg/dm³）	平均悬沙（mg/dm³）
1	最大值	113.25	81.75	102.25	113.25	96.58
2	最小值	1.75	1.75	5.25	6.75	4.58
3	平均值	40.98	29.43	40.73	52.79	40.98

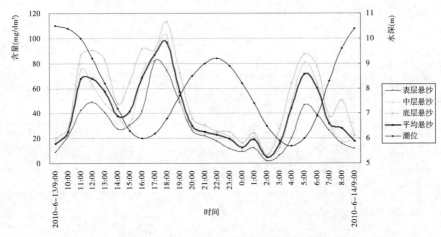

附图 15 2♯站大潮期悬沙含量过程曲线

2.1.5.3 水质环境质量现状调查与评价

（1）调查时间、站位和项目 为了全面掌握工程海域海洋环境质量现状，项目组采用了现状调查和资料收集的两种方法。现状调查：2010 年 6 月 13 日，项目组对花园口及周边海域进行了 20 个水质站位、12 个沉积物站位现状调查。资料收集：项目组收集了我单位于 2008 年 8 月 8 日和 8 月 19 日在周边海域进行的 20 个水质站位大、小潮调查资料。此外，本报告引用了大连海洋大学于 2010 年 4 月 6 日在工程用海附近海域的调查资料共布设 20 个调查站位。

2010 年 6 月 13 日的调查站位及坐标见附表 62。2008 年 8 月 8 日和 8 月 19 日的调查站位及坐标见附表 63。调查项目有 pH、磷酸盐、亚硝酸盐、硝酸盐、铵盐、盐度、悬浮物、水温、DO、COD、石油类、Cu、Pb、Zn、Cd。

（2）分析测定方法 各参数的测定均按 GB 17378.3—2007《海洋监测规范》中规定的分析方法进行。

（3）水质调查结果

a. 评价方法。采用标准指数法，对工程海域水质现状进行评价。

b. 评价标准。水质单因子指数评价以 GB 3097—1997 海水水质标准中的二类水质标准为依据。

附表 61　二类海水水质标准（mg/L，pH 除外）

项目	pH	DO	COD	石油类	活性磷酸盐	无机氮
二类标准	7.8～8.5	＞5	≤3	≤0.05	≤0.030	≤0.30

项目	铜	铅	锌	镉	汞
二类标准	≤0.010	≤0.005	≤0.050	≤0.005	≤0.000 2

c. 水质调查结果与评价。调查统计结果见附表 64、附表 65、附表 66 和附表 67。

（4）水质现状评价　单因子污染指数评价结果见附表 68、附表 69、附表 70 和附表 71。2008 年 8 月 19 日、2010 年 4 月 6 日和 2010 年 6 月 13 日调查海区水质中各污染要素均达到二类海水质量标准的要求。2008 年 8 月 8 日调查中除个别站位（24 号和 51 号）COD 超标外，其余评价要素均满足二类海水水质标准的要求。根据相关规范要求，该类水质适合养殖海参。

附表 62　调查站位表（2010 年 6 月）

站位	纬度	经度	监测项目
1-1	39°27′21.75″	122°34′19.26″	水质、沉积物、生物
1-2	39°26′28.36″	122°34′42.71″	水质、沉积物、生物
1-3	39°25′21.26″	122°35′14.57″	水质、鱼卵仔鱼
1-4	39°24′22.81″	122°35′39.87″	水质、沉积物、生物
1-5	39°23′30.11″	122°36′3.27″	水质
2-1	39°28′29.14″	122°36′47.92″	水质
2-2	39°27′31.79″	122°37′18.60″	水质、沉积物、生物
2-3	39°26′21.99″	122°37′57.37″	水质
2-4	39°25′15.64″	122°38′33.42″	水质、沉积物、生物
3-1	39°30′40.40″	122°38′59.47″	水质、沉积物、生物
3-2	39°29′34.03″	122°39′26.60″	水质、鱼卵仔鱼
3-3	39°28′29.72″	122°39′52.83″	水质、沉积物、生物
3-4	39°27′8.84″	122°40′34.29″	水质、沉积物、生物
4-1	39°30′42.17″	122°40′59.62″	水质
4-2	39°30′12.28″	122°41′22.80″	水质、沉积物、生物
4-3	39°29′24.05″	122°41′57.01″	水质、沉积物、生物

（续）

站位	纬度	经度	监测项目
4-4	39°28′33.38″	122°42′34.77″	水质
5-1	39°31′20.16″	122°42′10.08″	水质
5-2	39°31′10.33″	122°44′4.43″	水质、沉积物、生物
5-3	39°30′2.84″	122°45′6.40″	水质、沉积物、生物
A	39°27′45.30″	122°34′10.08″	潮间带
B	39°27′43.14″	122°34′32.22″	潮间带
C	39°27′47.22″	122°34′55.44″	潮间带

附表 63 调查站位表（2008 年 8 月）

站位	纬度	经度	监测项目
11	39°27′21.75″	122°34′19.26″	水质、沉积物、生物
12	39°26′28.36″	122°34′42.71″	水质
13	39°25′21.26″	122°35′14.57″	水质、沉积物、生物
14	39°24′22.81″	122°35′39.87″	水质
21	39°28′29.14″	122°36′47.92″	水质
22	39°27′31.79″	122°37′18.60″	水质、沉积物、生物
23	39°26′21.99″	122°37′57.37″	水质
24	39°25′15.64″	122°38′33.42″	水质、沉积物、生物
31	39°31′20.45″	122°38′49.03″	水质、沉积物、生物
32	39°30′40.40″	122°38′59.47″	水质
33	39°29′34.03″	122°39′26.60″	水质、沉积物、生物
34	39°28′29.72″	122°39′52.83″	水质
35	39°27′08.84″	122°40′34.29″	水质、沉积物、生物
41	39°30′42.17″	122°40′59.62″	水质
42	39°29′24.05″	122°41′57.01″	水质、沉积物、生物
43	39°28′33.38″	122°42′34.77″	水质
51	39°31′20.16″	122°42′10.08″	水质、沉积物、生物
52	39°31′10.33″	122°44′4.43″	水质
53	39°30′02.84″	122°45′06.40″	水质、沉积物、生物
54	39°29′08.88″	122°45′53.09″	水质

附表 64　海水样品中诸要素的分析结果（2010 年 6 月）

站位	层次	水温 ℃	盐度 S‰	pH	DO	COD mg/L	亚硝酸盐 μg/L	硝酸盐 μg/L	氨盐 μg/L	磷酸盐 μg/L	SS mg/L	Cu μg/L	Pb μg/L	Zn μg/L	Cd μg/L	Hg μg/L	石油类 μg/L	水深 m
1-1	表	19.4	29.68	8.00	7.13	1.0	1.58	4.95	23.2	1.87	40.0	1.0	2.3	3.1	0.07	0.078	3.62	5.0
1-2	表	18.2	29.84	8.12	7.64	0.84	2.16	9.90	31.9	1.87	48.3	0.4	1.9	2.7	0.10	0.059	3.03	4.0
1-3	表	17.7	29.84	8.06	7.68	1.68	2.46	6.58	34.5	3.35	31.0	0.6	2.2	2.5	0.14	0.053	2.63	5.0
1-4	表	16.6	30.00	8.10	8.10	1.28	2.75	5.79	33.2	2.86	56.3	1.4	2.9	8.0	0.10	0.049	3.15	14.0
1-4	底	16.5	30.01	8.08	8.08	1.44	2.46	18.1	36.0	2.86	14..9	2.7	2.9	6.0	0.06	0.045	—	
1-5	表	15.8	30.16	8.18	8.68	0.88	1.87	12.7	30.7	2.36	22.7	0.4	2.5	1.4	0.09	0.044	4.01	14.0
1-5	底	15.8	30.15	8.16	8.56	0.96	1.58	4.95	30.6	1.38	26.7	1.0	3.2	1.6	0.16	0.045	—	
2-1	表	20.0	27.98	8.04	6.83	1.62	2.46	4.07	34.2	3.84	84.0	0.6	2.1	1.7	0.11	0.020	3.18	4.0
2-2	表	19.9	29.61	8.02	7.07	0.96	2.16	6.38	33.0	3.35	33.7	3.1	3.8	4.8	0.17	0.021	3.01	4.0
2-3	表	18.8	29.71	8.03	7.43	1.60	3.04	6.00	35.5	3.35	45.7	1.3	2.4	5.9	0.15	0.025	2.88	7.0
2-3	底	18.7	29.71	8.04	7.12	1.36	2.16	12.4	53.4	3.35	146.3	0.4	2.9	1.3	0.15	0.030	—	
2-4	表	17.5	29.88	8.14	8.16	0.92	1.58	13.0	26.5	1.87	35.0	0.7	4.0	2.8	0.13	0.030	2.98	10.0
2-4	底	17.4	29.87	8.13	7.98	1.44	1.58	4.95	25.4	2.36	35.3	0.5	2.6	2.9	0.15	0.025	—	
3-1	表	20.9	29.46	8.01	6.98	0.92	1.58	13.4	25.0	2.36	34.6	4.7	3.7	2.6	0.18	0.066	3.87	2.0
3-2	表	20.9	29.46	8.01	6.67	1.04	1.58	10.0	20.6	4.33	34.6	2.5	4.3	2.8	0.19	0.064	4.37	2.0
3-3	表	20.2	29.43	8.06	7.67	1.96	3.04	9.02	25.1	2.36	34.7	2.3	2.7	12.7	0.15	0.081	2.56	4.0
3-4	表	18.8	29.66	8.08	7.56	1.28	1.58	3.44	41.0	3.35	40.3	1.2	2.3	3.9	0.07	0.068	4.01	6.0
3-4	底	18.7	29.67	8.06	7.45	1.28	1.87	10.2	18.7	1.87	38.0	1.0	2.7	6.0	0.12	0.079	—	
4-1	表	20.8	29.43	8.02	6.95	1.80	3.04	7.01	21.7	4.33	20.0	0.4	2.3	3.6	0.08	0.051	3.21	1.0
4-2	表	20.8	29.44	8.01	6.81	0.96	3.04	1.48	35.1	3.84	57.0	0.8	2.0	3.7	0.12	0.059	3.00	2.0

（续）

站位	层次	水温 ℃	盐度 S‰	pH	DO mg/L	COD mg/L	亚硝酸盐 µg/L	硝酸盐 µg/L	氨盐 µg/L	磷酸盐 µg/L	SS mg/L	Cu µg/L	Pb µg/L	Zn µg/L	Cd µg/L	Hg µg/L	石油类 µg/L	水深 m
4-3	表	20.2	29.60	7.99	7.47	1.08	1.58	3.44	25.0	1.87	35.0	1.2	3.4	1.9	0.17	0.050	3.15	4.5
4-4	表	20.2	29.43	8.01	7.28	1.04	1.58	14.5	25.0	3.35	30.7	0.7	2.1	1.4	0.12	0.030	4.09	4.5
5-1	表	18.5	29.66	8.10	7.52	0.84	1.58	6.46	25.0	1.38	21.7	0.6	1.9	0.8	0.10	0.044	2.94	4.0
5-2	底	18.5	29.63	8.03	7.68	1.44	1.58	3.95	24.7	4.83	57.7	0.7	1.2	1.9	0.19	0.033	3.43	7.0
	表	18.4	29.64	8.06	7.52	0.88	1.87	8.18	25.9	1.87	29.0	2.5	2.3	6.1	0.18	0.043	—	
5-3	表	19.10	29.58	8.03	7.54	1.36	1.87	4.66	27.3	2.36	31.3	1.9	2.8	8.1	0.09	0.042	2.58	7.0
	底	18.9	29.59	8.05	7.39	1.64	3.04	7.01	32.5	2.86	149.0	1.0	2.4	5.7	0.08	0.059	—	

附表 65 调查海域水样品诸要素分析结果（2008 年 8 月 8 日）

样品编号	温度 ℃	盐度 S‰	pH	DO mg/L	COD mg/L	亚硝酸盐 µg/L	硝酸盐 µg/L	氨盐 µg/L	磷酸盐 µg/L	SS mg/L	Cu µg/L	Pb µg/L	Zn µg/L	Cd µg/L	石油类 µg/L
11	27.9	26.9	8.27	8.30	2.72	13.0	161.2	3.2	23.6	34.0	6.1	3.7	11.5	0.13	5.67
12	27.8	27.6	8.19	8.33	1.96	2.9	139.7	14.6	27.0	33.6	4.9	2.6	4.7	0.13	6.05
13	27.2	27.9	8.20	8.29	2.60	7.3	113.9	7.2	20.7	15.8	5.0	2.7	6.0	0.12	5.45
14	26.6	28.7	8.13	8.32	0.47	3.2	75.6	5.7	22.0	14.4	4.1	2.5	7.9	0.11	5.76
21	27.7	27.4	8.17	8.31	2.51	11.2	196.9	6.2	27.4	25.6	4.0	2.2	2.7	0.16	5.99
22	27.4	28.0	8.30	8.29	0.76	6.4	113.4	7.0	19.0	23.2	3.7	2.3	2.8	0.11	6.14
23	27.6	28.3	8.19	8.32	0.51	5.5	92.5	6.9	20.2	18.0	3.1	2.1	2.9	0.11	5.58
24	27.7	28.3	8.23	8.33	3.10	3.4	67.0	5.5	20.7	21.2	3.0	2.1	3.0	0.12	5.61
31	28.4	27.8	8.28	8.28	0.64	4.4	102.0	13.8	19.9	22.0	3.0	2.7	4.5	0.13	4.90

（续）

样品编号	温度 ℃	盐度 S‰	pH	DO mg/L	COD mg/L	亚硝酸盐 μg/L	硝酸盐 μg/L	氨盐 μg/L	磷酸盐 μg/L	SS mg/L	Cu μg/L	Pb μg/L	Zn μg/L	Cd μg/L	石油类 μg/L
32	28.8	27.7	8.13	8.30	2.76	9.6	131.0	4.7	25.3	22.6	3.5	2.6	4.2	0.11	5.09
33	28.1	28.0	8.18	8.31	0.85	9.0	102.7	2.8	22.0	38.4	3.7	2.5	2.6	0.14	5.36
34	27.7	28.3	8.22	8.32	0.80	3.6	58.5	4.3	20.2	37.2	3.1	2.5	2.7	0.14	5.02
35	27.6	28.7	8.18	8.35	1.49	2.9	72.3	5.7	16.5	30.2	3.6	2.1	3.0	0.13	5.23
41	27.5	29.6	8.28	8.29	1.87	11.3	145.0	5.1	24.9	45.8	3.0	2.1	3.3	0.12	5.48
42	27.4	28.9	8.17	8.31	1.83	2.7	67.2	5.6	20.2	22.2	3.0	3.0	3.1	0.11	5.71
43	27.5	28.5	8.24	8.32	1.79	2.2	69.3	2.1	16.5	28.4	3.7	3.1	3.4	0.12	6.64
51	27.8	27.8	28.4	8.29	3.23	2.8	66.5	6.2	21.1	28.4	3.9	2.9	4.0	0.13	5.49
52	27.8	27.9	21.0	8.33	0.47	2.2	57.0	4.7	18.1	21.0	4.0	2.7	4.0	0.11	9.64
53	27.5	28.4	18.6	8.34	2.34	2.9	129.2	4.7	17.3	18.6	3.0	3.0	4.5	0.13	16.90
54	27.3	28.5	34.2	8.36	1.57	4.6	80.0	2.2	15.7	34.2	3.2	3.0	6.7	0.15	8.44

附表 66　调查海域水样品诸要素分析结果（2008 年 8 月 19 日）

样品编号	温度 ℃	盐度 S‰	pH	DO mg/L	COD mg/L	亚硝酸盐 μg/L	硝酸盐 μg/L	氨盐 μg/L	磷酸盐 μg/L	SS mg/L	Cu μg/L	Pb μg/L	Zn μg/L	Cd μg/L	石油类 μg/L
11	24.2	25.6	8.29	8.31	2.22	9.32	209.90	26.31	17.38	156.0	5.0	3.0	9.3	0.12	4.32
12	24.6	25.5	8.23	8.29	2.12	8.28	161.58	24.85	15.95	82.0	2.2	2.1	2.7	0.11	4.61
13	24.7	25.8	8.26	8.30	1.84	5.74	106.69	16.32	12.14	47.8	4.0	2.5	3.5	0.08	5.54
14	24.8	26.8	8.26	8.34	1.20	4.04	47.36	8.62	9.76	30.6	3.4	2.8	7.0	0.12	6.78
21	24.5	25.2	8.25	8.28	1.88	9.51	172.14	26.84	17.38	73.0	3.6	2.6	1.3	0.13	7.31

（续）

样品编号	温度 ℃	盐度 S‰	pH	DO mg/L	COD mg/L	亚硝酸盐 µg/L	硝酸盐 µg/L	氨盐 µg/L	磷酸盐 µg/L	SS mg/L	Cu µg/L	Pb µg/L	Zn µg/L	Cd µg/L	石油类 µg/L
22	24.6	26.4	8.25	8.27	1.50	6.30	98.69	16.00	14.52	47.6	3.2	2.1	1.3	0.11	4.34
23	24.8	26.5	8.25	8.31	1.46	5.74	79.12	13.11	14.05	49.6	2.9	2.1	1.2	0.12	5.32
24	24.9	26.7	8.29	8.33	1.28	4.89	56.25	10.51	12.62	31.0	2.2	2.4	1.2	0.13	7.89
31	24.4	26.5	8.29	8.29	1.40	8.09	102.15	25.04	14.05	107.0	2.0	1.9	1.2	0.11	3.32
32	24.5	26.9	8.32	8.32	1.06	7.43	90.76	16.53	13.10	44.6	2.0	1.9	1.2	0.12	4.32
33	24.6	27.1	8.30	8.33	1.32	5.17	57.89	11.53	12.62	46.8	2.4	2.1	1.2	0.10	3.98
34	24.8	27.3	8.24	8.34	1.18	5.26	58.18	12.15	12.62	33.0	1.2	1.5	1.2	0.11	5.34
35	24.8	27.1	8.23	8.33	1.00	4.70	53.75	10.10	12.14	34.8	1.3	1.7	1.2	0.13	4.55
41	24.3	26.1	8.27	8.30	1.45	8.94	171.56	24.31	15.95	126.3	1.3	1.9	1.2	0.13	6.61
42	24.5	26.3	8.16	8.33	1.02	7.62	126.60	26.34	14.52	67.7	1.3	1.0	1.2	0.13	5.83
43	24.7	26.1	8.31	8.30	1.27	7.62	69.67	21.82	14.05	39.4	1.8	1.7	1.2	0.12	5.26
51	24.6	26.0	8.10	8.28	2.14	11.30	168.94	27.31	18.33	60.0	1.2	2.1	1.3	0.17	5.12
52	24.6	26.1	8.10	8.34	1.40	8.94	130.66	25.97	15.48	52.6	1.1	1.6	1.3	0.14	4.43
53	24.5	25.9	8.25	8.35	1.47	8.66	105.94	22.45	14.52	43.8	2.0	1.3	1.3	0.13	7.34
54	24.6	26.0	8.30	8.34	1.67	8.28	76.96	20.80	13.57	42.6	3.7	1.9	2.0	0.15	7.21

附表 67　调查海域水样品诸要素分析结果（2010 年 4 月 6 日）

项目 站号	pH	水温 ℃	盐度 ×10⁻³	溶解氧 mg/L	悬浮物 mg/L	NO2 ug/L	NO3 ug/L	NH4 ug/L	PO4 ug/L	COD mg/L	铜 ug/L	铅 ug/L	锌 ug/L	镉 ug/L	汞 ug/L	石油类 mg/L	砷 ug/L
1	8.42	5.66	31.91	10.25	42.6	1.68	23.95	2.76	2.14	1.49	1.1	3.6	8.7	0.34	0.063	0.038	1.82

（续）

项目 站号	pH	水温℃	盐度 ×10⁻³	溶解氧 mg/L	悬浮物 mg/L	NO2 ug/L	NO3 ug/L	NH4 ug/L	PO4 ug/L	COD mg/L	铜 ug/L	铅 ug/L	镉 ug/L	锌 ug/L	汞 ug/L	石油类 mg/L	砷 ug/L
2	8.42	4.85	32.09	10.40	72.2	0.64	10.88	1.66	15.48	2.13	1.5	1.7	0.39	15.6	0.067	0.039	2.05
3	8.36	4.32	32.12	10.01	19.4	0.55	11.88	1.87	15.00	1.39	1.1	1.8	0.36	16.4	0.071	0.040	2.08
4	8.38	3.97	32.17	10.41	19.6	1.40	10.51	1.14	2.14	1.32	1.3	3.3	0.24	16.8	0.066	0.039	2.03
5	8.42	5.51	32.10	10.17	101.2	1.40	10.26	1.26	1.67	1.70	0.8	1.7	0.38	11.2	0.063	0.037	1.85
6	8.43	5.09	32.10	10.33	55.2	1.49	10.93	0.93	0.71	1.81	1.0	1.2	0.19	10.1	0.064	0.038	1.93
7	8.37	4.39	32.11	10.39	18.0	1.49	10.68	1.05	0.71	1.46	1.1	3.3	0.31	7.8	0.069	0.040	2.13
8	8.36	4.34	32.16	10.40	23.0	2.34	30.85	3.77	0.71	1.35	1.4	3.8	0.18	21.8	0.075	0.045	2.25
9	8.38	6.13	32.09	9.81	124.4	1.21	7.50	2.04	5.48	1.78	0.8	1.7	0.38	11.2	0.058	0.037	1.71
10	8.42	5.32	32.07	9.99	149.8	1.40	11.16	2.21	3.10	1.74	1.0	1.2	0.09	10.1	0.067	0.039	1.78
11	8.14	5.01	32.17	10.02	152.6	3.38	23.28	2.97	4.05	1.78	1.2	1.8	0.24	20.7	0.054	0.041	1.67
12	8.24	4.01	32.17	10.06	17.0	1.40	7.82	2.57	0.71	1.64	1.5	2.8	0.08	13.3	0.066	0.043	2.10
13	8.43	5.09	32.17	10.10	184.0	2.15	17.96	3.12	1.19	1.00	0.5	1.4	0.21	20.7	0.049	0.040	1.77
14	8.43	4.27	32.13	10.42	37.4	2.06	14.85	2.15	1.19	1.00	0.8	1.3	0.16	9.4	0.068	0.042	2.13
15	8.34	6.10	32.03	9.90	411.5	0.45	15.94	3.27	3.57	0.89	0.9	0.9	0.36	7.6	0.048	0.038	1.76
16	8.37	5.78	32.17	9.86	199.0	1.11	16.18	1.54	1.67	1.14	0.8	1.1	0.25	4.5	0.051	0.037	1.73
17	8.42	5.24	32.17	10.03	159.5	1.21	13.91	2.28	0.71	1.07	0.8	1.0	0.05	21.8	0.040	0.039	1.70
18	8.33	5.18	32.15	10.11	153.0	1.49	9.78	3.27	2.14	1.28	0.9	1.1	0.25	8.0	0.053	0.039	1.77
19	8.41	4.73	32.20	10.30	119.5	0.74	11.43	2.63	0.71	1.24	0.8	1.5	0.33	22.7	0.061	0.038	1.83
20	8.41	4.24	32.18	10.41	47.8	1.21	18.27	3.23	5.95	1.17	0.9	1.8	0.23	5.5	0.063	0.045	2.15

附表 68 水质单因子评价指数（2010 年 6 月 13 日）

站位	层次	磷酸盐	无机氮	pH	DO	COD	Cu	Pb	Zn	Cd	Hg	石油类
1-1	表	0.06	0.10	0.43	0.80	0.33	0.10	0.46	0.06	0.01	0.39	0.07
1-2	表	0.06	0.15	0.09	0.75	0.28	0.04	0.38	0.05	0.02	0.30	0.06
1-3	表	0.11	0.15	0.26	0.75	0.56	0.06	0.44	0.05	0.03	0.27	0.05
1-4	表	0.10	0.14	0.14	0.72	0.43	0.14	0.58	0.16	0.02	0.25	0.06
	底	0.10	0.19	0.20	0.73	0.48	0.27	0.58	0.12	0.01	0.23	—
1-5	表	0.08	0.15	0.09	0.68	0.29	0.04	0.50	0.03	0.02	0.22	0.08
	底	0.05	0.12	0.03	0.69	0.32	0.10	0.64	0.03	0.03	0.23	—
2-1	表	0.13	0.14	0.31	0.82	0.54	0.06	0.42	0.03	0.02	0.10	0.06
2-2	表	0.11	0.14	0.37	0.80	0.32	0.31	0.76	0.10	0.03	0.11	0.06
2-3	表	0.11	0.15	0.34	0.77	0.53	0.13	0.48	0.12	0.03	0.13	0.06
	底	0.11	0.23	0.31	0.80	0.45	0.04	0.58	0.03	0.03	0.15	—
2-4	表	0.06	0.14	0.03	0.71	0.31	0.07	0.80	0.06	0.03	0.15	0.06
	底	0.08	0.11	0.06	0.73	0.48	0.05	0.52	0.06	0.03	0.13	—
3-1	表	0.08	0.13	0.40	0.80	0.31	0.47	0.74	0.05	0.04	0.33	0.08
3-2	表	0.14	0.11	0.40	0.83	0.35	0.25	0.86	0.06	0.04	0.32	0.09
3-3	表	0.08	0.12	0.26	0.74	0.65	0.23	0.54	0.25	0.03	0.41	0.05
3-4	表	0.11	0.15	0.20	0.76	0.43	0.12	0.46	0.08	0.01	0.34	0.08
	底	0.06	0.10	0.26	0.77	0.43	0.10	0.54	0.12	0.02	0.40	—
4-1	表	0.14	0.11	0.37	0.81	0.60	0.04	0.46	0.07	0.02	0.26	0.06
4-2	表	0.13	0.13	0.40	0.82	0.32	0.08	0.40	0.07	0.02	0.30	0.06
4-3	表	0.06	0.10	0.46	0.76	0.36	0.12	0.68	0.04	0.03	0.25	0.06
4-4	表	0.11	0.14	0.40	0.78	0.35	0.07	0.42	0.03	0.02	0.15	0.08
5-1	表	0.05	0.11	0.14	0.76	0.28	0.06	0.38	0.02	0.02	0.22	0.06
5-2	表	0.16	0.10	0.34	0.75	0.48	0.07	0.24	0.04	0.04	0.17	0.07
	底	0.06	0.12	0.26	0.76	0.29	0.25	0.46	0.12	0.04	0.22	—
5-3	表	0.08	0.11	0.34	0.76	0.45	0.19	0.56	0.16	0.02	0.21	0.05
	底	0.10	0.14	0.29	0.77	0.55	0.10	0.48	0.11	0.02	0.30	—

附表 69 水质单因子评价指数（2008 年 8 月 8 日）

样品编号	磷酸盐	无机氮	pH	DO	COD	Cu	Pb	Zn	Cd	石油类
11	0.79	0.59	0.85	0.86	0.91	0.61	0.74	0.23	0.03	0.11

（续）

样品编号	磷酸盐	无机氮	pH	DO	COD	Cu	Pb	Zn	Cd	石油类
12	0.90	0.52	0.79	0.85	0.65	0.49	0.52	0.09	0.03	0.12
13	0.69	0.43	0.80	0.85	0.87	0.50	0.54	0.12	0.02	0.11
14	0.73	0.28	0.75	0.85	0.16	0.41	0.50	0.16	0.02	0.12
21	0.91	0.71	0.78	0.85	0.84	0.40	0.44	0.05	0.03	0.12
22	0.63	0.42	0.87	0.85	0.25	0.37	0.46	0.06	0.02	0.12
23	0.67	0.35	0.79	0.85	0.17	0.31	0.42	0.06	0.02	0.11
24	0.69	0.25	0.82	0.85	1.03	0.30	0.42	0.06	0.02	0.11
31	0.66	0.40	0.85	0.86	0.21	0.30	0.54	0.09	0.03	0.10
32	0.84	0.48	0.75	0.86	0.92	0.35	0.52	0.08	0.02	0.10
33	0.73	0.38	0.79	0.86	0.28	0.37	0.50	0.05	0.03	0.11
34	0.67	0.22	0.81	0.85	0.27	0.31	0.50	0.05	0.03	0.10
35	0.55	0.27	0.79	0.85	0.50	0.36	0.42	0.06	0.03	0.10
41	0.83	0.54	0.85	0.85	0.62	0.30	0.42	0.07	0.02	0.11
42	0.67	0.25	0.78	0.85	0.61	0.30	0.60	0.06	0.02	0.11
43	0.55	0.25	0.83	0.85	0.60	0.37	0.62	0.07	0.02	0.13
51	0.70	0.25	0.83	0.86	1.08	0.39	0.58	0.08	0.03	0.11
52	0.60	0.21	0.87	0.85	0.16	0.40	0.54	0.08	0.02	0.19
53	0.58	0.46	0.75	0.85	0.78	0.30	0.60	0.09	0.03	0.34
54	0.52	0.29	0.82	0.85	0.52	0.32	0.60	0.13	0.03	0.17

附表 70　水质单因子评价指数（2008 年 8 月 19 日）

样品编号	磷酸盐	无机氮	pH	DO	COD	Cu	Pb	Zn	Cd	石油类
11	0.58	0.82	0.86	0.83	0.74	0.50	0.60	0.19	0.02	0.09
12	0.53	0.65	0.82	0.83	0.71	0.22	0.42	0.05	0.02	0.09
13	0.40	0.43	0.84	0.83	0.61	0.40	0.50	0.07	0.02	0.11
14	0.33	0.20	0.84	0.83	0.40	0.34	0.56	0.14	0.02	0.14
21	0.58	0.69	0.83	0.83	0.63	0.36	0.52	0.03	0.03	0.15
22	0.48	0.40	0.83	0.83	0.50	0.32	0.42	0.03	0.02	0.09
23	0.47	0.33	0.83	0.83	0.49	0.29	0.42	0.02	0.02	0.11
24	0.42	0.24	0.86	0.83	0.43	0.22	0.48	0.02	0.03	0.16
31	0.47	0.45	0.86	0.83	0.47	0.20	0.38	0.02	0.02	0.07

（续）

样品编号	磷酸盐	无机氮	pH	DO	COD	Cu	Pb	Zn	Cd	石油类
32	0.44	0.38	0.88	0.83	0.35	0.20	0.38	0.02	0.02	0.09
33	0.42	0.25	0.87	0.83	0.44	0.24	0.42	0.02	0.02	0.08
34	0.42	0.25	0.83	0.83	0.39	0.12	0.30	0.02	0.02	0.11
35	0.40	0.23	0.82	0.83	0.33	0.13	0.34	0.02	0.03	0.09
41	0.53	0.68	0.85	0.83	0.48	0.13	0.38	0.02	0.03	0.13
42	0.48	0.54	0.77	0.83	0.34	0.13	0.20	0.02	0.03	0.12
43	0.47	0.33	0.87	0.83	0.42	0.18	0.34	0.02	0.02	0.11
51	0.61	0.69	0.73	0.83	0.71	0.12	0.42	0.03	0.03	0.10
52	0.52	0.55	0.73	0.83	0.47	0.11	0.32	0.03	0.03	0.09
53	0.48	0.46	0.83	0.83	0.49	0.20	0.26	0.03	0.03	0.15
54	0.45	0.35	0.87	0.83	0.56	0.37	0.38	0.04	0.03	0.14

附表 71 水质单因子评价指数（2010 年 4 月 6 日）

项目 站号	pH	溶解氧	无机氮	PO4	COD	铜	铅	镉	锌	汞	石油类	砷
1	0.95	0.49	0.09	0.07	0.50	0.11	0.72	0.07	0.17	0.32	0.76	0.06
2	0.95	0.48	0.04	0.52	0.71	0.15	0.34	0.08	0.31	0.34	0.78	0.07
3	0.91	0.50	0.05	0.50	0.46	0.11	0.36	0.07	0.33	0.36	0.80	0.07
4	0.92	0.48	0.04	0.07	0.44	0.13	0.66	0.05	0.34	0.33	0.78	0.07
5	0.95	0.49	0.04	0.06	0.57	0.08	0.34	0.08	0.22	0.32	0.74	0.06
6	0.95	0.48	0.04	0.02	0.60	0.10	0.24	0.04	0.20	0.32	0.76	0.06
7	0.91	0.48	0.04	0.02	0.49	0.11	0.66	0.06	0.16	0.35	0.80	0.07
8	0.91	0.48	0.12	0.02	0.49	0.14	0.56	0.04	0.44	0.38	0.90	0.08
9	0.92	0.51	0.04	0.18	0.59	0.08	0.34	0.08	0.22	0.29	0.74	0.06
10	0.95	0.50	0.05	0.10	0.58	0.10	0.24	0.02	0.20	0.34	0.78	0.06
11	0.76	0.50	0.10	0.14	0.59	0.12	0.36	0.05	0.41	0.27	0.82	0.06
12	0.83	0.50	0.04	0.02	0.55	0.15	0.56	0.02	0.27	0.33	0.86	0.07
13	0.95	0.50	0.08	0.04	0.33	0.05	0.28	0.04	0.41	0.25	0.80	0.07
14	0.95	0.48	0.06	0.04	0.33	0.08	0.26	0.03	0.19	0.34	0.84	0.07
15	0.89	0.51	0.07	0.12	0.30	0.09	0.18	0.07	0.15	0.24	0.76	0.06

（续）

项目 站号	pH	溶解氧	无机氮	PO4	COD	铜	铅	镉	锌	汞	石油类	砷
16	0.91	0.51	0.06	0.06	0.38	0.08	0.22	0.05	0.09	0.26	0.74	0.06
17	0.95	0.50	0.06	0.02	0.36	0.08	0.20	0.01	0.44	0.20	0.78	0.06
18	0.89	0.49	0.05	0.07	0.43	0.09	0.22	0.05	0.16	0.27	0.78	0.06
19	0.94	0.49	0.05	0.02	0.41	0.08	0.30	0.07	0.45	0.31	0.76	0.06
20	0.94	0.48	0.08	0.20	0.39	0.08	0.36	0.05	0.11	0.32	0.90	0.07

2.1.5.4　沉积物环境质量现状调查与评价

（1）取样时间与监测项目　调查取样时间分别为 2010 年 6 月 13 日。

2010 年 6 月 13 日监测项目：铜、铅、锌、镉、硫化物、有机碳、汞。

（2）采样及分析方法

a. 样品采集。用 0.025m³ 抓斗式采泥器采集沉积物样品，用竹刀将样品盛于洁净的聚乙烯袋，供重金属项目分析使用；样品盛于铝质饭盒，供油类和有机碳项目分析使用。硫化物样品采集后立即用乙酸锌固定。

b. 样品处理。重金属样品于 105℃烘箱内烘干（汞、有机碳、油类样品 45℃烘干），用玛瑙研体碾细，过 80 目尼龙筛（油类、有机物过金属筛），供消化分析使用。

c. 分析方法。采用国家海洋局发布的《海洋监测规范》中规范方法。

（3）底质调查结果与评价

a. 评价标准。本次现状评价标准选用《海洋沉积物质量》（GB 18668—2002）中第一类质量标准（下文简称"标准值"）。各评价项目标准值见附表 72。

附表 72　海洋沉积物质量标准（×10⁻⁶）

项目	Cu	Pb	Zn	Cd	Hg	硫化物	有机碳%
第一类	35.0	60.0	150.0	0.50	0.20	300.0	2.0

b. 评价方法　评价方法采取常用的标准指数法，即环境因子实测值与海洋沉积物质量标准值之比。凡是单因子污染指数≤1 者，认为该站沉积物没有遭受该因子的污染，>1 者为沉积物遭受该因子污染，数值越大污染越重。

c. 调查结果与评价。从 2010 年 6 月 13 日调查与评价结果来看，各污染因子均满足一类沉积物质量标准要求（附表 73 和附表 74）。根据分析，该类沉积物适合养殖海参。

附表 73　沉积物中要素分析结果（2010 年 6 月 13 日）

站号	Cu （$\times 10^{-6}$）	Pb （$\times 10^{-6}$）	Cd （$\times 10^{-6}$）	Zn （$\times 10^{-6}$）	Hg （$\times 10^{-6}$）	S （$\times 10^{-6}$）	TOC （%）
1-1	5.0	5.9	0.02	19.0	0.004	33.5	0.02
1-2	3.9	8.1	0.12	12.0	0.002	46.0	0.02
1-4	10.7	15.4	0.07	33.5	0.025	78.1	0.14
2-2	2.9	6.7	0.02	17.0	0.003	52.0	0.01
2-4	10.9	8.7	0.05	51.5	0.020	34.6	0.07
3-1	5.3	1.5	0.05	25.0	0.016	37.2	0.33
3-3	10.0	11.9	0.06	40.5	0.011	45.2	0.14
3-4	11.5	12.6	0.06	38.5	0.016	45.6	0.07
4-2	11.1	9.7	0.06	53.0	0.016	61.0	0.07
4-3	10.2	10.3	0.06	44.0	0.016	80.1	0.27
5-1	12.8	11.0	0.07	39.0	0.017	40.3	0.14
5-3	9.7	8.7	0.07	52.0	0.016	39.7	0.56

附表 74　沉积物单因子污染指数（2010 年 6 月 13 日）

站号	Cu	Pb	Cd	Zn	Hg	S	TOC
1-1	0.14	0.10	0.04	0.13	0.02	0.11	0.01
1-2	0.11	0.14	0.24	0.08	0.01	0.15	0.01
1-4	0.31	0.26	0.14	0.22	0.13	0.26	0.07
2-2	0.08	0.11	0.04	0.11	0.02	0.17	0.01
2-4	0.31	0.15	0.10	0.34	0.10	0.12	0.04
3-1	0.15	0.03	0.10	0.17	0.08	0.12	0.17
3-3	0.29	0.20	0.12	0.27	0.06	0.15	0.07
3-4	0.33	0.21	0.12	0.26	0.08	0.15	0.07
4-2	0.32	0.16	0.12	0.35	0.08	0.20	0.04
4-3	0.29	0.16	0.12	0.29	0.08	0.27	0.14
5-2	0.37	0.18	0.14	0.26	0.09	0.13	0.07
5-3	0.14	0.10	0.04	0.13	0.02	0.11	0.01

2.2　海洋生态概况

2.2.1　调查时间、内容和方法

（1）调查时间和调查内容　生物调查采用现状调查和资料收集的两种方法。现状调查：2010 年 6 月 13 日在大连花园口海域进行生态调查，调查共设

12 个站位，调查站位见附表 62；调查内容包括浮游植物、浮游动物、鱼卵仔鱼和底栖动物的种类组成、优势种及生物量的分布现状。资料收集：采用大连海洋大学于 2008 年 8 月 8 日花园口海域进行的生态调查（调查内容包括浮游植物、浮游动物、鱼卵仔鱼），调查站位见附表 63，调查内容包括浮游植物、浮游动物、底栖动物的种类组成、优势种及数量的分布现状。此外，还引用了我单位 2010 年 4 月 6 日的海洋生物现场调查资料，设置 10 个站位。调查内容为浮游植物、浮游动物、底栖生物。

（2）调查方法

浮游植物：使用浅水Ⅲ型浮游生物网自水底至水面拖网采集浮游植物。采集到的浮游植物样品用 5% 甲醛固定保存。浮游植物样品经过静置、沉淀、浓缩后换入贮存瓶并编号，处理后的样品使用光学显微镜采用个体计数法进行种类鉴定和数量统计。个体数量以 $N \times 10^4$ 个/m³ 表示。

浮游动物：样品采集使用浅海Ⅰ型和Ⅱ型标准浮游生物网，自底至表垂直拖取。所获样品用 5% 的甲醛固定保存。浮游动物丰度用个体数量表示，以个/m³ 为计算单位；对浅水Ⅰ型浮游生物网所采集到的样品进行称重，生物量计算单位为 mg/m³。

底栖生物：泥采样用 0.05m² 曙光振动式采泥器采集，每站取样 2 次，取样面积为 0.1m²，取样深度为 10～20cm。将采集到的沉积物样倒入网目为 0.5mm 筛内，提水冲洗掉底泥。拣出所有样品，装入样品瓶内，放入标签，用 5% 福尔马林固定液固定，标本带回实验室分析（包括种类鉴定、称量及计算等）。

上述调查方法的具体操作，严格按照中华人民共和国行业标准《海洋监测规范》和《海洋调查规范》执行。

（3）分析方法　采用 Shannon-Weaver 指数方程计算生物多样性指数（H'），采用 Pielou 指数方程计算均匀度指数（J）。

香农-韦佛（Shannon-Weaver）多样性指数：

$$H' = -\sum_{i=1}^{s} Pi \log_2 Pi$$

式中：H' 为种类多样性指数；S 为样品中的种类总数；Pi 为第 i 种的个体数（n_i）与总个体数（N）的比值（n_i/N）。

皮诺（Pielou）均匀度指数：

$$J = H'/\text{Hmax}$$

式中：J 为均匀度；H' 为种类多样性指数；H_{max} 为 $\log_2 S$ 为多样性指数的最大值；S 为样品中的种类总数。

优势度：

$$D_2 = (N_1 + N_2) / NT$$

式中：D_2 为优势度；N_1 为样品中第一优势种的个体数；N_2 为样品中第二优势种的个体数。NT 为样品中总的个体数。

2.2.2　调查结果分析

(1) 浮游植物

A. 浮游植物的种类组成与优势种

2010 年 6 月航次调查，调查共检测出浮游植物两大类 11 科 18 属 35 种，种类多样性较丰富。其中硅藻 10 科 17 属 34 种，甲藻 1 科 1 属 1 种，种类组成以硅藻为主，占种类总数的 97.14%。第一优势种为具槽直链藻，第二优势种为中肋骨条藻，优势度为 61.38%。另外，圆筛藻、虹彩圆筛藻、长菱形藻、加氏星杆藻和洛氏菱形藻在群落中也占有一定的优势。

2008 年 8 月航次，调查共检出浮游植物两大类 17 属 38 种，其中硅藻类 13 属 32 种，甲藻 4 属 6 种。调查区内各站位浮游植物的第一优势种都是丹麦细柱藻，整个区域次优势种主要有辐射圆筛藻、三角角藻、中肋骨条藻、角毛藻。区域浮游植物种类较多，种间均衡性较好。

2010 年 4 月航次，调查海区共检出浮游植物 24 种。其中硅藻 12 科 16 属 22 种，占种类组成 91.67%；甲藻和金藻各 1 科 1 属 1 种，分别占种类组成 4.17%。调查区内浮游植物的种类组成差异不大，平均种类为 14 种。浮游植物优势种主要为加拟星杆藻（Asterionella kariana）和洛氏角毛藻（Chaetoceros lorenzianus），优势度范围在 0.23～0.69 之间，平均为 0.50。

B. 浮游植物丰度及分布

2010 年 6 月航次，各站位浮游植物细胞数量正常，其平面分布差异较大，其波动范围在 (14.84～209.25)×10⁴ 个/m³ 之间。细胞数量最大值出现在 4-2 号站 (209.25×10⁴ 个/m³)，最小在 5-2 号站 (14.84×10⁴ 个/m³)，浮游植物细胞数量总平均为 73.24×10⁴ 个/m³，最大值为最小值的 14.1 倍。

2008 年 8 月航次，浮游植物数量的平面分布呈现板块分布。细胞数量最大出现在 42 号站 (841.0×10⁴ 个/m³)，最小出现在 13 号站位为 (20.4×10⁴ 个/m³)，沿岸水域所设站位的浮游植物细胞数量相比差异较大，最大细胞数量是最小细胞数量的 40 倍，区域浮游植物细胞数量波动明显，斑块状显著，部分调查站位浮游植物细胞数量略高于正常值。浮游植物细胞数量总平均为 379.7×10⁴ 个/m³。

2010 年 4 月航次，调查海区浮游植物数量一般，浮游植物数量最大出现在 15 号站 (2 024.00×10⁴ 个/m³)，最小出现在 8 号站 (27.93×10⁴ 个/m³)，二者相差近两个数量级，平均数量为 595.33×10⁴ 个/m³。

C. 浮游植物多样性

2010 年 6 月航次，各站位生物多样性指数变化较明显，其范围为 1.01～3.41。多样性指数最小值出现在 2-4 号站（1.01），最大值在 3-1 号站（3.41），平均为 2.21。均匀度波动范围 0.23～0.95，最小值仍出现在 2-4 号站（0.23），最大值仍在 3-1 号站（0.95），平均为 0.65。该调查海域生物多样性指数及均匀度较高，表明浮游植物群落结构多样性较好，种类间分布较均匀。

(2) 浮游动物

A. 浮游动物种类组成

2010 年 6 月航次，调查共采集到浮游动物 4 大类 21 种和 10 种浮游幼虫（包括鱼卵仔鱼），其中水母类 4 种，占种类组成 13%；桡足类 13 种，占种类组成 42%；糠虾类 3 种，占种类组成 10%；毛颚类 1 种，占种类组成 3%；浮游幼虫 10 种，占种类组成 32%。浮游动物优势种Ⅰ型网为中华哲水蚤，Ⅱ型网为双毛纺锤水蚤。

2008 年 8 月航次，调查共鉴定出浮游动物 4 大类 14 种和 8 种浮游幼虫（包括鱼卵），其中水母类 3 种，占种类组成 14%；桡足类 9 种，占种类组成 40%；毛颚类和樱虾类各 1 种，分别各占种类组成 5%；浮游幼虫 8 种，占种类组成 36%。浮游动物优势种为双刺唇角水蚤 a、小拟哲水蚤。

2010 年 4 月航次，调查共采集到浮游动物 14 种，其中桡足类 9 种，占种类组成 64.29%；浮游幼虫 3 种，占种类组成 21.43%；毛颚类和长尾类各 1 种，分别占种类组成 7.14%。从生态属性方面分析，多数种类属于近岸、低盐类型。调查海域的主要优势种为中华哲水蚤（*Calanus sinicus*）和克氏纺锤水蚤（*Acartia clausi*），它们的个体数量变化直接影响整个浮游动物的群落结构。

B. 浮游动物丰度分布

2010 年 6 月航次，在调查海域，Ⅰ型网大型浮游动物总个体丰度波动范围为 318～2 175 个/m³，平均为 868 个/m³，3-1 号站丰度最高（2 175个/m³），1-1 号站丰度最低（318 个/m³）；Ⅱ型网中小型浮游动物总个体丰度波动范围为 3 656～38 375 个/m³，平均为 12 460 个/m³。4-2 号站丰度最高（38 375个/m³），4-3 号站丰度最低（3 656个/m³）。

2008 年 8 月航次，在调查海域浮游动物总个体数量Ⅰ型网和Ⅱ型网差异较大。Ⅰ型网大型浮游动物数量较少，平均数量为 398 个/m³，各站位数量波动范围在 80～1 213 个/m³ 之间，数量最多出现在 42 号站（1 213个/m³），最少出现在 24 号站（80 个/m³）；Ⅱ型网中、小型浮游动物数量较多，平均数量为 27 938 个/m³，各站位数量波动范围在 5 417～45 938 个/m³ 之间，数量最多出现在 53 号站（45 938 个/m³），最少出现在 24 号站（5 417 个/m³）。

C. 浮游动物总生物量

2010 年 6 月航次，调查海域浮游动物总生物量平均为 373mg/m³。各站位总生物量波动范围在 94～1 300mg/m³ 之间，3-1 号站总生物量最高（1 300mg/m³），3-4 号站总生物量最低（94mg/m³）。

2008 年 8 月航次，调查海域浮游动物总生物量平均为 374mg/m³。各站位生物量波动范围在 125～608mg/m³ 之间，53 号站总生物量最高（608mg/m³），13 号站总生物量最低（125mg/m³）。

2010 年 4 月航次，调查海域浮游动物个体数量分布尚属均匀，波动范围在 2 270.0～10 205.0mg/m³ 之间，平均为 4 613.0mg/m³，其中 1 号站位最多，15 号站位最少；生物量（湿重）波动范围在 182.2～1 068.5mg/m³ 之间，平均为 513.0mg/m³，其中 13 号站位最多，8 号站位生物量最少，各站位种类差别较小（4～8 种）。

D. 浮游动物优势种

2010 年 6 月航次，调查海域大型浮游动物优势种为中华哲水蚤，优势度为 0.139，平均丰度为 121 个/m³。中小型浮游动物优势种为双毛纺锤水蚤，优势度为 0.613，各站位丰度波动范围在 1 875～18 625 个/m³，平均丰度为 7 642 个/m³。

2008 年 8 月航次，浮游动物优势种为双刺唇角水蚤和小拟哲水蚤。双刺唇角水蚤在Ⅰ型网总个体数量中占 65%，平均数量为 259 个/m³。小拟哲水蚤占Ⅱ型网总数量 53%，各站位数量波动范围在 2 604～24 375 个/m³，平均数量为 14 927 个/m³。

E. 浮游动物多样性

2010 年 6 月航次，各站位大型浮游动物多样性指数分布范围在 1.79～3.02，平均为 2.46，最大值出现在 4-2 号站（3.02），最小值出现在 4-3 号站（1.79）；中小型浮游动物多样性指数分布范围在 0.68～2.39，平均为 1.33，最大值出现在 4-3 号站（2.39），最小值出现在 1 4 号站（0.68）。

（3）底栖动物

A. 底栖动物的种类组成

2010 年 6 月航次，潮下带大型底栖生物调查共采集到 6 个门类 37 种底栖动物，其中腔肠动物 1 种，占总种数的 2.7%；纽形动物 1 种，占总种数的 2.7%；环节动物 18 种，占总种数的 48.65%；软体动物 7 种，占总种数的

18.92%；节肢动物 7 种，占总种数的 18.92%；棘皮动物 3 种，占总种数的 8.11%。潮间带大型底栖生物调查共采集到 3 个门类 11 种底栖动物，其中环节动物 8 种，占总种数的 72.73%；节肢动物 2 种，占总种数的 18.18%；腕足动物 1 种，占总种数的 9.09%。

B. 底栖动物丰度

2010 年 6 月航次，潮下带大型底栖生物的总平均个体密度为 110 个/m²，其中环节动物栖息密度最高，为 60 个/m²，占总平均个体密度的 54.55%；其次是节肢动物，为 19.17 个/m²，占总平均个体密度的 17.43%；软体动物为 16.67 个/m²，占总平均个体密度的 15.15%；棘皮动物为 12.5 个/m²，占总平均个体密度的 11.37%；纽形动物和腔肠动物均为 0.83 个/m²，各占平均个体密度的 0.75%。潮间带大型底栖生物的总平均个体密度为 123.33 个/m²，其中环节动物栖息密度最高，为 66.67 个/m²，占总平均个体密度的 54.06%；其次是节肢动物，为 53.33 个/m²，占总平均个体密度的 43.23%；腕足动物为 3.33 个/m²，占总平均个体密度的 2.71%。

C. 底栖动物生物量

2010 年 6 月航次，潮间带大型底栖生物总平均生物量为 4.7g/m²，其中节肢动物生物量最高，为 3.57g/m²，占总平均生物量的 75.96%；其次是环节动物，为 1.10g/m²，占总平均生物量的 23.4%；腕足动物为 0.03g/m²，占总平均生物量的 0.64%。

D. 底栖生物多样性

2010 年 6 月航次，潮下带大型底栖生物多样性指数较低，种类数较少，各站位底栖生物多样性指数介于 0.91～3.1 之间，最大值出现在 2-4 号站位，最小值出现在 1-1 站位。潮间带大型底栖生物多样性指数 B 站位 0.991 8，C 站位 2.696 2。

（4）鱼卵仔鱼　调查海域共采集到鱼卵和仔鱼 11 种，优势种为鳀鱼。鱼卵平均数量为 0.055 粒/m³，仔鱼平均数量为 0.170 尾/m³。

2.2.3　生物残毒检验结果（附表 76、附表 77）

在 2010 年 6 月 13 日进行生物调查的过程中，项目组还同步进行了生物质量取样，将取回样品参照《海洋监测规范》（GB17378.6—2007）进行了实验分析，并按照《海洋生物质量》（GB18421—2001）评价。

评价结果表明，该区域污染最严重的为脉红螺，脉红螺中 Cu、Pb、Zn、Cd 含量均超过《海洋生物质量》（GB18421—2001）中一类标准，Pb、Cu 和 Zn 甚至超过三类标准；镜蛤中 Pb 和 Zn 超过一类标准，但是满足二类标准；菲律宾蛤仔中 Pb 超过一类标准，但是满足二类标准；四角蛤蜊和泥螺中 Pb

超过一类标准，但是满足三类标准；其他生物体中各元素含量均满足标准中的一类要求（附表75）。

附表75　海洋生物质量标准（10^{-6}）

成分 名称	Hg	Cu	Pb	Zn	Cd
第一类	0.05	10	0.1	20	0.2
第二类	0.10	25	2.0	50	2.0
第三类	0.30	50	6.0	100	6.0

附表76　生物残毒检验结果（10^{-6}）

成分 名称	Hg	Cu	Pb	Zn	Cd
四角蛤蜊	0.005	1.4	0.22	9.6	0.091
泥螺	0.012	4.4	0.21	15.5	0.119
菲律宾蛤仔	0.011	1.4	0.15	12.2	0.143
镜蛤	0.007	8.3	0.33	21.3	0.069
脉红螺	0.031	59.4	1.36	182.5	0.474

附表77　生物残毒单因子评价结果

成分 名称	Hg	Cu	Pb	Zn	Cd
四角蛤蜊	0.10	0.14	2.20	0.48	0.46
泥螺	0.24	0.44	2.10	0.78	0.60
菲律宾蛤仔	0.22	0.14	1.50	0.61	0.72
镜蛤	0.14	0.83	3.30	1.07	0.35
脉红螺	0.62	5.94	13.60	9.13	2.37

2.2.4　结论与评价

（1）2010年花园口海域调查区内浮游植物群落组成基本以硅藻类为主。浮游植物群落组成属于较典型的北方海域种类组成，种类多样性较丰富，第一优势种为具槽直链藻，第二优势种为中肋骨条藻，优势种较突出，其优势度较显著。浮游植物细胞数量总平均为 73.24×10^4 个/m^3，多样性指数平均为2.21。2008年调查区域优势种优势度不显著，丹麦细柱藻是调查海区的第一优势种、辐射圆筛藻、三角藻、中肋骨条藻、角毛藻等在调查区域都占有一定的优势度。浮游植物细胞数量总平均为 379.7×10^4 个/m^3。总之，从两次调查结果来看，整个海区浮游植物细胞数量平面分布差异大，浮游植物群落组成属于较典型的北方海域种类组成，藻类细胞数量处于正常状态，浮游植物群落物种数较丰富。

（2）花园口海域两次调查浮游动物的种类组成基本反映出我国北方海域浮游动物种类组成单纯、个体数量大的特征。2010年调查区浮游动物总生物量较高，平均为373mg/m³，中华哲水蚤和强壮箭虫在总生物量中占主导地位。调查海域大型浮游动物和中小型浮游动物总个体丰度平均分别为868个/m³和12 460个/m³。大型浮游动物多样性指数和均匀度较高，平均分别为2.46和0.74，中小型浮游动物多样性指数和均匀度较低，平均分别为1.33和0.39。2008年调查海域浮游动物总生物量平均为374mg/m³，双刺唇角水蚤和强壮箭虫起主导作用，水母类也起一定作用。大型浮游动物和中小型浮游动物总个体数量差异较大，平均数量分别为398个/m³和27 938个/m³。两航次调查中小型浮游动物数量均高出大型浮游动物2数量级。

（3）2010年花园口海域海域底栖动物数量优势种为环节动物多毛类，生物量优势种为软体动物菲律宾蛤仔。生物多样性指数平均值为2.3504，均匀度平均值为0.92，丰度平均值为1.63，优势度平均值为0.60。

2.2.5　渔业资源概况

庄河海域（包含本次规划的花园口海域）因有英纳河、湖里河、碧流河、庄河、小寺河等众多河流、溪流注入，夹带着大量泥沙和营养物质，为近海生物的生长、繁殖提供了丰富的养料，孕育了毗邻海洋岛经济鱼类渔场和天然蚬库。青堆子湾、打拉腰近岸水域和蛤蜊岛附近海域滩涂平缓、水清浪平、生物资源丰富，是大连市海水养殖的重点区域。近岸海域滩涂属淤泥海岸类型，滩涂宽广，底质细腻，适合杂色蛤、文蛤、蛏、蚶贝类养殖。附近海域水体清洁，水温适中，适宜海参、扇贝养殖。

大连市沿海有潮间带滩涂约2.67万hm²，0～10m浅海10万hm²。2007年，庄河市渔业养殖面积6.29万hm²，其中海水增殖面积5.85万hm²，内陆淡水养殖面积4 413hm²。海水养殖中港圈面积0.7万hm²，滩涂贝类养殖2.2万hm²，浅海底播养殖面积2.55hm²，浮筏养殖0.4万hm²。

2.2.5.1　主要经济鱼类

牙鲆：为近海底层名贵鱼类，喜栖息在沙泥底质海区。

大菱鲆：为近海底层名贵鱼类，喜栖息在沙泥底质海区。

黄条鰤：为中上层洄游性鱼类，春夏游向近岸。

黑鲪：为冷温水性底层鱼类，常栖息于近海岩礁海区。

2.2.5.2　主要经济贝类

虾夷扇贝：原产于日本和朝鲜。20世纪80年代初引入长海等沿海进行大面积底播增殖生产。2008 年全地区养殖面积 12 万 hm^2，产量为 20 万 t。

海湾扇贝：原产于美国大西洋沿岸。

栉孔扇贝：生活在低潮线以下，水流较急、盐度较高、透明度较大，水深 10～30m 的礁石、砂砾的硬质海底。

牡蛎：固着于潮间带的中低潮区海底岩石上。

贻贝：多栖息于潮流急速，水质清澈的海区。

菲律宾蛤仔：栖息于沿岸潮间带及数米深浅海区，泥沙或沙质海底，对高、低盐度海水都有一定适应性。

文蛤：喜栖息于潮间带及浅海细沙或泥沙滩中。

魁蚶：多生活于 3～50m 水深的软泥或沙泥质海底。

毛蚶：多生活在低潮线至水深 50m 左右、稍有淡水流入的泥沙质海底。

四角蛤蜊：喜栖息于潮中区、潮下区的泥砂质海底。

中国蛤蜊：多生活于潮中、潮下区及浅海沙质海底，埋栖深度可达 10cm。

香螺：喜栖息于潮下带及水深 10m 的泥沙质海底。

青蛤：多生活于潮间带的泥沙质海底。

2.2.5.3　其他经济种类

仿刺参：喜栖息于水流平缓、海藻茂盛的细沙或岩礁质海底。

中国对虾：栖息于浅海海底，常在泥沙上爬行。

三疣梭子蟹：栖息水域随季节而异，一般春夏季生活在水深 10～30m 浅海区。

日本蟳：多生活于低潮线有水草或泥沙的海底或藏匿于岩礁缝中和石下。

海蜇：辽东湾北部的资源较为集中。

海带：在自然条件下，根部附着在海底的礁石上。

裙带菜：适宜生长在风浪不大、水质较肥、大干潮线下 1～5m 深海底岩石上。

条斑紫菜：多生长在水质比较肥沃的平静海湾中潮区岩礁上或养殖专用的竹筷、竹筏、网片、棕绳上。

2.3　开发利用现状

2.3.1　社会环境概况

2.3.1.1　区域与经济概况

花园口经济区总面积为 $268km^2$，总人口 6.5 万人，其中户籍人口 6.3 万人。下辖 1 个镇，16 个行政村。境内海岸线长 38.4km，滩涂面积 4 000hm^2，浅海面积 8 000hm^2。有碧流河、老龙头河、圣水河等 9 条河流穿境入海。区内现有中学 2 所、职业技术学校 1 所、小学 16 所，有地区中心卫生院和乡镇卫生院各 1 座。

2010 年全区完成地区生产总值 35 亿元，增长 59%；完成工业总产值 68 亿元，增长 51%；完成固定资产投资 70 亿元，增长 110%；完成财政一般预算收入 6.05 亿元，增长 146%；内资到位 46.2 亿元，增长 4.5 倍；外资到位 8 900 万美元，增长 41 倍。全区财政收入、固定资产投资等指标增速快于 GDP 增速，标志着大连花园口经济区的经济运行质量的提高和经济发展后劲的增强。

2.3.1.2　工业发展概况

目前，全区累计引进项目 56 个，计划投资 650 亿元；在谈项目 90 个，预计投资额 600 多亿元。尤其是大连丽昌新材料有限公司、大连华科新材料有限公司、大连融德特种材料项目、中德节能环保产业园项目等龙头项目的相继进入，让花园口新材料产业初具规模，集群效应正在显现。目前，花园口已成为全国七家之一、东北三省唯一的一家新材料产业基地。

2009 年 9 月 28 日，花园口举行了国家级新材料产业基地揭牌仪式。新材料产业的明确定位，极大地提升了花园口的知名度，使花园口在新材料发展上占有高端，国家级新材料产业基地已成为花园口的"地区符号"。目前花园口已有碳材料、工程塑料材料、碳纤维材料、航空航天材料、复合金属材料、光电材料、新能源电池、生物技术等新材料产业的核心龙头项目。现在花园口新引进新材料项目总投资额超过 300 亿元，占新引进项目总投资的 75% 以上，新材料的集聚效应已经在花园口显现，为该区持续快速发展提供了优势支撑。到"十二五"期末，花园口的新材料产业产值要达到 1 000 亿元，成为大连乃至全国绿色产业、低碳经济的示范区。

从已建成或正在建设的工业企业项目类型来看，目前几家经济区内的产业主要有新材料、汽车及零部件、机械加工制造、食品加工和制药等。

2.3.1.3　道路交通现状

（1）市域交通和对外联系　市域交通包括公路、铁路、水运、航空等多种交通方式，规划区对外联系主要通过充分利用现有市域交通交通实现与其他地区及外省、市的联系。公路主要为丹大高速公路、鹤大公路，以及几条支线公路。

丹大高速公路西起大连，东至丹东，从花园口经济区中部经过，在规划区内有两个出入口：明阳镇出入口和花园口出入口。

鹤大公路连接着鹤岗和大连，为二级公路，位于丹大高速公路以南。

公路永大线、福明线、后花线从规划区内南北向经过，现状路面狭窄，质量较差。

铁路：即城庄铁路，西起大连，东至庄河，为地方性铁路，从规划区中部横穿而过，在花园口经济区内设有明阳站。

水运：主要利用规划区周边庄河港和大窑湾港实现水路运输。

航空：利用大连市周水子国际机场实现与全国各地及国外地区的联系。

（2）城市道路　花园口经济区内已建成道路主要有"四横三纵（一环加三条）"及滨海大道，其中滨海大道为部分已经建成，部分路段仍处于正在建设状态。

2.3.2　海域资源分布及开发利用现状

花园口经济区所辖海域拥有丰富的滩涂和海洋资源。其中，滩涂面积 $40km^2$，浅海面积 $80km^2$，海岸线 38.4km。主要发展的海洋产业包括：海水养殖业、捕捞业和盐业。从总体上看，花园口海域的海洋资源开发尚处初级阶段。

2.3.2.1　海水养殖业分布及开发利用现状

花园口经济区所辖海域海水养殖业主要分为两大类，即围海养殖和底播养殖。

围海养殖：全部为海参养殖。

底播养殖：分为两部分，明阳湾内浅滩部分主要养殖四角蛤蜊、缢蛏、菲律宾蛤仔，明阳湾外主要养殖毛蚶。

据统计，花园口经济区所辖海域内，已登记的围海养殖户有 28 家，总养殖面积为 791.389 9 hm^2。已登记的底播养殖户有 5 家，总养殖面积为 4 392.74 hm^2。

2.3.2.2　高丽城渔港开发利用现状

高丽城渔港始建于 1998 年，座落于大连花园口经济区大张村，高丽城渔港方位：N39°29′，E122°37′，是农业农村部第二批认定的沿海渔港之一，属国家建设中的二级渔港。

高丽城渔港港界：东至高丽城山头及南堤，西至流网头向海内延 200m，南至防波堤南侧，北至北山脉根。

高丽城渔港现状：高丽城渔港是本地区渔船主要避风港，港池水深 4m，航道水深 6.5m，港内锚地 10hm^2，防波堤长 505m，波浪高度 0.5m，港池地质泥沙。可停靠各类渔船 300 余艘。具备了为渔船加油、上水、加冰等服务功能。港区内道路为柏油路，并安装了路灯，港坝安装了太阳能堤头灯，为渔船进出渔港提供了便利。

2.3.2.3　盐业分布及开发利用现状

2000 年以前，花园口区域内有 13.71km^2 的盐田，占明阳湾总面积的

24.5%。2003 年庄河市政府在收购了废弃的国有盐田。现在的花园口经济区就是在这片废弃盐田上建设起来的。至今，85%上的废弃盐田已经被改造为经济区建设用地，大部分已经被入驻企业征用，正在开发建设厂房等工业基础设施。

3　项目用海合理性分析

3.1　用海选址合理性分析

3.1.1　符合海洋功能区划

根据对《大连市海洋功能区划》（2006）的分析可知，本项目选址区域位于海洋功能区划划定的养殖区内，因此，项目建设于此符合区域主导功能的发挥，并与周边其他海洋功能区相兼容，项目的建设能大大促进区域经济的发展，与海洋开发方向相一致。从海洋资源开发利用的角度看，项目的选址是合理的。

3.1.2　自然条件优越

刺参主要分布在北太平洋浅海，包括俄罗斯、日本、朝鲜海域和我国北部沿海。我国主要分布于辽宁省的大连，河北省北戴河、秦皇岛，山东省长岛、烟台、威海及青岛等沿海水域，以辽宁及山东长岛海域的刺参品质最佳。

刺参多生活于水深为 3～15m 的浅海中，少数栖息水深可达 35m。生活环境要求在波流静稳、无淡水注入、海藻茂盛的岩礁底质，或大叶藻丛生的较硬的泥沙底、泥底。刺参适宜生长的水温范围为 5～17℃，最适水温为 10～15℃，盐度为 28～31，pH 7.8～8.4。

刺参属于底栖碎屑食性生物，自然界中，除了海泥是刺参食物重要组成部分，沉积物中的有机碎屑，包括细菌、原生动物、底栖硅藻以及动植物的有机碎屑等均为食物重要组成部分。其摄取食物的方式有两种：刺参可以依靠楯状触手在泥沙底质通过扒取表面泥沙为食；而在岩石底则依靠楯状触手扫取或挑取石头表面的颗粒为食。近来诸多研究指出，养殖动物的残饵和粪便，甚至刺参自己的粪便都可作为沉积食性刺参的营养来源，对物质循环和能量循环起到重要作用。

刺参摄食受水温和季节的制约而出现周期性变化。其春秋季节摄食旺盛，生长快，夏冬季节几乎不摄食，因此会影响其生长。刺参白天不活跃，经常固着不动，摄食量少；夜间活跃，摄食量大。

刺参的自然敌害不多，主要是海星类、蟹类及鲷科鱼类对幼参的生存也有一定威胁。体长 5cm 以下的苗种易被蟹类、虾虎鱼、海姑类、日本鳗和过量藻类等伤害，而当刺参体长达到 10cm 以上，则危害性较小。

在刺参的养殖中，要选择远离河口等淡水源的区域进行生产，养殖用的海水盐度应保持在盐度 27 以上（短期可允许降至 24）。刺参的养殖池塘应建在风浪小的内湾或中潮区以下的地方，高潮区不可以建养殖池塘，因其水交换不良，刺参养殖效果不好。在养殖中要避免环境突变导致刺参的化皮、死亡等现象的发生，在每年开春时，要注意化冰时环境因子变化导致化皮现象的发生。

（1）水质条件适宜　海参的生长需要良好的海水水质条件，根据我单位于2010 年 6 月 13 日对工程区海域进行的现场调查，其中海水水质的调查结果显示，该海域的海水水质均达到了二类海水水质标准，符合海参养殖的需要。

另外，刺参属于狭盐性动物，不耐低盐，最适宜的盐度是 28～32，根据监测资料，该区域盐度一般保持 30 左右，十分适合刺参生存。

（2）地质条件适宜　工程所在区域处于黄海内陆架的临岸海区，海底地貌类型主要为水下浅滩和浅海堆积平原。0～10m 等深线的范围内宽 10km，地势平坦，形态单调，底质主要由粘土质粉砂组成。根据上文所述的海参的生长环境，本区域的地质条件适合海参生长。

（3）自然饵料充沛　根据刺参的习性，刺参主要是通过触手扫、扒底质表层中的底栖硅藻、海藻碎片、细菌、微小动物、有机碎屑等，将这些物质连同泥沙一起摄入口中，其摄食量相当大。由于本项目计划采用不投饵自然养殖法，所以海水中藻类数量的充沛与否，直接关系到海参的养殖情况。根据本论证开展前的调查，本海域浮游植物丰富，主要以刺参喜食的硅藻类为主，因此可以判定如果在该区域养殖海参自然饵料十分充沛。

由上述分析可知，项目的建设较好的利用了该区域的水质条件、地质条件及生态环境条件，从这些方面看，项目选址是合理的。

3.1.3　交通便利有利于产品运输

海鲜类产品出产后的新鲜程度，往往直接决定了海鲜类产品的上市价格，海参也不例外。因此，拟建项目附近的交通情况是否便利也关系到项目的选址合理与否。本项目选址位于明阳湾，由于周边多年从事盐业生产和养殖活动，道路交通比较完善。海产品出产后，可由乡镇公路直接输送到明阳镇。明阳镇紧邻 201 国道、丹大高速等，可由此迅速输送到周边各地。由此可见，项目周边的交通十分便利，与利于海参新鲜的输送到目的地。花园口经济区陆上距西南侧的大连开发区 80km，大连大窑湾港 90km，大连市区 115km；东北距庄河市区 30km；东北距丹东市 160km；北距沈阳 300km。是东北沿海经济带"五点一线"的重要节点，航运中心临港产业布局的主要承载地。

综上所述，项目建设符合《大连市海洋功能区划》（2006），项目选址较好的利用了周边的自然条件和交通运输条件，项目建设采用围海养殖，不占用农田，避免了生产用地矛盾，因此项目组认为项目选址是合理的。

3.2　用海方式合理性分析

工程通过围海进行养殖，在围堰留有闸门，通过涨落潮进行水交换，可以保证围堰内的海域始终有一定的水位，能够满足海参养殖。

通过围堰养殖刺参，一方面可以防止刺参逃逸，增加了养殖产量；另一方面，由于本项目所在海域养殖户较多，可以通过围堰的方式，确认与相邻养殖户的边界，减少了养殖区边界的争议。

另外，围堰养殖刺参，一次性投资，2年后轮捕，年年收益，可粗放型养殖，也可补充饵料高密度养殖，科学管理，收益是客观的。

综上所述，通过围海养殖刺参的用海方式是合理的。

3.3　用海面积合理性分析

3.3.1　项目用海面积合理性分析

本项目用海是从利用海洋自然资源，平面布置是依据国家及地区有关法规的技术要求设计的，主要体现现代化、立体式养殖。

本项目建设用海面积充分利用海区空间资源，并充分考虑到海参池大小与该区域养殖环境、地质环境的充分协调性。用海面积的大小是在适合养殖条件和施工安全等基础上充分论证取得的，总体来说，从项目周边开发现状分析，申请用海面积能满足工程用海需求。

3.3.2　用海范围及面积的确定

（1）宗海图的绘制方法

①宗海界址图的绘制方法：利用建设单位提供的工程设计图纸，并结合工程区域数字地形图，在中望CAD界面下，形成由地形图、用海布置图等为底图，以实际围堰界线形成用海区域。

②宗海位置图绘制方法：采用1∶400万国家基础地理信息数据作为底图，将宗海界址图界定的宗海范围绘制在底图上，并按照《海籍调查规范》要求绘制其他海籍要素，形成宗海位置图。

（2）宗海界址点的确定

根据《海域使用分类》对海域使用的分类，本项目属于围堰养殖用海项目。参考《海籍调查规范》的相关规定。下面，将对项目用海坐标的界址点的界定进行详细说明：

界址点1-2-3-4-1的连线，依据现场测量、周边围海养殖引水渠的位置宽度以及周边养殖户的位置进行界定，因此界址点1-2-3-4-1围成的闭合曲线所界定的区域，即为本项目围堰养殖用海面积。

（3）坐标及面积计算方法

①宗海界址点坐标的计算方法。根据数字化宗海界址图上所载的界址点

WGS84 平面坐标,利用相关测量专业的坐标换算软件,将各界址点的平面坐标换算成以高斯投影 3 度带、121.5°为中央子午线的 WGS84 大地坐标。

②宗海面积的计算方法。本次宗海面积量算借助于中望 CAD 软件的面积计算功能,直接求得用海面积为 21.654 9hm^2。

3.3.3 用海面积合理性小结

综上所述,本项目建设用海面积充分利用海区空间资源,并充分考虑到海参池大小与该区域养殖环境、地质环境的充分协调性。用海面积的大小是在适合养殖条件和施工安全等基础上充分论证取得的,总体来说,从项目周边开发现状分析,申请用海面积能满足工程用海需求。项目界址线的确定符合《海籍调查规范》(HY/T 124—2009)的要求,项目用海面积是合理的。

3.4 用海期限合理性分析

(1)从项目用海特点来看,本项目属于渔业用海中的养殖用海项目。与其他品种的养殖用海相区别,海参的养殖投入成本较高,况且项目的规模较大,从经济效益讲,只有进行长期利用才可获得较好的收益,这也注定本项目用海具有长期性。

(2)从海参在人们日常生活中的地位来看,它一直被人们视为营养价值较高的食用佳品。随着人们生活质量的提高,刺参的需求量与日俱增,但是近年来,由于采捕过度,刺参资源已遭到破坏,采捕量已远远满足不了市场的需求,市场价格持续高涨。在这种情况之下,利用海水池塘人工养殖刺参,前景颇为乐观。刺参必将在很长一段时间成为大量需求的食补佳品。

(3)从与海洋规划的协调性来看,项目建设的区域为大连市海洋功能区划规定的养殖功能区。在此开发海参养殖,符合发挥区域海洋主导功能要求,适宜长期发展。

(4)从与利益相关者的关系来看,项目建设与周边其它养殖业的发展具有长期协调性,很有可能形成养殖区域、集群优势,有利于长期协调发展。

通过上述分析可知,项目自身及周边的环境需要并允许其长期存在。在考虑了自身使用特点的基础上,项目建设单位提出的申请用海 15 年的要求是合理的。同时,本项目的用海要求是符合《中华人民共和国海域使用法》第二十五条对养殖用海最高期限限定的。

4 海域使用对策措施

4.1 区划实施对策措施

本项目用海方式为围海养殖用海,根据《大连市海洋功能区划》(2006),本项目选址区域位于功能区划划定的养殖区内,因此,工程建设于此符合区域主导功能的发挥。但在项目用海过程中海域使用权人不得擅自改变经批准的海域用途;确需改变的,应当在符合海洋功能区划的前提下,报原批准用海的人民政府批准。海域使用权期满,未申请续期或者申请续期未获批准的,海域使用权人应当拆除可能造成海洋环境污染或者影响其他用海项目的用海设施和构筑物。

4.2　开发协调对策措施

本项围海养殖工程对毗邻海域的海洋捕捞不会产生明显影响。涉海工程不会引起该海域整体环境质量和海洋生态环境的变化,影响范围只局限于工程区附近的局部海域,而且是短期的、可恢复的。本海区用海与其他开发者不存在用海矛盾。同时,项目建设单位已就工程建设与相关利益者进行了沟通与协商,建议双方签署书面协议,以免发生纠纷。

4.3　风险防范对策措施

环境事故风险是指由于人为或自然因素引起的,对海域资源环境或海域使用项目造成一定损害、破坏乃至毁灭性事件的发生概率及其损害的程度。通过分析,本项目环境风险主要来自海洋自然灾害(台风、海冰、波浪、地震等)。

为了减轻上述突发性灾害和自然灾害对工程造成严重损失,项目运营期管理部门必须制定和执行具有可操作性的防灾应急计划。以下的防灾应急计划、措施可供参考:

(1)密切注意突发性自然灾害预报信息,以便及时组织抗灾减灾工作。

(2)围堰护坡设计标高和结构必须充分考虑风暴潮增水的实际需求,应确保达到抗灾技术要求。

(3)建设工程施工期间和工程完成后,应对工程邻近区域的海流、地形进行长期现场观测,分析其变化趋势,以便制定相应的工程对策。

4.4　监督管理对策措施

4.4.1　海域使用面积跟踪和监控

建设单位要切实按照批准的用海范围实施工程用海,并配合海洋行政主管部门对所使用的海域面积进行跟踪和监控,严禁超范围用海和随意改变用海活动范围的现象。

4.4.2　海域使用用途的跟踪和监控

根据《中华人民共和国海域使用管理法》,"海域使用权人不得擅自改变经批准的海域用途;确需改变的,应当在符合海洋功能区划的前提下,报原批准用海的人民政府批准"。海洋行政主管部门应对本工程海域使用的性质进行监督检查。

4.4.3　海域使用管理

（1）根据法律法规和海洋行政主管部门的要求，定期或不定期向主管机关报告海域使用情况和所使用海域自然资源、自然条件和环境状况，当所使用海域的自然资源和自然条件发生重大变化时，应及时报告海洋行政主管部门。

（2）根据（国海发〔2002〕23号）文件《海域使用权登记办法》的通知要求，项目业主应在规定时间内到县级以上人民政府海洋行政主管部门办理使用海域，并报有批准权的人民政府批准。

4.4.4　海域使用环境影响跟踪监测方案

为防止项目施工对海洋环境和自然资源的损害，应根据报告书中提出的环境保护目标和环境质量控制目标，要求建设部门对项目施工进度和污染物排放实施有效跟踪和环境质量监测，向海洋行政主管部门和环境保护主管部门定期递交环境监测报告，以便及时发现和处理所发生的环境问题，确保海域环境、资源的可持续利用。

环境管理的重要手段是环境监测，通过环境监测可以掌握工程污染状况和周边海域环境质量变化情况，检验环保设施的效果，为工程区环境管理提供科学依据。

根据工程污染特征，制定相应的环境监测计划，在工程区内布设监测站位，进行水质监测工作。本项目严格按照《建设项目海洋环境影响跟踪监测技术规程》（国家海洋局，2002年4月）的规定。

水质环境质量监测计划：

监测站位：在工程区外围及纳潮沟入海处平均布设6～8个监测站位。

监测项目：悬浮物、COD、磷酸盐、无机氮。

监测方法：采用《海洋监测规范》GB 17378—2020规定的采集、分析方法进行。

监测频率：工程开工前进行一次本底调查，施工期每周监测一次，工程全部完工后进行一次工程后调查。

5　结论与建议

5.1　结论

5.1.1　项目用海基本情况

本项目拟通过围堰的形式建设海参养殖池一座，根据工程设计围堰总长度为2 058m，围海面积21.654 9 hm²，预计年产量29t，年产值286万元。项目总投资估算为319万元，施工期为1个月。

5.1.2　项目用海必要性结论

项目建成以后将带动当地旅游业、海产品加工贸易的发展，提高本区的经济水平，并且在促进水产资源保护和利用的同时，也可以安排弃捕转产的农民就业，有效和稳定地提高当地农民的收入，改变当地相对落后的面貌。由于海参需要生活在一定水深的海里，因此海参养殖只能在有海水交换能力的地方，项目用海是必要的。

5.1.3　项目用海资源环境影响分析结论

5.1.3.1　水文动力环境影响分析

潮流数值模拟表明，工程附近海域涨落潮的最大流速可以达到 0.49m/s 左右。由于工程紧靠岸边，对周围流场的影响有限，围海养殖工程对周围流场的最大影响范围在 1.5km 以内。

5.1.3.2　水质环境影响分析

悬浮物浓度增量超过 10mg/L 小于 20mg/L 的面积为 0.302 2km^2，超过 20mg/L 小于 50mg/L 的面积为 0.200 3km^2，超过 50mg/L 小于 100mg/L 的面积为 0.079 7km^2，悬浮物浓度增量 10mg/L 距离施工点的最远距离为 0.54km。

5.1.3.3　沉积物环境影响分析

本工程围堰的建设采用石料抛填的方式，石料中不含有害物质，不会对沉积物环境产生影响。运营期进行海参养殖，海参养殖的饵料以藻类为主，也不会对沉积物环境产生明显影响。总体来说，本工程的建设不会对该区的沉积物环境产生明显影响。

5.1.3.4　生态环境影响分析

本工程对底栖生物的损失主要集中在围堰占用海域面积。在估算损失量时，应该计算长期累计量损失，影响期限确定为 15 年。根据调查，海区底栖生物生物量平均为 4.7g/m^2，仔鱼平均密度为 0.170 尾/m^3，鱼卵平均密度为 0.055 粒/m^3，污染物对鱼卵和仔鱼生物损失率按照 5%。水深取 0.5m。

综上所述，鱼卵损失量为 0.94×10^5 粒；仔鱼损失量为 2.9×10^5 尾，底栖生物损失 15.27t。通过上述计算，鱼卵、仔鱼经济损失为 1.544 万元，底栖生物损失为 15.27 万元，总计 16.814 万元。

5.1.4　海域开发利用协调结论

根据现状调查，本项目周边无底播养殖项目，不存在对底播养殖影响。

根据现状调查，本项目周边现全部为围海养殖项目，本项目建设主要存在两个方面的影响，一是本项目施工期对养殖取水的影响问题；二是养殖开始后，对于养殖疫病的防控协调。

首先，项目在施工过程中，工程运输土石料过程中会对养殖环境产生影响，但由于施工期较短，影响时间是短暂的。

其次，项目施工过程中产生的悬浮物也会对围海养殖区产生一定影响。围海养殖由于池塘围堰的保护作用，养殖圈内水质短时间内不会受外界水质环境影响，但是为了保证养殖池内的水质，池塘养殖需要定期对圈内海水进行更换。如果本项目在养殖池更换水期间进行围堰施工，施工产生的悬浮物则可能会扩散到养殖池取水口处，从而降低养殖池内的水质标准，对围海养殖区水环境产生影响产生不利影响。

综上所述，将周边围海养殖区的养殖户作为本项目的利益相关者。

项目组建议养殖开始后，对于养殖疾病的防控要做好协调。疾病的防控是一个长期的利益相关问题。相邻养殖区由于同为取、排水进行的生产活动，因此具有广泛的传播媒介。建议应联合建立疾病防控措施，譬如安排取排水时间、疾病发生时进行相互告知等。

5.1.5 项目用海与海洋功能区划及相关规划符合性分析结论

本项目选址区域位于《大连市海洋功能区划》（2006）划定的养殖区内，所以本项目建设与功能区划的主导功能区是完全相符的。

渔业发展是渔民增产致富的有力保障。本工程作为围海养殖项目，是养殖产品增收，渔民致富的有力保障。符合区域海洋资源发展现状，符合大连市渔业资源开发利用规划。本工程建设对于区域水产品产量增加，渔民收入提高均有积极的推动作用。项目建设符合《辽宁沿海经济带发展规划》中提出的"大力发展海、淡水渔业及海珍产品养殖加工"发展要求。

5.1.6 项目用海合理性分析结论

5.1.6.1 用海选址合理性分析

项目建设符合大连市海洋功能区划，工程选址较好地利用了周边的自然条件和交通运输条件，项目建设采用围海养殖，不占用农田，避免了生产用地矛盾，因此项目组认为项目选址是合理的。

5.1.6.2 用海面积合理性分析

本项目用海是从利用海洋自然资源，平面布置是依据国家及地区有关法规的技术要求设计的，主要体现现代化、立体式养殖。

本项目建设用海面积充分利用海区空间资源，并充分考虑到海参池大小与该区域养殖环境、地质环境的充分协调性。用海面积的大小是在适合养殖条件和施工安全等基础上充分论证取得的，总体来说，从项目周边开发现状分析，申请用海面积能满足工程用海需求。

5.1.6.3　用海期限合理性分析

项目自身及周边的环境需要并允许其长期存在。在考虑了自身使用特点的基础上，项目建设单位提出的申请用海 15 年的要求是合理的。同时，本项目的用海要求是符合《中华人民共和国海域使用法》第 25 条对养殖用海最高期限限定的。

5.1.7　项目用海可行性分析结论

项目用海建设与围海均具有必要性；项目用海符合《大连市海洋功能区划》（2006）的要求，与相关规划具有较好的符合性。用海选址选址较好的利用了周边的自然条件和交通运输条件，用海面积符合其使用要求，用海申请年限合理；无重大利益冲突。

综上所述，论证项目组认为，在申请用海单位如能切实落实报告书中提出的相关建议及对策措施的前提下，项目用海是可行的。

5.2　建议

（1）施工应选择初春或秋末进行围堰施工，可降低对海洋环境的影响。

（2）做好风暴潮、海冰等海洋灾害的防范工作。

（3）建议应联合建立疫病防控措施，譬如安排取排水时间、疫病发生时进行相互告知等。以免发生疫病传染，造成更大损害和利益纠纷。

附表三　海域使用论证报告

<table>
<tr><td rowspan="4">申请人</td><td>单位名称</td><td colspan="5"></td></tr>
<tr><td>法人代表</td><td>姓名</td><td></td><td>职务</td><td></td></tr>
<tr><td rowspan="2">联系人</td><td>姓名</td><td></td><td>职务</td><td></td></tr>
<tr><td>通讯地址</td><td colspan="3"></td></tr>
<tr><td rowspan="17">项目用海
基本情况</td><td>项目名称</td><td colspan="4"></td></tr>
<tr><td>项目地址</td><td colspan="2" align="center">省　　　　市</td><td colspan="2" align="center">县</td></tr>
<tr><td>项目性质</td><td colspan="2">公益性　（　　）</td><td colspan="2">经营性　（　　）</td></tr>
<tr><td>用海面积</td><td colspan="2" align="center">公顷</td><td>投资金额</td><td>万元</td></tr>
<tr><td>用海期限</td><td colspan="2">年</td><td>预计就业人数</td><td>人</td></tr>
<tr><td rowspan="3">占用岸线</td><td>总长度</td><td>m</td><td>预计拉动区域
经济产值</td><td>万元</td></tr>
<tr><td>自然岸线</td><td>m</td><td></td><td></td></tr>
<tr><td>人工岸线</td><td>m</td><td></td><td></td></tr>
<tr><td>用海类型</td><td colspan="2"></td><td>新增岸线</td><td>m</td></tr>
<tr><td>用海方式</td><td colspan="2" align="center">面　　积</td><td colspan="2" align="center">具体用途</td></tr>
<tr><td></td><td colspan="2">公顷</td><td colspan="2"></td></tr>
<tr><td></td><td colspan="2">公顷</td><td colspan="2"></td></tr>
<tr><td></td><td colspan="2">公顷</td><td colspan="2"></td></tr>
<tr><td></td><td colspan="2">公顷</td><td colspan="2"></td></tr>
<tr><td>……</td><td colspan="2">公顷</td><td colspan="2">……</td></tr>
</table>

项目基本情况及用海必要性分析（可附图、表格和填加页）

项目所在海域概况（可附图、表格和填加页）

资源生态影响分析（可附图、表格和填加页）

海域开发利用协调分析（可附图、表格和填加页）

（续）

项目用海与国土空间规划符合性分析（可附图、表格和填加页）

项目用海方案分析（可附图、表格和填加页）

生态保护修复和使用对策（可附图、表格和填加页）

结论

A.1　论证报告表内容要求
A.1.1　项目概况及用海必要性分析
明确用海项目地理位置（应附项目位置图）、建设规模、平面布置（应附平面布置图）和主要建筑物结构、尺度；用海项目主要施工工艺和方法；项目用海需求；项目用海必要性。
A.1.2　项目所在海域概况
简要阐述用海项目所在海域的海洋生态概况和海洋资源概况。
A.1.3　用海资源生态影响分析
简要分析项目用海对所在海域和周边海域的海洋资源和海洋生态的影响。
A.1.4　海域开发利用协调分析
阐述项目所在海域开发利用现状和用海权属，附海域开发利用现状图。明确相邻已确权项目的用海权属来源、权属内容、界址坐标及宗海图等。结合项目所在海域及周边海域开发利用现状和用海权属，分析项目用海对周边海域开发活动的影响。明确利益相关者，分析利益相关者受影响程度，明确协调方案。
A.1.5　项目用海与国土空间规划符合性分析
简单介绍用海项目所在海域及周边海域的国土空间规划区情况，明确各国土空间规划区与用海项目的位置关系，附以现行的国土空间规划图。定性分析项目用海对所在海域和周边海域国土空间规划区的影响，并明确项目用海是否符合所在海域的国土空间规划。
A.1.6　项目用海方案分析
项目用海选址合理性应分析选址区域的区位条件、海洋资源生态等的适宜性。

项目用海平面布置合理性应简要分析项目用海是否与生态保护、节约集约用海、水动力环境、地形地貌和冲淤环境及周边海域开发活动等相适宜。

项目用海方式合理性应简要分析项目用海方式是否有利于维护海域基本功能、保护区域海洋生态系统、减少对水动力环境和冲淤环境的影响等。

岸线利用合理性分析应明确利用岸线的类型和长度等，分析项目对岸线的利用情况及对周边岸线资源的影响；分析是否体现保护自然岸线，并提出保护措施等；利用人工岸线的，应分析利用岸线长度的合理性。岸线利用的相关指标应满足《建设项目用海面积控制指标（试行）》的要求。

用海面积合理性主要论证项目用海面积是否满足项目用海需求；是否符合相关行业设计标准和规范；是否满足《建设项目用海面积控制指标（试行）》的相关要求。界址点的选择和面积量算是否符合 HY/T 124 和 HY/T 251 的要求，并附规范的宗海图。

应以项目主体结构和主要功能的设计使用（服务）年限作为依据，以法律法规的规定作为判断标准，分析项目申请的用海期限合理性。

A. 1. 7　生态保护修复和使用对策

根据项目用海类型、用海方式、原有海岸类型及所在海域特征，结合资源生态影响分析结果，梳理项目用海引起的主要生态问题。并提出有针对性的生态保护修复重点与总体目标及实施计划。根据用海项目特征及生态保护修复目标，提出生态保护和修复的内容、规模和工程方案，并附工程总体布置图和典型剖面图；根据海域使用论证结果，提出使用对策措施。

A. 1. 8　结论

结论应包括项目用海基本情况、项目用海必要性、资源生态影响分析结论，海域开发利用协调分析结论，项目用海与国土空间规划的符合性分析结论，用海方案分析结论、生态保护修复和使用对策及项目用海可行性结论。

附表四 海域使用论证报告书编写大纲

1　概述

1.1 论证工作来由

1.2 论证依据

1.2.1 法律法规

1.2.2 技术标准和规范

1.2.3 项目基础资料

1.3 论证等级和范围

1.3.1 论证等级

1.3.2 论证范围

1.4 论证重点

2　项目用海基本情况

2.1 用海项目建设内容

2.2 平面布置和主要结构、尺度

2.3 项目主要施工工艺和方法

2.4 项目用海需求

2.5 项目用海必要性

3　项目所在海域概况

3.1 海洋生态概况

3.2 海洋资源概况

4 资源生态影响分析

4.1 资源影响分析

4.2 生态影响分析

5　海域开发利用协调分析

5.1 海域开发利用现状

5.2 项目用海对海域开发活动的影响

5.3 利益相关者界定

5.4 相关利益协调分析

5.5 项目用海对国防安全和国家海洋权益的协调性分析

6　项目用海与国土空间规划符合性分析

6.1 所在海域国土空间规划功能区基本情况

6.2 项目用海对周边海域国土空间规划功能区的影响分析

6.3 项目用海与国土空间规划的符合性分析

7　项目用海方案分析

7.1 用海选址合理性分析

7.2 用海平面布置合理性分析

7.3 用海方式合理性分析

7.4 岸线利用合理性分析

7.5 用海面积合理性分析

7.6 用海期限合理性分析

8 生态保护修复和使用对策

8.1 项目用海主要生态问题

8.2 生态保护修复重点与目标

8.3 生态保护修复措施

8.4 生态保护修复实施计划

8.5 海域使用对策

9　结论

资料来源说明

1. 引用资料

2. 现状调查资料

3. 现场勘查记录

附件

1. 海域使用论证报告编制单位技术负责人（或法定代表人）签署的技术审查意见；

2. 现场调查的计量认证（CMA）分析测试报告或实验室认可（CNAS）分析测试报告（可单独成册）；

3. 用海申请者与利益相关者已达成的协议；

4. 海洋测绘资质证书（正本）复印件；

5. 计量认证或实验室认证证书复印件；

6. 其他相关的文件和图表。